普通高等教育智能飞行器系列教材

推进系统智能测试技术
（下册）

吕 翔 金秉宁 沈 飞 刘宝弟 石 磊 编著

科学出版社

北京

内 容 简 介

在人工智能技术的催动下，各行各业都在积极寻求变革。人工智能赋能的航天推进系统测试技术，在测试效率和测试能力等方面必定会发生很大的变化。本书结合固体火箭发动机、液体火箭发动机、冲压与组合发动机等航天推进系统介绍了智能测试技术，主要涉及试验技术、传感器技术、数据处理分析技术等内容。

本书可以作为飞行器动力工程专业和航空宇航推进学科的测试技术教材，也可以供相关科研人员参考。

图书在版编目(CIP)数据

推进系统智能测试技术. 下册 / 吕翔等编著. 北京：科学出版社，2024. 12. -- (普通高等教育智能飞行器系列教材). -- ISBN 978-7-03-080621-5

Ⅰ. V23；V43

中国国家版本馆 CIP 数据核字第 202430VQ81 号

责任编辑：胡文治 赵朋媛 / 责任校对：谭宏宇
责任印制：黄晓鸣 / 封面设计：迷底书装

科学出版社 出版
北京东黄城根北街 16 号
邮政编码：100717
http：//www.sciencep.com
南京展望文化发展有限公司排版
苏州市越洋印刷有限公司印刷
科学出版社发行 各地新华书店经销

*

2024 年 12 月第 一 版 开本：787×1092 1/16
2024 年 12 月第一次印刷 印张：11 1/4
字数：260 000

定价：80.00 元

(如有印装质量问题，我社负责调换)

“普通高等教育智能飞行器系列教材”编委会

序

星河瑰丽，宇宙浩瀚。从辽阔的天空到广袤的宇宙，人类对飞行、对未知的探索从未停歇。一路走来，探索的路上充满了好奇、勇气和创新。航空航天技术广泛融入了人类生活，成为了推动社会发展、提升国家竞争力的关键力量。面向“航空强国”“航天强国”的战略需求，如何培养优秀的拔尖人才十分关键。

“普通高等教育智能飞行器系列教材”的编写是一项非常具有前瞻性和战略意义的工作，旨在适应新时代航空航天领域与智能技术融合发展的趋势，发挥教材在人才培养中的关键作用，牵引带动航空航天领域的核心课程、实践项目、高水平教学团队建设，与新兴智能领域接轨，革新传统航空航天专业学科，加快培养航空航天领域新时代卓越工程科技人才。

该系列教材坚持目标导向、问题导向和效果导向，按照“国防军工精神铸魂、智能飞行器领域优势高校共融、校企协同共建、高层次人才最新科研成果进教材”的思路，构建“工程单位提需求创背景、学校筑基础拔创新、协同提升质量”的教材建设新机制，联合国内航空航天领域著名高校和科研院所成体系规划和建设。系列教材建设团队成功入选了教育部“战略性新兴领域‘十四五’高等教育教材体系建设团队”。

在教材建设过程中，持续深化国防军工特色文化内涵，建立了智能航空航天专业知识和课程思政育人同向同行的教材体系；以系列教材的校企共建模式为牵引，全面带动校企课程、实践实训基地建设，加大试验实践设计内容，将实际工程案例纳入教材，指导学生解决实际工程问题、增强动手能力，打通“从专业理论知识到工程实际应用问题解决方案、再到产品落地”的卓越工程师人才培养全流程，有力推动了航空航天教育体系的革新与升级。

希望该系列教材的出版，能够全面引领和促进我国智能飞行器领域的人才培养工作，为该领域的发展注入新的动力和活力，为我国国防科技和航空航天事业发展作出重要贡献！

侯晓

中国工程院院士　侯晓

前　言

人工智能(artificial intelligence, AI)技术的蓬勃发展,给各行业的发展带来了极大的冲击,促使各行业主动引入 AI 技术以实现新的赋能。对于航天动力试验与测量来说,AI 技术同样大有可为。引用 AI 技术的目的是提高科研效率和质量,而不是为了跟随热点。在编写本教材时,围绕"智能测试技术"这一选题,编者也曾针对"何为智能测试技术"进行了深入的探讨分析,是"AI+"测试技术吗? 经过讨论之后,我们对智能测试技术有了清晰的认识和定位: 智能测试技术是相对于人工干预较多的传统测试技术而言,它通过一定的硬件/软件功能融合实现测试技术各环节、功能和操作的自动化,取代传统测试技术中大量的人工操作,使测试系统(设备)看来起来像是具备了一定的智能。这是广义的智能测试技术概念,而狭义的智能测试技术则主要是基于"AI+"而定义的。因此,本书既介绍了智能传感器技术,也介绍了在数据处理分析环节能够发挥巨大作用的机器学习技术,从而实现了广义概念与狭义概念的并存。

本书主要针对航天动力的固体火箭发动机、液体火箭发动机、冲压与组合发动机试验相关的测试技术进行介绍,涉及试验技术、传感器技术、数据处理分析技术等内容,共分 7 章。第 1 章绪论,由吕翔编写;第 2 章典型推进系统测试任务,由沈飞、吕翔、石磊共同编写;第 3 章智能传感器,由吕翔编写;第 4 章机器学习技术基础,由刘宝弟编写;第 5 章时间序列数据的智能分析和第 6 章图像类数据的智能分析,由金秉宁编写;第 7 章典型的智能测试应用,由石磊编写。编写过程中,固体推进全国重点实验室的多名研究生付出了辛勤劳动,在此向他们表示感谢! 另外,编者也参考了行业内很多专家的专著、论文和教材,因无法逐一标注引用,在此一并表达谢意和敬意!

由于编者水平有限,书中难免存在不足之处,敬请读者予以批评指正。

编　者

2024 年 11 月

目　　录

第1章 绪论

1.1 测试技术的发展

1.1.1 概述

通常所说的测试技术,是测量技术和试验技术的总称,它是指依靠一定的科学技术手段来定量地描述事物的状态变化和特征。对于现代技术而言,广义的测试技术涉及试验设计、模型试验、传感器技术、信号调理与处理、误差理论、控制工程、系统辨识和参数估计等众多方面。从狭义角度来说,它特指对参数进行传感变换,并进行数据采集与处理的过程。

测试技术的发展与人类文明的发展紧密相连。在古代主要使用天平、刻度尺等简单工具进行测量,而工业革命以来则广泛使用机械和电子仪器进行测试,测量的精确和效率得以大幅提高。进入 20 世纪以后,随着电子技术、计算机科学和光学等领域的创新发展,测试技术得以不断地进步发展,新型设备不断涌现,自动化测试系统逐渐兴起。进入 21 世纪后,测试技术不仅向更加自动化方向发展,融合 AI 技术的智能测试技术更是为测试数据的处理和分析带来了革命性的变化。

从电压测量数据的获取与记录方式的变迁可以清晰看出测试技术的进化历程。在电学技术发展的初期,只能采用指针式的电压表进行示数,依靠人工抄录数据,不仅精度低,还无法记录快速变化的数据。随着电磁和光电技术的发展,出现了纸带式和磁带式记录仪,可以记录连续变化的模拟信号和经过处理后的数字信号。大规模集成电路与电子计算机技术的发展让测试技术得到了飞跃式进步,数据采集卡和专用数据采集器等使得数据采集工作实现了自动化、高精度和长时间运行。

1.1.2 非电量电测技术

从测试技术发展历程可以看出,目前主要是采用电子技术和计算机技术进行测量,这就离不开计算机和采集设备对电信号进行处理与采集。然而,在试验与测量过程中,电学参量仅占很小一部分(电压、电流、电感、电阻等),还有相当大一部分参数属于非电量(如速度、温度、位移、质量等),这就需要非电量电测技术。其基本原理是将被测非电量通过某种物理效应或过程转换为与之有一定关系的电量,然后利用电工仪表或电子仪器对转换后的电量进行测量,从而间接得到被测非电量的测量结果。这种转换过程通常涉及传感器和转换器等关键部件。

传感器是非电量转换为电量的核心装置,其根据测量参数的不同采用不同的工作原理。例如,压力传感器可以通过测量被测物体上的压力变化来转换为电信号;温度传感器则利用热敏元件的电阻或电压随温度变化的特性来实现转换。

非电量电测技术具有以下特点和优势。

(1) 测量范围广:非电量电测技术可以测量的非电量种类繁多,几乎涵盖了所有需要测量的物理量。

(2) 测量精度高:随着传感器技术和电子技术的不断发展,非电量电测技术的测量精度不断提高,可以满足各种高精度测量的需求。

(3) 反应速度快:非电量电测技术能够实时、快速地响应被测非电量的变化,并迅速给出测量结果。

(4) 适用频率范围宽:非电量电测技术可以测量的频率范围很宽,从低频到高频都能覆盖。

(5) 便于自动化和智能化:非电量电测技术可以与电子计算机等现代技术相结合,实现自动化测量、数据处理和智能化控制。

(6) 可实现远距离测量:通过适当的信号传输技术,非电量电测法可以实现远距离测量和监控。

1.1.3 非接触式测量技术

常规的测量技术需要将传感器与被测对象进行接触,如热电偶测温、总压静压测试耙、气体成分取样分析等,这将不可避免地干扰影响被测对象,尤其是干扰流场。非接触式测量技术是一种无须与被测物体表面直接接触的测量技术,它通过光学、电磁学、声学等原理来实现对被测物体各种参数的测量。这种技术具有许多优点,如避免了对被测物体的直接接触可能造成的损伤,消除了测量器具和被测物体的受力变形,同时提高了测量的精度和速度。

非接触式测量技术的常见原理包括以下几方面。

(1) 光学原理:利用光线的传播、反射、折射等特性进行测量。例如,激光测距仪通过发射激光束并测量其反射回来的时间来确定距离,激光扫描仪则通过扫描被测物体表面并捕捉反射光来构建三维模型。阴影和纹影技术也属于光学原理。

(2) 电磁学原理:利用电磁波的发射、接收和处理来进行测量。例如,雷达测距仪通过发射电磁波并接收其反射回来的信号来确定物体的距离和速度。

(3) 光谱学原理:基于量子力学基本理论,通过测量物体对光的吸收、反射、散射,或自发/受激辐射等特性来获取物体的各种参数信息,如拉曼光谱仪、可调谐二极管吸收光谱技术等。

(4) 声学原理:利用声波的传播和反射来进行测量。超声波测距仪是其中的典型代表,它通过发射超声波并测量其回波的时间来确定距离。

1.1.4　测试技术未来发展

1. 智能化测试技术

随着人工智能技术的不断进步，智能化测量仪器将成为试验测量的重要发展方向。这些仪器将具备自主学习、自动优化和智能决策的能力，能够更高效地完成测量任务。通过对大量试验数据的收集和分析，可以揭示出测试过程中的规律和趋势，进而优化测试方法和流程；还可以根据历史数据预测未来的测试结果，为试验设计提供更准确的指导。在测试过程中，智能化测试系统实时采集和分析数据，一旦发现异常情况或潜在问题，立即向测试人员发出警报并提供解决方案。尤其是对于实时控制要求较高的场景来说，人工智能技术有助于及时发现并解决问题，提高测试的质量和可靠性。

2. 无人高效测试系统

在 AI 技术的辅助下，通过优化测量流程、提高测量设备的自动化程度、集成先进传感器和数据处理技术等，实现无人值守测试、高效自组织测试，提高测试效率。尤其是随着网络技术的不断发展，远程试验测试和协作变得越来越重要。测试人员可以在不同的地理位置上进行试验测试，并通过网络实时共享数据和结果。无人高效测试系统将支持远程监控和诊断功能，测试人员可以在远程实时查看测试进度、测试结果和测试设备状态。通过远程诊断功能，测试人员可以及时发现并解决问题，提高测试的可靠性和稳定性。

3. 高精度测量技术

随着科技的进步，试验测量技术将不断提高测量精度，满足高精度制造、航空航天等领域对测量精度的严格要求。量子精密测量技术利用外界变化对微观粒子的影响来测量物理量，能够突破经典测量极限，实现传感器产品的精确化、小型化、高灵敏度化等升级。随着科技向微小领域发展，微纳测量技术已成为当前研究重点。微纳测量技术可用于研究和探测物质结构的功能尺寸，其分辨能力达到微米至纳米级尺度。目前，具有微米及亚微米测量精度的几何量与表面形貌测量技术已经比较成熟，未来将进一步向更高的精度发展。未来，高精度测量系统将采用多传感器融合技术，结合不同传感器的优势，提高测量的准确性和可靠性。

1.2　航天动力试验技术的发展

试验技术是一门综合性的技术体系，它贯穿于科学研究、产品开发、生产制造等各个领域，包括试验的操作方法、技巧、工具和仪器设备的运用等方面的内容，是验证理论、优化设计、提高产品质量的重要手段。航天动力试验技术是航天技术进步的重要组成部分，通过一系列科学、系统和严格的试验手段，对航天动力系统进行性能验证、优化设计、故障诊断及可靠性评估，它涉及热力学、流体力学、材料科学、自动控制、计算机仿真等多个学科领域。

发动机试验要测量的参数与试验的任务密切相关。通常型号的发动机研制过程是按照设计指标要求开展的，那么生产出来的发动机是否能够正常工作、性能是否达到设计指标要求，就需要通过试车来进行检验。一般地面试验中最主要的两个参数是发动机推力和工作压强,液体发动机和冲压发动机还要测量液气和气体介质的流量等参数。为了检测发动机的状态有时候,还需要测量壳体表面的温度、应变等参数。对于一些新型发动机的预先研究或者发动机基础研究,测试的内容可能更加丰富,除了上述参数外,有时候还需要测量压强的分布、燃气的温度、速度和组分等。

航天动力试验与测量技术是根据航天动力技术发展的需要,随着科学技术水平的提高而发展起来的。航天动力试验技术未来发展大致可归纳为下述几点。

(1) 试验能力将进一步提高。用于航天助推器的固体火箭发动机通常是非常大的,如美国的“大力神-C3”火箭有两个直径3 m的发动机,总推力达9 MN,更大型的发动机推力则达数十兆牛。为试验这种巨型火箭发动机,必须建造巨型试车台。首先遇到的是巨型试车架的设计与制造问题,以及运输、起吊问题,还有数十兆牛力值的传感器计量与校准,建立数十兆牛力值的标准等,都需要突破一系列技术难关。

(2) 符合测量系统的特殊要求。一些具有特殊用途的发动机,如多次起动的发动机、宇宙飞船上弹射救生的逃逸发动机,有的工作时间极短,推力却非常大。这些发动机试验对测量系统要求非常苛刻,要求测量系统有很好的动态特性,能不失真地测量推力脉动,这些都是尚待解决的技术难点。

(3) 测量方法的新突破。以固体火箭发动机试验为例,地面点火试验中瞬时燃速的测量、瞬时质量流量测量、喷管摆动的瞬时中心的测量等问题,一直受到科研人员关注,但一直没有特别好的解决方法。随着高能直线加速器、X射线CT技术及激光全息技术等的发展,可望有新的突破。

(4) 高空模拟试验的要求更高、范围更大。随着发动机技术性能提高,高空模拟试验领域内,不仅要提高空模拟高度(到120 km以上),还要模拟温度环境(气动加热)、宇宙射线辐射环境及微重力环境,甚至还要模拟宇宙间的“冷”“黑”等环境,这无疑又将提出新的技术课题。

习 题

1.1 调研分析人工智能对于测试技术可能带来哪些变革性影响?

1.2 调研分析固体火箭发动机、液体火箭发动机和冲压发动机的试验技术发展历史,并分析未来发展趋势,提出其中的若干难点和关键技术。

第 2 章

典型推进系统测试任务

2.1　固体火箭发动机

2.1.1　试验分类

固体火箭发动机是火箭发动机的类型之一，作为动力系统广泛应用于固体导弹。固体火箭发动机试验是发动机研制过程的重要环节，从方案论证到导弹交付部队使用的各个阶段都需要进行试验。固体导弹用固体火箭发动机，要经历方案（模样）、初样、试样（正样）、定型四个主要研制阶段，各阶段一般均包括研究、设计、试制、试验等基本环节，其中试验则成为固体火箭发动机各研制阶段方案、设计验证及功能考核、性能评价的重要手段和必需环节。固体火箭发动机试验按照不同性质可分为：地面点火试验、强度与环境试验、安全性试验和飞行试验等。

相对于飞行试验和环境试验，地面点火试验又称为静止试验或热试车。地面试验的作用是在发动机各研制阶段，通过对试制样机的各项试验，对发动机设计所采用的原材料、总体方案和技术工艺进行验证，对发动机结构可靠性、点火特性、推力特性、内弹道性能、推力矢量控制特性、制造工艺等进行单项或综合的考核。在不同研制阶段，地面试验有不同的目的和考核重点。在方案论证阶段，主要考核关键技术的可行性及对比总体技术方案的优劣；在初样阶段，主要考核发动机结构方案的可行性；在试样阶段，主要考核发动机结构可靠性，精确测量发动机性能参数，同时对发动机的环境适应性进行评估；在定型阶段，则通过鉴定性试验，重点检验工艺稳定性与可靠性及性能参数的一致性。

地面试验包括地面静止试验、强度与环境试验及安全性试验等类型。

地面静止试验指实施发动机点火的地面试验，也称热试车。地面静止试验的分类方法有多种：按照发动机安装姿态可分为卧式试验、正立式试验和倒立式试验；按照试验目的和特点，通常将发动机地面静止试验分为结构试验（常规试验）、性能试验（高精度试验）、旋转试验、级间分类试验、高空模拟试验、推力矢量控制试验、推力终止试验等。多个试验项目组合进行的，又称为联合试验，并根据项目多少分为二合一、三合一、四合一联试等。

强度与环境试验的目的在于考核发动机在非工作状态下的结构强度，验证发动机从推进剂浇铸开始直至点火工作的整个期间内，在各种可能遇到的环境应力下能否正常工作,并发现设计、工艺、材料等各方面存在的问题。强度与环境试验的项目和要求根据发动机基本设计参数要求和寿命周期环境剖面及其相应的应力和载荷条件确定。不同型号的发动机试验项目会有所差别,一般可分为结构静力试验、振动力学试验、温湿度环境试验、特殊环境试验及复合环境试验等。

固体火箭发动机作为导弹武器的动力系统,在拥有强大动力的同时也有因冲击、撞击、跌落等外界机械力、环境力引发意外点火、燃烧、爆炸的危险隐患。因此,安全性试验主要是模拟发动机寿命周期内各种意外环境因素的激励,考核设计、制造赋予发动机的安全性水平,评估威胁因素对发动机可能造成的损伤、事故等级及其二次危害。安全性试验包括基本安全试验、钝感弹药(insensitive ammunition, IM)试验和附加试验,其中钝感弹药试验包括跌落试验、火箭橇撞击、快速烤燃、慢速烤燃、子弹撞击(枪击)、碎片撞击、聚能射流冲击、破片冲击及殉爆试验等。本书将以安全性试验中的钝感弹药试验为主,简要论述各单项试验内容及技术。

2.1.2 地面静止试验的主要任务

固体火箭发动机在设计、制造完毕后,需通过试验验证发动机的结构和性能参数。通常情况下,固体火箭发动机要经过环境试验和地面静止试验的验证后才能进行全弹飞行试验。

国外大型固体火箭发动机试车视频

地面静止试验又称地面点火试验,即通过不同的试验装置,如结构试验架、高精度试验架和离心过载试验架将发动机固定在发动机试验台体上,发动机点火工作,获得发动机的推力、压力、温度和应变等参数,考核发动机的结构可靠性,在整个工作过程中,发动机相对于试验台处于静止状态。

大型固体火箭发动机试车视频

地面静止试验遵照试验实施细则要求,按照试验计划依序开展推力、压力、温度、应变、振动等传感器的校准、安装和连接等工作,进行发动机充气检漏、电发火管检测与安装等工作,进行发动机试验全系统合练,在一切准备就绪后按预先设置的程序点燃固体火箭发动机,使发动机工作期间按指令完成规定的动作,同时进行参数测量,试验结束后,进行发动机分解、喉径测量和部件称重等工作,同时测量信号进行清洗预处理,并按照国军标与试验大纲进行数据处理。

由于固体火箭发动机研制过程中存在模样、初样、试样、定型和批生产等诸多研制阶段,固体火箭发动机在各研制阶段都要开展地面静止试验,不同的阶段要求也不尽相同,考核的目的也不尽相同,主要有以下几项:

(1) 考核发动机结构的完整性和合理性;

(2) 考核各分系统的工作可靠性及其匹配关系;

(3) 评定发动机的内弹道性能;

(4) 测得发动机的能量特性;

(5) 测得其他特性参数。

固体火箭发动机地面静止试验的考核项目与测量参数可分为两类:一类用于评定发动机的结构性能,另一类用于评定发动机的工作性能。

1. 结构性能及其有关参数

发动机的结构性能主要通过温度环境试验和结构考核试验加以考核。通过结构试验可以获得下列结果:

（1）绝热层的热防护性能及其黏结强度；
（2）壳体材料的应力、应变、温度等数据；
（3）喷管及其喉衬的耐烧蚀、抗冲刷和热防护性能；
（4）推力矢量控制部件的工作性能；
（5）点火器的点火性能；
（6）喷管与壳体各连接部件的连接强度和密封性能；
（7）与结构性能有关的其他参数。

2. 工作性能及其有关参数

发动机的工作性能主要包括内弹道特性和能量特性，与这两种特性有关的主要参数是压力-时间和推力-时间参数。

燃烧室压力-时间历程是地面点火试验必须测量的参数，它是评定发动机内弹道性能的依据，通过对压力-时间测量结果的处理可以进一步得到下列各特征参数：

最大压力 p_{max}　　最小压力 p_{min}
压力冲量 I_p　　压力比冲 β
工作时间平均压力 $\overline{p}_{ta}$　　燃烧终点压力 p_{fb}
装药的燃烧时间 t_b　　发动机的工作时间 t_a
点火延迟时间 t_{di}　　特征速度 C^*
燃气的平均秒流量 $\overline{q}_m$　　装药的平均燃烧速度 $\overline{r}$

发动机的推力-时间历程是评定发动机能量特性的依据，通过对推力-时间测量结果的处理可以进一步得到下列各特征参数：

最大推力 F_{max}　　最小推力 F_{min}
燃烧时间平均推力 $\overline{F}_{tb}$　　工作时间平均推力 $\overline{F}_{ta}$
推力系数 C_F　　发动机总冲 I
有效冲量 I_{ef}　　发动机比冲 I_s
真空推力 F_v　　真空比冲 I_{sv}
真空推力系数 C_{Fv}

3. 其他参数

在地面静止试验时，根据试验要求，可能还需进行下述各类参数的测量：
（1）发动机的振动加速度和振动频率；
（2）喷管和其他零件的应变、温度；
（3）推力偏心；
（4）控制力和控制力矩；
（5）喷管摆角和摆动角速度；
（6）发动机在工作过程中各部件产生的位移；
（7）推力终止参数；
（8）发动机在试验前后的质量；
（9）喷管喉径和出口面直径在试验前后的数值；

(10) 热防护层的剩余厚度。

2.1.3 地面静止试验的主要类型

在固体发动机研制的试验验证中,模样研制阶段主要考核固体发动机设计方案的结构合理性和协调性,为固体发动机的初样设计提供依据。在初样研制阶段,固体发动机的总体方案已经确定,因而该阶段主要对固体发动机进行模拟使用环境条件的试验,如固体发动机振动、冲击、运输、温度循环试验、离心过载试验及贮存试验等。固体发动机经过环境试验后,一般还需进行地面静止试验,以考核经过各种环境作用后的工作可靠性。在试样研制阶段,通过成组发动机试验,获得发动机性能参数精度及可靠性,为全弹飞行提供相应的飞行数据,同时验证发动机制造工艺的可行性、稳定性。在批量生产阶段,通过发动机批抽试验,验证某一批发动机性能与设计指标的符合性,为固体发动机交付、验收提供依据。

固体火箭发动机的地面静止试验可以从不同角度,按不同方法分类,例如:

(1) 按发动机的研制阶段可分为预研阶段的试验、型号研制的整机试验和定型发动机的抽样检查试验;

(2) 按考核项目可分为结构试验和性能试验;

(3) 按发动机的工作环境可分为地面试验和高空模拟试验;

(4) 按发动机的功能和试验时所完成的动作可分为常规试验、性能试验、离心过载试验、推力矢量控制试验和推力终止试验;

(5) 按发动机的工作姿态,可分为卧式试验和立式试验;

(6) 在型号研制阶段,主要试验类型有以下几种:结构试验、性能试验、高空模拟试验、离心过载试验、推力矢量控制试验和推力终止试验。

结构试验也称为常规试验,这是一种最基本、最常用的试验方法,发动机在研制过程中的很多技术问题都需通过常规试验来暴露并加以解决。这类试验有两个主要目的,其一是考核和评定发动机结构的完整性和工作的可靠性;其二是测得发动机的内弹道性能参数。结构试验的主要特点是对试验无特殊要求,试验条件与测试要求比较容易达到,具体表现在:① 对推力测量精度要求较低,甚至有时可以不进行推力测量;② 采用普通试车架,试验工装成本较低;③ 测量的参数少,测试条件比较容易保证;④ 操作比较简单。结构试验适用于研制初期的各种型号的发动机。

性能试验属于高精度试验,主要用于精确测量发动机的能量特性,为总体提供较精确的比冲(或总冲)数据和推力-时间曲线,同时进一步考核结构性能和评定内弹道性能,并获得发动机工作条件下特定部位的温度、加速度、位移、应变等物理量的响应历程。主要特点是对试车架的动态、静态性能要求较高,试验测量的参数多,操作程序复杂,适用于研制后期的发动机及定型发动机的抽样检查试验。

高空模拟试验是一种在地面上进行的、使发动机在高空低气压环境中点火工作并进行参数测量的试验方法。高空模拟试验属于性能试验,用于精确测量发动机的真空比冲(或总冲)和在高空条件下的推力-时间曲线,考核发动机,特别是大面积比高空喷管发动机在低气压条件下的结构可靠性与传热特性,评定发动机的高空点火性能和推力矢量控制性能等。高空模拟试验的特点是试验技术复杂、要求高,具体表现在: ① 试验设备和试车台的技术设施比较复杂,它不但需要精度很高的试车架,而且需要产生和维持高空低气压条件所必需的试验舱、排气扩压器和预抽真空系统,还需要补气装置,发动机工作即将结束时,试验舱压力在短时间内恢复到常压,为了避免燃气回流冲击对发动机喷管造成影响,一般在燃烧结束时刻前使用补气装置进行补气;② 由于高空模拟试验时发动机是在具有一定真空度的试验舱内工作的,一旦发生故障,其损失和危害都比其他类型的试验大,这就要求高空模拟试验的发动机有更高的结构可靠性,为此,这类发动机必须经过较充分的地面试验考核;③ 由于试验设备的复杂化,使影响试验的不可靠环节增多,这就要求所有的试验设备都必须工作可靠,为此,试验前要对各系统进行认真的检查;④ 试验过程复杂、工作周期长、技术难度大;⑤ 测试项目多、精度要求高,高空模拟试验适用于高空条件下工作的发动机,如多级火箭的第二、三级发动机和发射卫星用的远、近地点发动机等。

某些导弹或卫星用的固体火箭发动机是在离心过载状态下工作的,为了考核发动机在离心过载状态下的工作性能与可靠性,就提出了进行离心过载试验的要求。离心过载试验是使发动机在以一定速度绕轴线旋转的状态下进行点火工作和参数测量的试验方法,细分为同轴旋转和异轴旋转,分别模拟弹体自旋状态和机动转弯状态。通过离心过载试验可以考核发动机在离心过载状态下的点火性能和结构性能,评定由于离心过载而带来的氧化铝颗粒沉积对燃速的影响。这类试验对试验与测量装置的要求是: ① 试车架上需装有使发动机按一定转速旋转的动力装置和传动机构;② 过渡架上需装有便于在旋转状态下传输测量信号的"集流环"或非接触测量所采用的信号传递装置。

固体火箭发动机的推力矢量控制机构有多种类型,近代大型固体火箭发动机较多采用的是柔性喷管,推力矢量控制试验的主要目的是考核推力矢量控制机构的工作可靠性,测量控制机构的控制特性,如控制力、控制力矩、摆角和摆动角速度等。对摆动喷管推力矢量控制试验的要求是: ① 试车台需配置一套专用的液压源;② 发动机及试车架都需在喷管摆动方向上可靠固定并限位;③ 需要有指令信号发出装置;④ 需要有对摆角、摆心、摆动角速度等参数进行测量的装置;⑤ 测试项日较多,除发动机参数外,通常还包括控制机构的起动、位置、暂态、速度频率和振动特性参数等。推力矢量控制试验中有时还要测量发动机的侧向力,即推力的分力。侧向力主要来源于控制机构(如喷管的摆动)和发动机的不对称性(如几何不对称性和气动不对称性),一般地说,由于推力控制机构所产生的侧向力比较大,而由发动机的不对称性引起的侧向力则比较小。当需要知道发动机的推力分量,进而得到推力偏心角和横向位移时,就需在多分力试车架上进行试验。多分力试车架的设计及分力测量都有较大的技术难度,在分力测量中,多分力传感器具有较大的实用价值。

推力终止是指在发动机工作当中按指令将推力消除掉或使推力终止。液体火箭发动机的推力终止可通过关机来实现,而固体火箭不可能进行关机,因此其推力终止方法也与液体发动机不同。固体火箭发动机的推力终止可有两种方法: 一种是用发动机上自带的特制冷却剂将推进剂的燃烧熄灭;另一种是在发动机的前封头上开设一些小孔(这种小孔称为反向喷管)。后一种方法不但经济性强、比较容易实现,而且终止精度较高、效果较好,因此已得到广泛应用。这种方法的工作原理是: 当需要终止发动机的推力时,通过控制机构引爆起爆管,将反向喷管打开。反向喷管打开后即产生与主推力方向相反的反推力,当反推力与主推力大小相等时,即可实现推力终止。在实际工作中,为了可靠,往往要使反推力略大于主推力,这样,发动机便会产生一定量的负推力。推力终止试验的主要目的是考核反向喷管及其打开机构的工作可靠性,测量反向喷管打开时间及其同步性,测量反向喷管打开后所产生的负推力的瞬变过程等。

2.1.4 地面点火试验过程

地面点火试验的全过程可按时间顺序和工作性质分为试验准备、点火试验、试后现场处理、试验结果处理四个阶段。

1. 试验准备阶段

试验准备阶段是指从试验任务书会签后到发动机上台前这一个时期的工作。试验准备阶段的工作量可因发动机型号和对试验的要求不同而不同。对于新型号发动机和对测试有特殊要求的发动机,在试验准备阶段往往要进行试验工装的设计与加工、测试仪器的配置与调试,其工作量较大,所需的时间也较长。对于一般的试验,这一阶段通常要完成下述的各项工作:

(1) 根据试验任务书和试验实施细则要求,配备好试验工装并进行必要的性能调试;

(2) 编制点火控制与测试程序并对测试设备进行性能调试;

(3) 对试车台各分系统进行检查,使其达到正常工作状态;

(4) 进行发动机上台前的预装或试装;

(5) 根据任务书要求,对发动机进行保温处理;

(6) 进行工艺技术准备,如编制工艺文件、绘制工艺图等。

2. 点火试验阶段

通常把发动机进入试验台到发动机点火工作完毕这一工作过程称为点火试验阶段(简称试验阶段),这一阶段的工作程序如下:

(1) 发动机起吊与转运;

(2) 发动机的安装与调试;

(3) 点火前的校准与检查;

(4) 发动机点火与参数测量。

这一阶段的工作特点是环节紧凑、程序分明,每一个环节都直接关系到试验的成败,因此对每项工作都有比较严格的技术要求。

(1) 发动机的起吊与转运。这一环节的最终目的是将发动机从产品运输车上平稳、安全、可靠地吊运到试车架上就位,为达到这一目的,必须采取合理的吊装方法,采用性能可靠的吊具与吊车。合理的吊装方法是指起吊位置不与支撑位置相矛盾,尽量减少起吊次数。起吊后发动机处于平稳状态,且不因起吊而引起发动机变形。

(2) 发动机的安装与调试。发动机的安装调试是指发动机在试车架上就位以后的一系列安装与调整工作。这些工作包括发动机与动架之间的固定,过渡架、测力组件、校准组件的安装,以及在安装过程中的发动机方位调整等。方位调整的目的是使发动机轴线、测力组件轴线与承力墩的承力面相垂直,使传感器免受安装力和力矩的影响,这对提高推力测量精度是十分有益的。

(3) 点火前的校准与检查。为保证测控系统工作的可靠性和正确性,在发动机点火之前要进行预检和校准,其中包括点火控制程序的检查(此项检查通常称作合练)、各参数测量系统的校准等。高精度试验还要进行原位校准,原位校准的目的是检查发动机的安装情况,确定推力测量系统的静标精度。对原位校准的要求是校准完毕后发动机的安装状态不再变动,如需进一步调整,调整后要重新进行校准。原位校准时加、卸载循环次数不少于 3 次,校准点数不少于 6 点。

(4) 发动机点火与参数测量。发动机点火必须在各项准备工作都充分做好以后再进行,而且要求点火电线的连接、合闸、启动等操作都必须准确无误。参数测量是指对发动机在工作过程中各种特征参数进行测量,参数类型及其测量路数的多少一般由试验任务书给出,在实际测量时,对主要参数(如推力、压强等)的获得率及其测量精度要重点加以保证。

3. 试后现场处理

1) 正常情况的处理

(1) 发动机冷却。对于大多数试验(高空模拟试验除外),在发动机工作结束后要及时用冷却剂对燃烧室内腔和喷管外部进行冷却。常用的冷却剂有水、二氧化碳和氮气,用水作为冷却剂时,合理的冷却方法是从喷管一端将水以雾状形式喷射到燃烧室内,这样可以使水得到充分蒸发并使燃烧室内表面得到均匀的覆盖,从而保持绝热层的完整性。

(2) 测试系统的检查。这里主要是指对各参数测量系统的工作情况进行检查。当测量数据出现失真时,通过检查可以判定失真的原因,提出解决的办法。根据需要,有时还要对推力测量系统进行试后的原位校准。

(3) 发动机处理。试验结束后要根据任务书要求对发动机空壳作相应的处理,常见的处理内容是:分解发动机,卸下喷管和前顶盖;称量壳体和主要部件的质量;测量喷管喉径和出口面直径。

(4) 试验设备处理试验结束后需对试车架等主要设备的完整性和技术状态进行检查,这不仅有助于试验结果的分析评定,也是对试验设备的维护保养所必需的。

2) 异常情况的处理

地面点火试验中的异常情况主要有两种,一种是不能正常点火,另一种是点火后发动机工作发生故障,如壳体爆破、喷管吹掉等。当发动机不能正常点火时,要切断点火电源,检查点火线路,故障排除后(可通过打点火头验证)再按原程序点火。当出现壳体爆破引起台内燃烧的事故时,要维护好现场秩序,组织专门人员进行消防,尽量减少事故损失。同时,对现场、发动机残骸和碎片进行必要的拍照,为事故分析提供原始资料。

4. 试验结果处理

1) 试验结果的分析与评定

发动机的地面点火试验共有四种可能的结果,即成功、基本成功、部分成功、失败。发动机正常工作的时间历程、试验结束后部件的完整性、测试数据的完整性与真实性是评定试验成败的依据和标志,而数据处理结果则是评定发动机工作性能的依据。

(1) 发动机性能的分析与评定。在发动机地面点火试验中,需要测量的参数很多,但作为主要参数,一般是指压力-时间和推力-时间的测量值。

(2) 材料性能的分析与评定。从考核结构材料工作性能的角度出发,试验结束后通常要进行喷管测量,有时要进行壳体解剖。喷管测量的内容是:测量喷管的质量;测量喷管的喉径和出口面直径。通过这两种测量可以确定喷管材料的烧蚀率,再结合其他现象可以进一步确定其热结构性能;壳体解剖的主要目的是测量绝热层的剩余厚度,根据测量结果评定绝热层材料的抗烧蚀性能、绝热层与壳体材料间的黏结强度,进一步考核黏结工艺的合理性。

(3) 非正常情况的处理。在发动机非正常工作的情况(如壳体爆破、喷管穿火与破坏)下,要根据各种现象进行事故分析,找出存在的问题,提出改进意见,这对于改进发动机设计与加工工艺是十分有益的。

2) 试验报告的编写

发动机试验结束后要根据任务书要求编写试验报告,试验报告包括下列内容:

(1) 试验时间;

(2) 试验类型与试车台位;

(3) 发动机代号及其有关参数;

(4) 试验的环境条件,如温度、压力、湿度等;

(5) 试验测得的原始数据;

(6) 数据处理方法及处理后得到的特征值;

(7) 试验与处理结果的评估。

2.2 液体火箭发动机

新研制的发动机一般都要经历研究、设计、试制、试验四个基本环节,液体火箭发动机试验在发动机研制过程中处于关键地位,因为在研制发动机过程中遇到的所有问题,几乎都是依靠试验来解决的。从发动机试验对试验设备、试验技术和试验方法等方面的要求来看,液体火箭发动机试验主要有组合件试验、地面试验、高空模拟试验和子级整机试验四种。

2.2.1 组合件试验

组合件试验包括对发动机的单个元件、组件及由组件构成的分系统或半系统所进行的全部试验,又称零部件试验,例如:轴承、阀门试验;涡轮泵、燃气发生器、火药启动器、推力室试验;以及由火药启动器、燃气发生器、涡轮泵联合组成的分系统的试验等。其目的是检验设计的可行性,以及组合件的可靠性、协调性,并对组合件的性能进行调整。

2.2.2 地面试验

液体火箭发动机试车视频

地面试验是在地面条件下(海平面压力及正常温度条件下)对发动机整机进行的各种试验。例如:研究性试验,是为解决发动机系统或其组合件的某些技术课题而进行的发动机地面试验;稳定性评定试验,是为了对发动机稳定性做出评价;性能试验,是在发动机的结构状态和调整方法确定后，为了得到其在额定工况下的性能数据（推力、比冲、推进剂混合比等），利用交付状态的发动机所进行的短程地面热试验；极限工况试验，是在发动机允许的工作范围内，按照可能出现的外界因素的变化及性能调整偏差所造成的最恶劣的极限工况下所进行的发动机地面试验；校准试验，是对准备交付的发动机，以检查、调整性能参数为目的，在额定工况下进行的一种短程地面热试验。另外还有抽检试验、批生产试验、工艺调整试验等，目的虽然不同，但涉及的试验技术和试验方法均相同，所以也都属于发动机地面试验的范畴。

2.2.3 高空模拟试验

为了获得发动机在高空环境下的实际性能，在地面上用人工方法制造一个高空环境，将发动机或组合件置于这种环境下进行试车。

1. 高空模拟试验的必要性

火箭发动机高空模拟试验，旨在通过地面试验设备模拟高空环境，使发动机在此环境中运行，从而全面评估其性能、可靠性及工作寿命等关键指标。鉴于高空或空间环境下工作的发动机需具备高比冲特性，其喷管设计通常采用大扩张比。然而，若将此类发动机直接置于地面试车台进行测试，燃气在喷管出口附近易发生分离，导致喷管无法达到满流状态。这不仅使得测试所得性能参数无法准确反映发动机在高空或空间的实际工作状态，还可能因燃气分离产生的振荡力损坏喷管，进而影响发动机的正常运行。因此，当前发动机高空环境模拟试验的首要任务是模拟环境压力（即真空度）。但值得注意的是，空间环境模拟试验与此有所不同，它不仅要模拟环境压力，还需模拟太阳辐射、地球及月球反射，以及地球辐照等复杂环境条件。正因如此，空间环境试验及其相关技术相较于高空环境模拟试验更为复杂多变。

火箭发动机高空模拟试验的核心在于，通过地面试验设备模拟高空条件，使发动机在此环境下运行，进而全面评估其性能、可靠性及工作寿命等关键指标。试验的主要技术要求是，确保发动机在模拟高度的压力环境下达到满流状态，从而准确测定发动机在高空工作时的推力、比冲和后效冲量，并明确双组元发动机推进剂的工作程序及推进剂点火的时间延迟。因此，目前发动机高空环境模拟试验（也称高空试车）的首要任务是模拟环境压力（真空度）。通过精确控制试验环境中的压力条件，可以最大限度地还原高空环境对发动机工作性能的影响，从而确保试验结果的准确性和可靠性。

在发动机环境模拟试验领域，关于高空与空间环境的划分，长期以来并未形成统一标准。在航天技术发展的不同阶段、不同国家乃至不同作者所采用的标准均有所差异。为便于工程实践，通常以模拟不同高度压力环境（真空度）及发动机常用模拟压力环境为出发点，将高空与空间环境大致划分为低空（约 20 km）、中高空（35 ~ 40 km）、高高空（80 km）、超高空（100~120 km）及空间环境（200 km 以上）等几个层次进行描述。

2. 高空模拟试验的主要内容

高空模拟试验技术按其试验内容和目的的不同，可分为：正常性试验和特殊条件的非正常性试验。正常性试验包括但不限于：发动机在额定工况条件下的性能试验；模拟高空条件下的点火起动试验；考核发动机结构强度的试验等。这些试验旨在验证发动机在标准条件下的工作性能和可靠性。特殊条件的非正常性试验则涵盖更多复杂场景,如发动机入口介质温度和压力变化时的表现;控制阀门和自动器的氦气源压力变化对发动机的影响;不同环境温度下发动机的点火起动性能,以及失灵关机试验等。这些试验旨在评估发动机在极端或异常条件下的适应能力和可靠性。

高空模拟试验的主要内容有:

(1) 高空点火和再起动试验,以验证发动机在高空条件下的点火和再起动能力;

(2) 结构可靠性试验,包括各类型喷管在高空条件下的热强度、刚度和寿命试验,以确保发动机结构的稳定性和耐久性;

(3) 在喷管满流条件下测量发动机性能参数的试验,以准确评估发动机在高空环境下的工作性能;

(4) 喷管羽流场及有关效应的试验,以研究发动机排气对周围环境的影响;

(5) 发动机后效冲量测量试验,以评估发动机在长时间工作后的推力性能;

(6) 考察发动机和组合件对高空环境适应能力的试验,以确保整个发动机系统在复杂高空环境下的可靠性和稳定性。

3. 典型的高空模拟试验

1) 高空性能试验

高空性能试验,又称"高空试车",是火箭发动机高空模拟试验的基础项目。其主要技术要求是在模拟高度的压力环境下,确保发动机处于满流状态,以准确测定发动机在高空工作时的推力、比冲和后效冲量,并明确双组元发动机推进剂的工作程序及点火时间延迟。

2) 高空点火及脉冲点火试验

高空和空间发动机需在特定高空条件下进行点火、二次点火起动或多次脉冲点火。鉴于部分发动机的点火环境压力可能低于燃料的三相点压力,多相共存条件及燃烧不完全的燃料积聚物可能引发爆轰。因此,高空点火、二次起动点火和脉冲点火的可靠性对于火箭发动机的稳定运行至关重要。通过高空点火试验和脉冲试验,可以验证发动机的可靠性,并测量点火过程中的压力峰值。

3) 寿命考核试验

随着空间飞行器工作时间的不断延长,如地球同步卫星的寿命普遍达到 5~7 年,未来空间站的工作寿命将更长,这要求姿控发动机具备相应的长寿命特性。为考核发动机的强度、工作可靠性及长期工作寿命,通常需在设计参数的极限条件或超极限条件下进行试验,以验证设计的合理性。

4) 羽焰试验

羽焰试验是空间发动机必须进行的特殊试验项目,其目的在于确定发动机的羽焰特性及效应。为确保发动机排气羽焰能够自由膨胀,试验设备需具备足够大的尺寸,并具备模拟空间环境"分子沉"和"热沉"的能力。

5) 热真空试验

发动机飞行剖面热真空试验旨在检验发动机在真空与热辐射条件下的热平衡状况对多次起动及工作性能的影响。该试验不仅限于单台发动机,有时也可涵盖整个动力系统和子级。通过试验,可以确定发动机在实际飞行剖面中多次起动及长时间工作的能力,检验爆炸物的形成情况,确定发动机间的相互影响,并对热数学模型的准确性进行验证。

2.2.4　子级整机试验

多级火箭是由两个或两个以上的子级连接起来,并依次工作的火箭。子级整机试车是发动机地面试验的一种,是把多级火箭某一子级的整体发动机系统组装在一起进行试验,可在地面试验台上进行,也可和箭(弹)上的推进剂供应系统、增压系统、调节系统一起组成动力系统在试验台上进行,或者直接装成一级火箭(弹道)进行火动力系统试验(全弹试车)。

2.3　冲压及组合发动机

2.3.1　概述

冲压发动机(也称为冲压喷气发动机)是一种构造简单、能产生大推力的空气喷气发动机,适用于高空高速运行,如图 2－1 所示。冲压发动机主要由进气道、燃烧室和尾喷管构成,其工作原理是超声速来流进入发动机后,通过进气道进行减速增压,然后在燃烧室中与燃料掺混燃烧,产生高温高压燃气,燃气经尾喷管膨胀加速喷出,从而产生推力。由于去掉了涡轮喷气发动机中的复杂压缩组件,冲压发动机可以承受更高的气动加热,适合在较高的飞行马赫数下工作,其推力性能与进气速度密切相关。冲压发动机结构简单、高马赫数下性能较好,但要求精细组织发动机工作过程,以减小损失、提高效率。另外,冲压发动机不能自起动,需要助推器加速到一定速度后才可以自行工作。

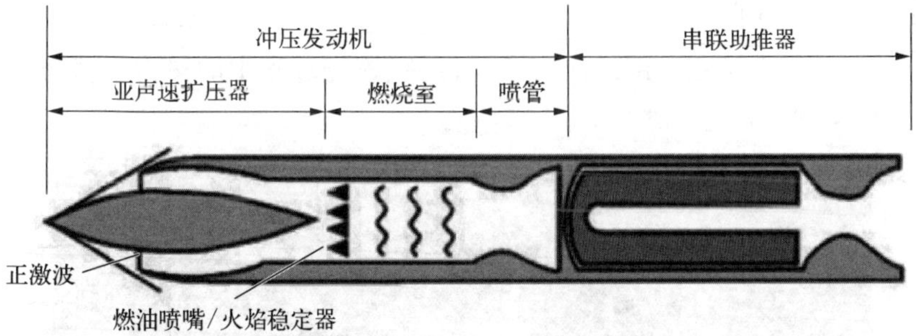

图 2－1　液体燃料冲压发动机示意图

组合发动机是将两种或者以上发动机(包括冲压发动机、火箭发动机、涡轮发动机等)的热力循环、结构、控制等有机融合形成的,是具有广空域、宽速域、良好综合性能的动力装置,是高超声速飞机、临近空间高超声速飞行器、水平起降两级入轨航天运输系统等高超声速飞行器研发急需的动力装置。这种组合发动机通常能够覆盖更广泛的工作速度范围和飞行空域,并可能获得更好的燃料利用效率,因而受到各航天大国和研究机构的广泛关注。

冲压组合发动机是通过将冲压发动机与其他类型的发动机(如涡轮喷气发动机、涡轮风扇发动机、火箭发动机等)进行组合,可以实现更广泛的工作范围,并在不同飞行速度下均能保持较高的效率。例如,由冲压发动机与涡轮喷气发动机组合而成的涡轮基组合循环发动机,在亚声速、跨声速和超声速运行范围内都具有良好的性能。冲压组合发动机在军事和民用领域具有广泛的应用前景,如导弹、超声速或亚声速靶机、飞机发动机、高超声速飞行器等。火箭基组合循环发动机如图2-2所示。

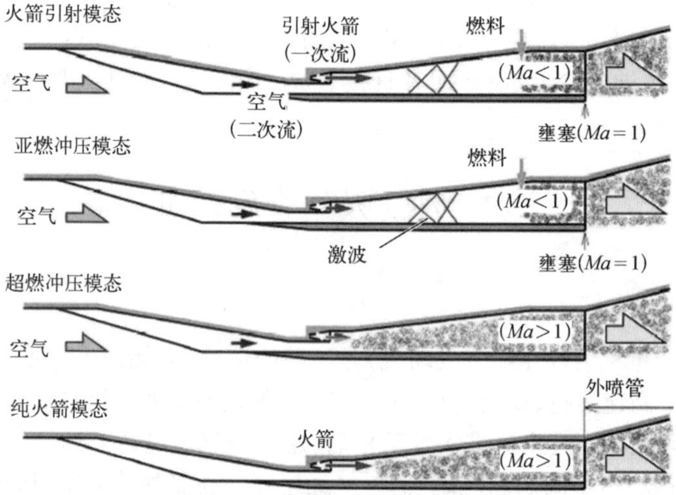

图2-2 火箭基组合循环发动机

2.3.2 地面试验主要测试性能参数

地面试验主要用于验证燃烧室结构设计,确定不同混合比及不同喷注位置下的燃烧效率,主要测量参数如下。

(1) 压力:测量燃烧室内部的压力变化,反映燃烧过程中的热力学状态。常规压强传感器如图2-3所示。

图2-3 常规压强传感器

（2）温度：通过热电偶或者光谱仪等测量燃烧室内的温度分布，了解发动机燃烧流动过程中的充分性和均匀性，常见热电偶如图 2－4 所示。

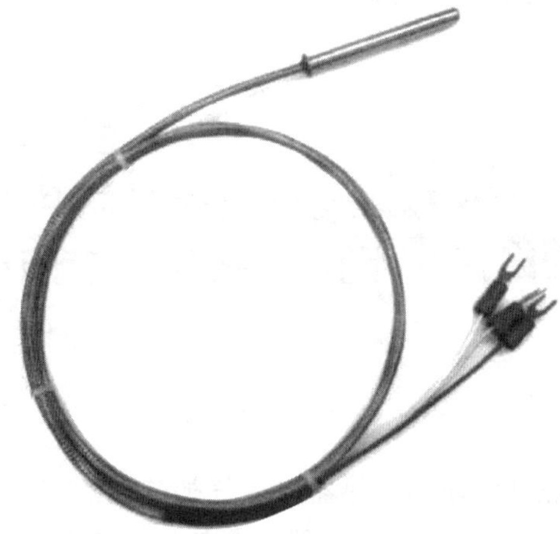

图 2－4　常见热电偶

（3）流量：试验台常使用流量计和声速孔板来分别测量流量和流量控制，流量计和声速孔板如图 2－5 所示。

(a) 流量计　　(b) 声速孔板

图 2－5　流量计和声速孔板

（4）推力：推力测量系统的执行机构受到推力作用后，产生位移或者角位移并逐渐增大，最终使推力与恢复力处于平衡状态，通过测量执行机构的位移或者角位移得到推力值。可利用传感器测量稳态位移或者角位移，由于力或者力矩与位移或者角位移呈现线性函数关系，因此可以通过测量值计算出推力。

2.3.3　直连式试验

直连式试验是组合发动机地面主要试验之一，包括燃烧室本体直连试验、燃烧室本体热防护试验及燃油系统与本体的联合动力试验等,主要作用在于研究、验证或者考核发动机点火与稳焰燃烧组织技术、发动机本体热防护,以及燃油系统与燃烧室本体的工作协调性等,直连式试验示意图如图 2-6 所示。

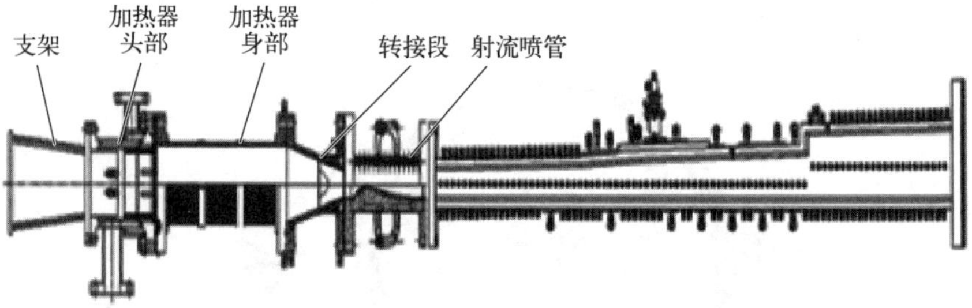

图 2-6 直连式试验示意图

试验借助一定的模拟准则,使用加热器对空气加热,在发动机进气道出口(隔离段入口)模拟来流气体参数,如流量、氧含量(一般取摩尔分数 21%)、总温或者总焓、总压或者静压、马赫数等。主要采取燃烧加热与补氧相结合的空气加热方法,其中燃烧加热主要采用空气(或氧)与酒精(或煤油等)进行燃烧。

2.3.4 自由射流试验

自由射流试验是组合发动机另一个主要试验,包括多种简化(截短进气道、截短喷管等)形式的进气道/燃烧室/喷管流道匹配特性试验、全尺寸发动机流道匹配试验(不含燃油与控制系统)及发动机系统试验(含燃油与控制系统),主要作用如下:

(1) 研究发动机的工作边界或者工作范围,包括高度、马赫数、油气比、攻角、侧滑角等;

(2) 研究发动机的性能,包括不同工况下的推力、比冲、力矩等;

(3) 研究发动机部件的匹配性,如进气道、隔离段、燃烧室和喷管的流道匹配性,发动机部件结构在热载荷条件下的协调性,发动机力学特性等。

自由射流试验也是借助一定的模拟准则,类似地使用加热器对空气加热,但模拟的是发动机进气道入口来流条件,如静温、静压、马赫数等,自由射流试验示意图如图 2-7 所示。

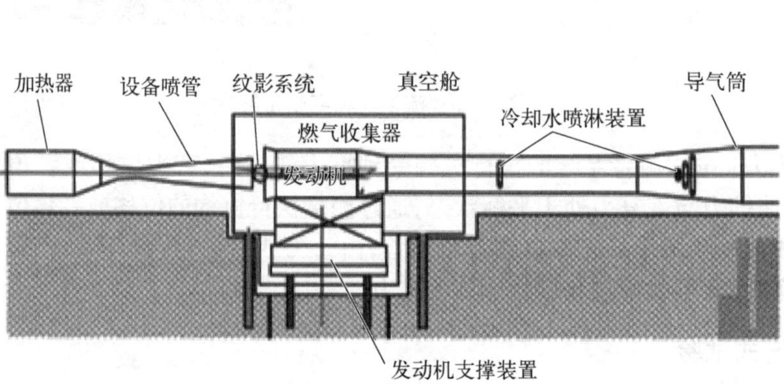

图 2-7 自由射流试验示意图

2.3.5　热防护试验

热防护试验是指对发动机进行长时间运行或多次循环的试验，考察发动机的长时间热防护及可靠性，主要包含材料热性能测试、表面温度测量、热结构分析、热障涂层测试、热循环试验等。因为冲压及组合发动机种类比较多，所以要根据具体的组合发动机设计确定合适的试验方案。

2.3.6　力学环境试验

发动机及其部组件的力学环境试验是考核发动机结构可靠性的主要手段，通常包括高/低频随机振动、运输、高/低频冲击等试验，主要依靠不同类型的振动、冲击试验台进行。

对于大尺寸组合动力系统，现有的振动、冲击试验台可能难以甚至不能进行组合发动机整机力学环境考核试验。实际上，高超声速飞行器与发动机系统是一体化设计的，发动机的供应、控制系统部组件常常分散安装在飞行器不同部位。在飞行器飞行过程中，发动机各部组件工作的力学环境差异较大，采用整机系统的力学环境试验对部组件存在着欠试或过试的风险。而振动、冲击载荷具有复杂的空间特性，如燃烧室内部的压力及温度脉动等，实际上不可能通过现有的振动试验手段实现。因此，振动试验不是模拟发动机工作过程的振动，而是模拟振动所引起的最终破坏结果。因此，只要振动、冲击环境条件（包括实际部组件工作过程和边界接口条件）与部组件安装状态相同，那么就可以在振动试验中模拟这些疲劳破坏的累积效应。

在力学环境试验中，通过类似飞行试验和相似发动机的地面、飞行试验获得的激励载荷分析，可以得到有适当裕度的力学环境试验结果。基于初步设计的飞行器及发动机三维模型，建立飞行器包含布局与结构框架的三维有限元力学模型，进而开展组合发动机和主要部组件的动强度分析，进行结构设计迭代，并根据发动机伴飞、发动机工作等力学环境的振动响应分析结果，可以包络出部组件的力学环境试验条件。当整机组装完成后，通过低量级激振试验，获得实际的载荷传递关系，与计算结果对比。最后，再进行模拟总体安装框架下发动机的热试车，考核发动机和部组件在自身工作时的内部载荷和热环境作用下的可靠性。一般来讲，发动机自身产生的激励往往要大于飞行器伴飞时的力学环境，因而可以将大型结构分解为部组件力学特性试验，以降低结构风险，力学环境试验方案如图2-8所示。

2.3.7　飞行试验

冲压及组合发动机可以在地面试验台进行大量模拟试验，但不可能完全模拟空中的工况。因此，在进行数值模拟和地面热试车后仍须进行飞行试验来验证发动机的工作可靠性并获得其性能数据。

飞行试验的主要设备有地面模拟试验设备、试验研究发动机和测试设备。地面模拟试验设备用于进行飞行试验前的验证和准备工作，对提高飞行试验的安全性和经济性具有重要作用。在地面模拟试验设备和试验发动机上都装有专用或通用的测试仪器

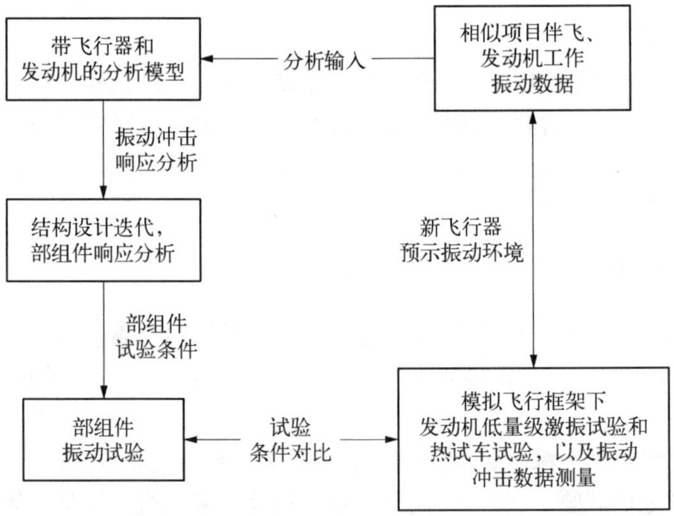

图 2-8　力学环境试验方案图

设备,通过地面试验模拟冲压及组合发动机在高空中的状态,来最终确定飞行试验的具体参数及数据。整机的飞行试验由经过专门培训过的科研人员按事先拟定的飞行试验大纲进行,飞行试验结果由数据处理系统进行实时或事后处理。

根据飞行试验研究目的、研究内容并考虑到试飞发动机属于加速式发动机,确定研究途径为:在发动机地面试验性能满足试飞要求的基础上,进行独立回路控制试飞飞行器的飞行试验。并据此确定试飞器系统的设计原则:

(1) 突出考核冲压及组合发动机的基本性能,尽可能排除飞行试验中的不可靠因素;

(2) 试飞发动机以地面试验样机为基础,充分利用地面试验成果以提高可靠性,不追求过高的性能。

典型的试飞器系统包括试飞器、发射系统、发射控制系统、检测装置和地面设备五大部分,试飞器由被试发动机、试飞器、控制系统、能源和遥测系统等组成。

飞行试验的关键在于发动机关键技术的选择,进而影响飞行剖面的设计,也引出试飞飞行器及助推器的研制等。无论研究的飞行器及飞行方式有多大的差异,共同之处都在于研究飞行条件下发动机的点火、稳焰、实际性能、工作区域、结构可行性等一系列技术。如图 2-9 所示的飞行剖面,X-51A(美国试飞发动机型号)由 B52 轰炸机带至空中发射,采用固体助推加速到马赫数 4.5,然后起动超燃冲压发动机,计划加速至马赫数 6.5 以上,实际几次飞行试验的最高马赫数均在 6.0 以下。澳大利亚 HyShot 飞行试验中的飞行剖面如图 2-10 所示,整体为抛物线弹道,在下降过程中达到马赫数 7.6 左右时,超燃冲压发动机点火。由于飞行器急速下降,试验时间较短,仅为几秒钟。

2.4　高空模拟试车台

高空模拟试验是固体火箭发动机在模拟高空低压环境下进行的点火试验(简称高空

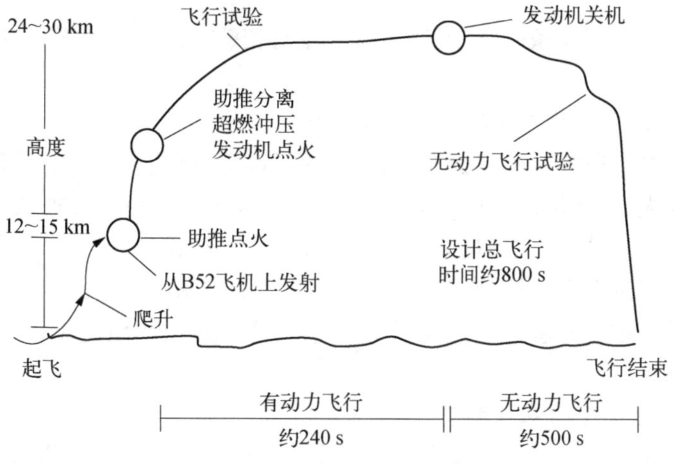

图 2-9　X-51A 飞行剖面图

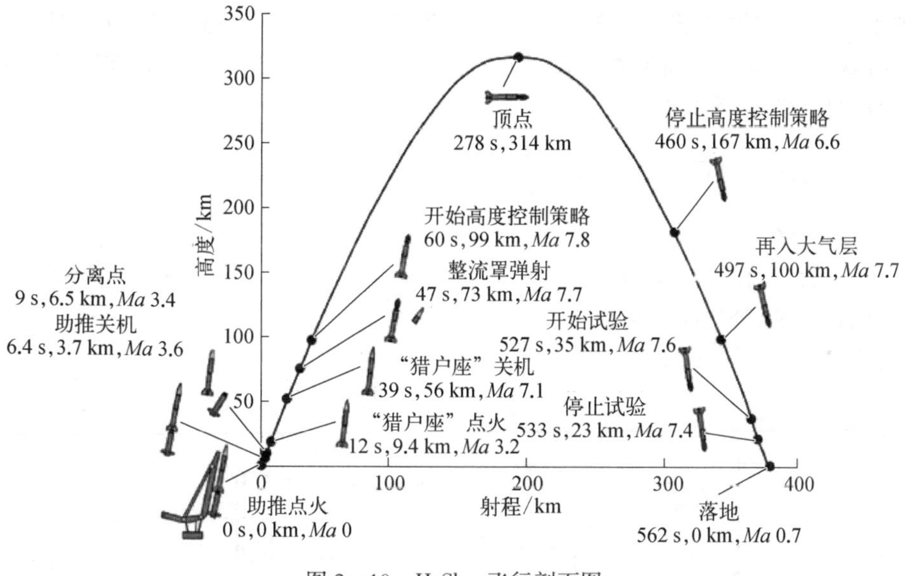

图 2-10　HyShot 飞行剖面图

模拟试验)。进行高空模拟试验的地面试验设施为高空模拟试车台(简称高空模拟试车台)。

2.4.1　概述

1. 高空模拟试验的目的

(1) 考核发动机高空喷管的结构与性能。在高空工作的固体火箭发动机通常均采用大面积比喷管以获得高的比冲,但大面积比喷管在地面试验时,将出现喷管内气流分离,导致轻质喷管的损伤或破坏,以及推力测量失真。

(2) 考核与验证发动机在高空工作的结构性能与可靠性,精确测量发动机性能参数。

(3) 测量在高空工作条件下,发动机排气流对相邻结构的传热影响,从而确定采取相应的防热措施。

2. 高空模拟试车台的主要技术问题及参数

火箭发动机在进行高空模拟试车时,排出大量高温、高速燃气,如何将排出的高温、高速燃气抽吸排入大气,保持试验舱内处于稳定的低压环境是高空模拟试车台要解决的首要技术关键,其次是试验舱及满足试验要求的专用设备的设计。

决定高空模拟试车台规模及排气系统设计的主要技术参数是要求达到的模拟高度和排出燃气的质量流率。要求达到的模拟高度越高,燃气排出的质量流率越大,则高空模拟试车台的规模越大。

3. 高空模拟试车台的基本类型

全程持续工作的高空模拟试车台根据其排气系统的排出方式可以分为两大类:一类是"泵-扩压器"型高空模拟试车台,习惯称为被动引射高空模拟试车台;另一类是"扩压器+外加抽吸系统"型高空模拟试车台,习惯称为主动引射高空模拟试车台。

被动引射高空模拟试车台在早期的发动机高空模拟试车中被广泛采用,但由于其存在的固有缺陷,已经不能满足先进固体火箭发动机高空模拟试车的要求,在国外已被主动引射高空模拟试车台所取代。

2.4.2 被动引射高空模拟试车台

1. 工作原理

被动引射高空模拟试车台原理如图 2-11 所示,主要由试验舱、排气扩压器、扩压器堵盖、机械真空泵、补气阀等组成。

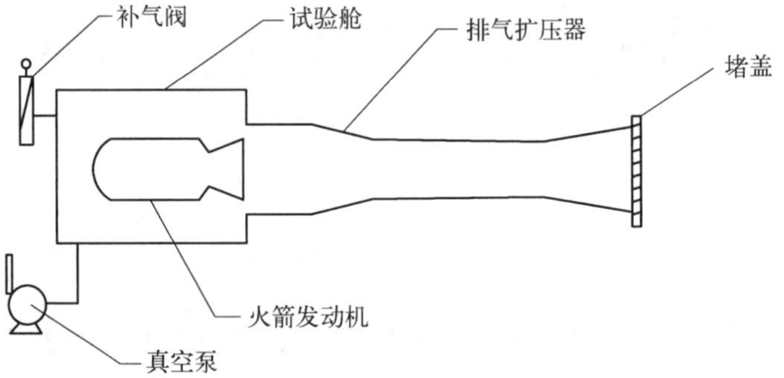

图 2-11 被动引射高空模拟试车台原理图

被动引射高空模拟试车台在进行高空模拟试车时,试验舱内的低压环境是依靠发动机工作时燃气的引射抽吸效应来维持的。发动机工作前,用真空泵将试验舱抽到需要模拟的低压环境。发动机工作时,从喷管中排出的超声速燃气通过扩压器后,流速降低,压力增高而排入大气。在燃气排出的同时会抽吸试验舱内的空气,使试验舱在发动机的稳态工作期间内,维持一定的低压状态。可以看出,扩压器是被动引射高空模拟台的关键设备。在扩压器正常运转期间,试验舱压力大小与发动机燃烧室压力及扩压器几何尺寸有关。

2. 工作过程

当发动机与扩压器按要求安装后，将扩压器堵盖连接于扩压器出口端面。打开试验舱与真空泵相连的阀门，开启真空泵对试验舱进行抽空，直至达到模拟高空点火所需的压力，拧下扩压器堵盖上的连接螺栓，打开扩压器冷却水供给系统，发动机按程序进行点火。点火后发动机排出的燃气冲开堵盖排入大气，在发动机工作至推进剂燃烧结束时，由于燃烧室压力下降，扩压器已不能正常运转，燃气将在外压作用下部分回流入试验舱。为了减小燃气回流造成的不利影响，在此时将位于试验舱后端的补气阀门打开，外部的空气迅速进入试验舱，使舱压与外部环境压力平衡。图2－12为一个实际应用的被动引射高空模拟试车台的结构示意图。

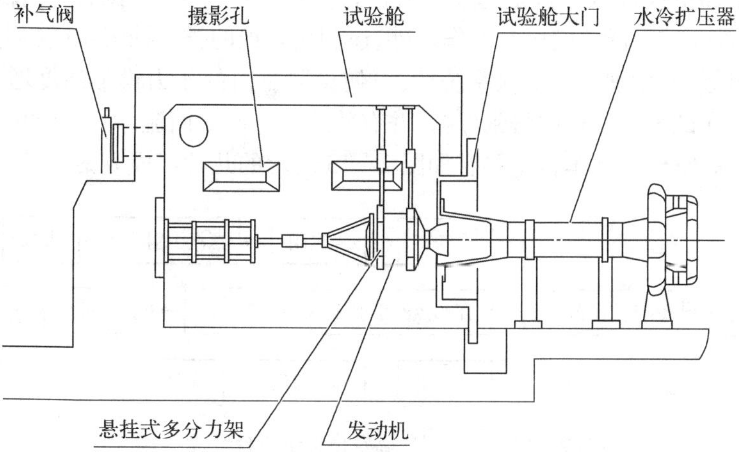

图2－12　被动引射高空模拟试车台结构示意图

3. 模拟能力

此类高空模拟试车台，在发动机稳态工作期间，试验舱模拟压力高度为18～23 km。

4. 局限性

1）回流冲击

一般情况下，对不同的发动机进行高空模拟试车时，要配备与之匹配的扩压器，每种扩压器均对应着一个最小起动压力。在发动机点火工作期间，当燃烧室压力大于扩压器最小起动压力时，扩压器能够正常工作，保持试验舱内相应的低压环境；反之，扩压器不能正常工作。因此，在发动机点火过渡阶段的压力建立期间和发动机燃烧结束的压力下降期间，扩压器都处于不能正常起动状态，在这两个阶段都将出现燃气回流进入试验舱的情况并导致回流冲击。大的回流冲击将可能导致喷管的损坏，尤其是软质的大面积比喷管或易碎的可延伸喷管出口锥，将导致严重的后果。因此，回流冲击是被动引射高空模拟试车台的严重缺陷。

2）喷管不能摆动

由于被动引射高空模拟台的扩压器出口直通大气，其出口反压高，为了保证扩压器能够正常起动，扩压器的入口直径受到限制，难以采用允许喷管进行摆动的大面积比扩压器。因此,对采用摆动喷管的发动机,不能在被动引射高空模拟试车台上进行摆动喷管的试车。

3）不能精确测定发动机的推力与总冲

在发动机点火过渡阶段和燃烧结束的压力下降阶段,喷管不能满流和受回流冲击的影响,使得推力和冲量测量缺乏真实性。

4）不利于试车后的校准

由于被动引射高空模拟台不能在试车后使试验舱仍维持一定时间的低压环境,因此不利于测量系统试车后的校准。

2.4.3 主动引射高空模拟试车台

主动引射高空模拟试车台是指发动机进行高空模拟试车时,试验舱内低压环境的建立,除了利用排气扩压器的增压引射作用外,还利用外加的排气抽吸系统(如蒸汽引射器、机械排气机组等)。增加排气抽吸系统后,可使试验舱内的压力模拟高度增加,使试验舱内的低压环境在试车全过程中得到保持,并有效地防止燃气回流。

主动引射高空模拟试车台主要有如图 2－13 所示的几种组成方案。

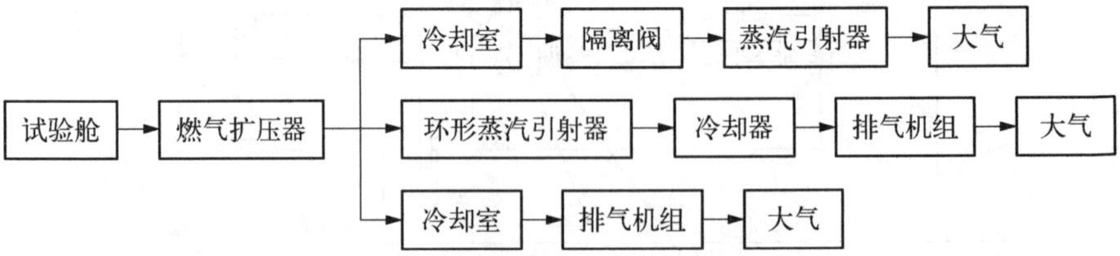

图 2－13　主动引射高空模拟试车台组成方案

图 2－13 中,前两种组合方案应用较为普遍,第三种方案一般应用于推力较小、工作时间较长的发动机试验中。下面重点介绍前两种方案。

1. “燃气扩压器+蒸汽引射器”高空模拟试车台

“燃气扩压器+蒸汽引射器”高空模拟试车台的示意图如图 2－14 所示,主要由试验舱、燃气扩压器、燃气冷却器、隔离阀、蒸汽引射器(可以采用多组并联、每组多级串联方案)、蒸汽供给系统、控制测量系统及冷却水供给系统等组成。

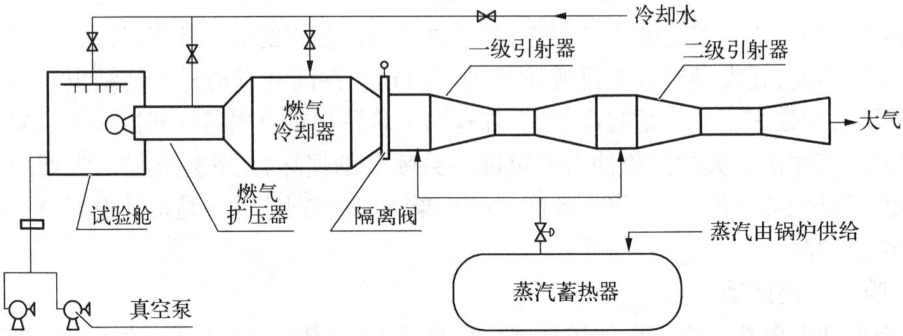

图 2－14　“燃气扩压器+蒸汽引射器”高空模拟试车台示意图

在发动机点火前，将系统的隔离阀门关闭，此时从试验舱至燃气冷却室处于密封状态。试验舱内的初始低压环境可以通过与试验舱相连的机械真空泵或辅助蒸汽引射器的抽吸达到。发动机临近点火时，各供水系统按要求供水，起动主蒸汽引射器，打开隔离阀门。在主蒸汽引射器的引射抽吸作用下，维持试验舱的低压状态。发动机点火后，燃气通过喷管进入排气扩压器进行第一次增压，然后进入燃气冷却室与呈雾状喷出的冷却水混合。通过水的汽化吸热，燃气与水蒸气的混合气体温度降至隔离阀门和引射器构件所能承受的温度，进入第一级蒸汽引射器。蒸汽喷嘴中喷出的高速蒸汽流裹挟进入的混合气体，通过蒸汽引射器进行第二次增压。之后混合气体进入第二级蒸汽引射器再次增压后排入大气。发动机工作结束后，已无燃气排出，可关闭隔离阀门，然后蒸汽引射器停止工作。此时试验舱内仍保持一段时间的低压状态，以便测量系统进行试车后的校准。

蒸汽供给系统是此类高空模拟台的重要系统。在发动机（特别是大推力发动机）高空模拟试车时，在试车的短短几十秒钟内要供给大量具有稳定压力的蒸汽，如直接采用锅炉供汽是难以做到的，且不经济。最经济和实用的办法是采用蒸汽蓄热器供汽，蒸汽蓄热器的工作原理是在压力容器中储存水，将来自锅炉的蒸汽通入水中使水加热，使容器内水的温度和压力升高，形成具有一定压力的饱和水。当容器内压力下降时，饱和水变成过热水，自蒸发产生蒸汽。采用此方法，在有足够的蓄热器条件下可以满足短时间内提供流量大而压力稳定的蒸汽的要求。

2. “扩压器+环状蒸汽引射器+排气机组”主动引射高空模拟试车台

“扩压器+环状蒸汽引射器+排气机组”主动引射高空模拟试车台示意图如图 2－15 所示，由试验舱、燃气扩压器、环状蒸汽引射器、燃气冷却室、排气压缩机组及蒸汽供给系统、冷却水供给系统等组成。

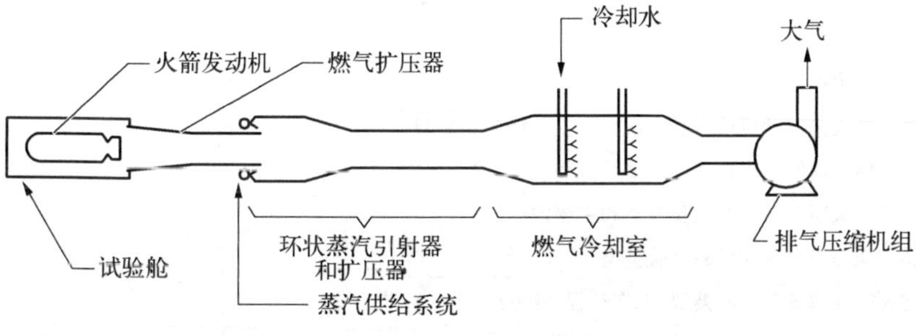

图 2－15　“扩压器+环状蒸汽引射器+排气机组”主动引射高空模拟试车台示意图

发动机点火前，起动机械排气机组，对试验舱及燃气冷却室进行预先抽空，达到一定低气压条件后，起动环状蒸汽引射器以辅助排气机组，使试验舱迅速达到预定的低气压环境。发动机工作期间，试验舱内的低气压环境主要靠发动机排气扩压器和排气机组的抽吸作用来保持，此时环状蒸汽引射器起辅助作用。为使高温燃气在进入排气机组前能够冷却，在排气机组前设置燃气冷却室，使燃气温度降至排气机组能够承受的温度。燃气冷却室的另一作用是起冷凝器的作用，使部分蒸汽得到冷凝，从而减少排气机组的负荷。发动机接近燃烧结束时，环状蒸汽引射器接替排气扩压器的工作，与排气机组一道继续保持试验舱的低压环境，防止回流造成的影响。

3. 主动引射高空模拟试车台的优点

与被动引射式高空模拟试车台相比,主动引射高空模拟台具有下列优点。

1) 模拟高度高

根据试验要求,配备适当能力的抽气系统可获得≥30 km的模拟高度,能保证面积比小于100的喷管在试车全过程中处于满流工作状态。

2) 无回流冲击

由于外加排气抽吸系统,可以保证在试验全程(从发动机点火到燃烧结束)中试验舱内压力稳定,回流冲击很小,甚至没有回流冲击,不会造成大面积比喷管或轻质可延伸出口锥结构的损坏,并能精确测量发动机工作全程中的推力和总冲,推力测量的不确定度可以达到≤0.5%。

3) 可进行摆动喷管的推力矢量控制试验

外加排气抽气系统后,排气扩压器的出口反压降低,扩压器的直径可以增大,满足了喷管在全轴摆动(摆角最大可达8°)下进行高空模拟试验的要求。从而能够考核摆动喷管的结构性能和动态性能,精确测量伺服系统的作动力和发动机的侧向分力。

4) 便于试后处理

可根据需要,在发动机工作结束后继续保持试验舱内的低压状态,以利于试验后的校准,提高测量精度。

5) 对环境保护有利

经过喷水冷却后,燃气中的有害成分和微粒大部分得以消除,排气得到净化,减少了环境污染。

习 题

2.1 简述固体火箭发动机的试验分类。

2.2 简述固体火箭发动机地面静止试验的主要任务和类型。

2.3 简述固体火箭发动机地面点火试验流程。

2.4 简述液体火箭发动机的试验分类和主要内容。

2.5 简述冲压与组合发动机的试验类型。

2.6 简述高空模拟试车台的类型、工作过程和特点。

第3章

智能传感器

3.1 引　　言

传感器已经成为当今世界不可或缺的一部分。日常使用的手机当中集成了大量传感器,主要包括如下几种。

(1) 光线传感器:感测环境光线的强度,调节手机屏幕的亮度。

(2) 距离传感器:用于感知手机是否被贴在耳朵上通话,若是,则会关闭屏幕以省电。

(3) 重力传感器:计算水平方向,用于切换横屏与直屏方向,以及在游戏中感应方向变化。

(4) 加速度传感器:用于计步、判断手机朝向等。

(5) 磁传感器:用于指南针、地图导航。

(6) 陀螺仪:用于实现手机中的"摇一摇"功能、体感技术,以及虚拟现实(virtual reality, VR)视角的调整与侦测。

(7) 坐标定位传感器:用于接收导航卫星的信号,实现定位功能。

(8) 指纹传感器:描绘指纹的图形,用于解锁设备和保护隐私。

(9) 霍尔传感器:用于检测磁性配件,如实现翻盖解锁、合盖锁屏等功能。

这些传感器提升了手机的智能化水平,改善了用户的视觉体验,增强了人机交互体验,同时也使得手机的安全性和便捷性得以提升。

目前,手机中广泛采用的传感器,与众多普通消费电子产品中的传感器相似,均以硅材料为核心制造而成。这一选择主要得益于硅基传感器能够借助大型半导体生产线实现低成本且大规模的量产。另一个优势在于,硅基传感器能够轻松实现与为其提供偏置或处理输出信号的电路系统的单片集成,或至少在同一封装内集成。此外,半导体级的硅材料具备高纯度及独特的物理特性,部分特性可通过掺杂来调整,还有些特性支持纳米级的精细加工。

硅材料因其广泛的适用性和多样的物理特性,成为制造多种传感器的理想选择。举例来说,利用霍尔效应可以感知磁场,通过塞贝克效应能够感知温度差异,利用压阻效应可以检测机械应力,而光电效应则可用于制造光传感器。此外,对于某些硅基材料无法直接测量的物理量,可以通过与硅兼容的其他材料间接进行感测。例如,利用吸湿性聚合物可以测量湿度,而气体浓度则可通过测量相关吸附性金属氧化物的电阻来得出。因此,尽管硅基传感器在某些方面可能并非性能最优,但其具有小巧的体积、低廉的成本及与电路系统易于集成的特性,因此变得更加实用,并且得到了广泛的普及。

传感器如同系统的耳目,为系统提供关键性信息,并据此驱动系统的运行。因此,确保传感器信息能够可靠且标准化地传递给系统的其他部分,对于系统的整体性能至关重要。然而,传感器输出的信号往往微弱且为模拟信号,这就需要额外的电路系统来协助其传输。为了最大限度地减少信号干扰和传输损耗,接口电路应尽可能地靠近传感器布局,以实现最佳的信号传输效果。当接口电路与传感器被高度集成在同一个封装体内时,便得到了智能传感器系统。

智能传感器系统的接口电路不仅负责向外界提供稳定可靠的信号,还承担着滤波、线性化、压缩等传统信号处理任务。此外,该电路系统还具备自检测和校准功能,这些功能能够进一步提升传感器的稳定性和准确性。近年来,传感器融合技术成为一种趋势,即将多种传感器集成在同一个封装体内,并通过协同处理其输出信号,以获得更准确、更可靠的输出结果。例如,通过整合陀螺仪、加速度计和磁性传感器的信号,可以实现精确的方位预测,从而为移动设备提供室内导航功能。

3.2 智能传感器的系统组成

智能传感器融合了系统级封装技术,这一创新使得传感器及其专用接口电路能够被无缝整合进单一封装体内。在特定场景下,整个系统可能仅依赖一颗高度集成的芯片运作,这在智能温度传感器、图像传感器及磁传感器中尤为常见。然而,当传感器与接口电路因技术限制无法共融于同一制造流程时,双芯片方案便应运而生。此方案不仅通过分别制造传感器与电路芯片提升了生产效率,还在成本控制上展现出显著优势,解释了为何即便技术允许单芯片集成,双芯片设计仍被采纳。力学传感器,诸如微机电系统(micro-electro-mechanical system, MEMS)加速度计、陀螺仪及麦克风,往往采用双芯片架构,它们通常借助体硅微加工技术精心打造。

尽管硅基传感器在某些方面可能不是性能最优解,但通过巧妙集成接口电路,可以大幅提升系统整体效能,使传感器在最佳工作模式下运行,或在不利条件下进行有效补偿。这一目标的实现,离不开对传感器特性的深刻理解。例如,将电子电路与 MEMS 惯性传感器结合,构建电-机反馈机制,通常能增强系统的线性度和带宽。智能传感器的设计是一个综合性过程,它不仅涉及组件层面的优化,更关乎系统整体的优化,以及系统级设计在实际应用中的考量。

3.2.1 接口电路

然而,多数传感器输出的是微弱模拟信号,如热电堆、霍尔元件和压阻应变计等硅基传感器,其输出仅为微伏级。这既源于硅材料的换能特性,也受限于传感器尺寸,难以从环境中获取足够信号能量。虽然从环境中提取能量是传感器的理想功能,但不应违背物理规律,因此“透明”接口电路的设计面临巨大挑战。需重点关注电路的非理想特性,如热噪声和偏置,确保其不成为智能传感器性能的瓶颈。

设计挑战还来自传感器的信号带宽,尤其是包含直流成分的信号。采用主流互补金属氧化物半导体(complementary metal oxide semiconductor, CMOS)技术的“透明”接口电路设计，需同时应对信号偏移和 $1/f$ 噪声产生的随机误差，以及组件失配、电荷注入、漏电流等引起的系统误差。

幸运的是，传感器的开关速度远慢于晶体管。因此，动态误差修正技术可用于修正系统误差，提高计算速度和带宽的准确性。这些技术可持续减少系统误差，有效减轻低频随机误差的影响，如信号偏移和 $1/f$ 噪声。动态误差修正技术主要分为取样-修正技术和调制-滤波技术两类。

一个取样-修正技术的例子是自动调零电路（图 3－1），在此电路中放大器的输入是周期性短路的，同时其输出反馈给一个消除偏置的积分器。在电路正常运行时，积分器是断开的，因此积分器的输出被截止，且消除了放大器的瞬态偏置（包括 $1/f$ 噪声）。自动调零电路的主要缺点是需要短路放大器的输入端，这一要求降低了其实用性。

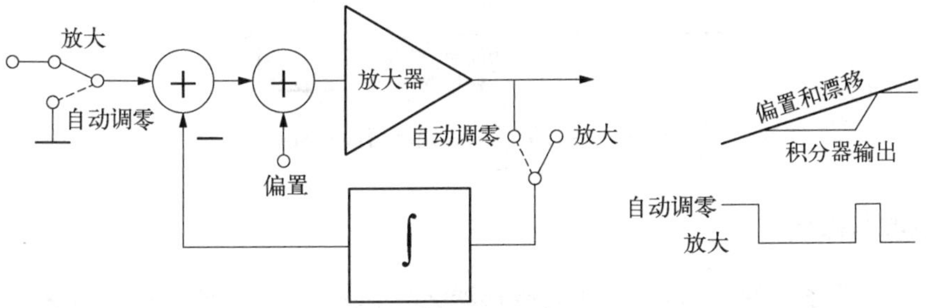

图 3－1　自动调零放大器简化框图

另一种减小放大器偏置的方法称为斩波，这是调制-滤波技术的一个实例。输入信号被调制成方波信号后放大，之后再解调成原始信号，如图 3－2 所示。

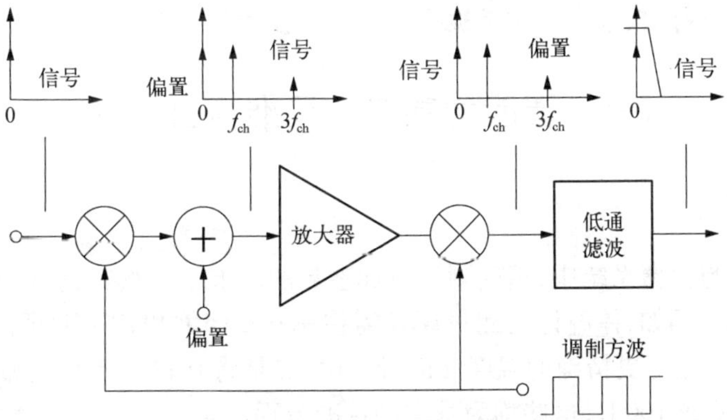

图 3－2　斩波放大器简化框图

高分辨率模-数转换器可以通过采用一种称为 sigma-delta $\left(\sum - \Delta\right)$ 的调制方法获得，由一个低通滤波器、一个模-数转换器和一个数-模转换器构成一个反馈回路。如图 3－3 所示，当模-数转换器的量化误差（通常被建模成随机噪声）涉及回路的输入信号时，其将被高通滤波去除。这类回路的噪声整形特性使得 sigma-delta 调制器能够在窄带宽的条件下获得非常高的信号分辨率。在特定带宽外的量化噪声将被随后的数字低通滤波器移除。通过综合使用 sigma-delta 调制和各种动态误差修正技术,很多数据采集设备实现了 24 位分辨率的 AD 转换。

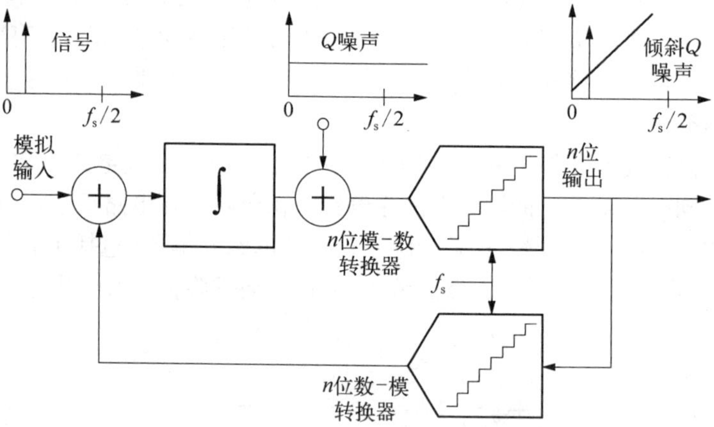

图 3-3 sigma-delta 调制器简化框图

3.2.2 校准和微调

智能传感器系统的精确度,与其他传感器无异,必须依赖于既定的标准来进行校准,一旦完成,其系统误差便得以确定。此后,通过细致的微调过程,可以进一步缩减这些已知的误差。因此,传感器精度的核心限制因素转变为元件随时间变化的稳定性。微调技术极具优势,它能有效修正众多因生产过程中的公差和工艺参数波动所产生的误差。然而,鉴于传感器的大规模生产特性,相关的校准工作不仅要求额外的测试设备,还会占用宝贵的生产时间,因此校准与微调常被视作最终的技术备选方案。

3.3 智能传感器的校准与自校准

3.3.1 校准术语

在诸多测量与仪器系统中,精确测量目标参数的需求至关重要,这离不开具有已知客观精度的传感器。例如,体温计的测量误差需控制在±0.1℃以内。验证温度计精度的方法通常有两种:一是与更精确的温度计进行对比;二是将其置于冰水或沸水中,检验其是否能准确指示 0℃或 100℃,这些均为基本的校准流程。

国际标准化组织(International Organization for Standardization, ISO)对校准的定义如下:校准是在特定条件下进行的一系列操作,旨在确定测量标准提供的量值与实际测量示值之间的关系,两者均带有测量不确定度。随后,利用这些信息来明确测量值与指示值之间的关联。

测量标准由各国标准实验室制定,如美国国家标准与技术研究院(National Institute of Standards and Technology, NIST)、英国国家物理实验室(National Physical Laboratory, NPL)、德国联邦物理技术研究院(Physikalisch-Technis che Bundesanstalt, PTB)及荷兰国

家计量院(Netherlands Measurement Institute, NMI)等。这些实验室发布了主要参考标准,定义了测量物理量的最高精确度。例如,为进行温度测量,特别设计了铂电阻温度计,以确定国际温标(International Temperature Scale of 1990, ITS-90)中的温度标准点,例如,水的三相点定义为 0.01℃或 273.16K,这些是冰水和沸水的专业等效参数。

一级参考标准用于校准标准实验室中的二级参考标准,而二级标准则用于校准测量仪器和传感器的精确度,形成工作标准。完整的校准流程涉及使用高精度工具,对被校准传感器或设备进行比较,以达到国际标准。校准流程确保了传感器或仪器读数的可追溯性,即测量结果可沿完整的校准链条追溯至每个步骤,每一步都包含测量不确定性。

对于传统(非智能)传感器,用户通常使用校准结果来修正测量结果,修正旨在改善测量结果的系统性影响。需注意的是,校准或修正并不涉及调整传感器或设备的误差,典型的调整包括偏置调整和增益调整。调整后,常需进行再校准,以确保测量系统、传感器和设备性能符合使用规格。传统传感器在校准后通常不进行调整,而是由用户负责修正测量结果。而智能传感器则能减轻用户在这方面的负担,这是其独特性质,后面将详细阐述。智能传感器能在内部存储必要的修正数据,甚至完成内部修正,使用户清晰了解所有校准和修正步骤。尽管智能传感器在校准后可能仅对接口电路进行轻微调整(不涉及传感器元件,如存储偏移或增益修正系数),但这一特性仍提升了其整体性能。

3.3.2　智能传感器校准的特性

校准流程旨在揭示传感器的精度特性,这些信息往往以校准报告的形式详细呈现,其中包含了在校准特定条件下传感器的测量输出值及其相应的测量不确定性。以热敏电阻的校准为例,热敏电阻作为一种电阻值随温度变化而变化的传感器,其校准流程通常涉及将热敏电阻置于一系列明确的温度值中(这些温度值位于目标温度范围内),并测量在这些温度下的电阻值。为确保准确性,实际温度由一台精确且可追溯的参考温度计来测量,该温度计需与热敏电阻保持相同的温度环境,如共同浸入温度均匀的液体中。基于一系列带有不确定性的温度值和同样带有不确定性的电阻测量结果,我们可以建立一个方程式来描述传感器的温度与电阻值之间的关系。这个方程式的参数,有时称为校准系数,会被记录在校准报告中。用户凭借这份报告,可以通过测得的电阻值来推算出相应的温度。

智能传感器的使用方式则有所不同。与传统传感器需要用户自行解读输出信号并参考校准报告进行修正不同,智能传感器在理想状态下能够提供一个直观易懂的数据信号。换言之,智能传感器内部应完成将直接输出量(如热敏电阻的阻值)转换为目标测量变量(如温度)的过程,这一步骤由传感器的接口电路负责执行。因此,智能传感器的校准结果需要以不同于传统传感器的方式进行处理,它们通常以某种形式存储在传感器内部,而非直接呈现给用户。

3.3.3　生产过程中的校准

在智能传感器的制造流程中,融入校准与调节环节可采取多种方式。多数智能传感器遵循标准的集成电路生产工艺,传感器元件的制作往往通过增加前端或后端工序来实现。这意味着,众多生产环节采用了晶圆级别的批量处理技术。而在多数情况下,直至晶圆切割后,仅有传感器的封装步骤采用非批量生产方式。

为了充分利用批量生产的优势,校准与调节工作应当在晶圆级别,即切割与封装之前完成。有时,同一片晶圆上的所有传感器会同时暴露于相同的、严格定义的校准环境中。例如,智能温度传感器的校准可能会用到一个温度稳定的晶圆卡盘。这种并行处理方法的优势在于,创建校准环境所需的时间和费用成本可以由众多传感器共同分担。然而,这种方法的一个主要缺陷是,它未将切割与封装过程中可能产生的额外误差纳入考量。例如,许多智能温度传感器在封装进塑料外壳后,会出现所谓的封装偏移现象。当校准与调节在晶圆级别进行时,封装偏移会降低封装后传感器的精度。

在多数情况下,校准与调节会在生产线的最后阶段,即封装后进行,因为封装是传感器正常工作的必要条件。此时,晶圆级别的并行处理所带来的成本效益将不复存在,但这种方法可以纠正包括封装偏移在内的个体误差。此时,适用的非易失性存储器技术仅限于那些无须直接接入芯片内部的技术。

批量生产的一个潜在结果是,同一批次生产的传感器可能会表现出相似的误差。若一个批次内样品的平均误差与批次内误差的变化相比存在显著差异,那么进行批次校准便成为一种可行的选择。这一操作涉及从同一批次(封装前或后)中选取有限数量的样品进行校准,以估算该批次的平均误差。基于这一评估结果,相同的修正会被应用于该批次的所有传感器。这项技术的优势在于能够显著降低成本,因为实际经历校准过程的传感器数量会大幅减少。

3.3.4 自校准的局限性

鉴于智能传感器集成了智能化模块的诸多优势,关于能否制造出具备自校准功能的智能传感器,已成为当前研究的热门话题。实现完全意义上的自校准并不现实:因为精确的校准依赖于传感器读数与国际标准之间的对应关系,而这种关系的建立离不开与外部参考的对比。不过,如果我们对"自校准"这一术语稍作扩展,或许能够探索出一些富有创新性的设计方案。在这些方案中,传感器能够自行完成部分校准工作,例如,通过协同集成的激励器对传感器元件进行校准,这类自校准技术正是本节所要探讨的核心内容。尽管它们无法完全替代传统的校准方法,但确实能够在保证一定精度水平的前提下,减少校准点的数量,或者延长两次校准之间的时间间隔。

3.3.5 通过结合多个传感器的自校准

结合多个传感器的输出往往能够显著提升测量的精确度。本节将深入探讨基于这一原理的三项技术:交叉灵敏度补偿、差分传感及后台校准。交叉灵敏度补偿技术如图 3-4 所示,其核心在于,主传感器(即传感器 1)虽主要对目标被测变量 X 敏感,但亦不可避免地受到另

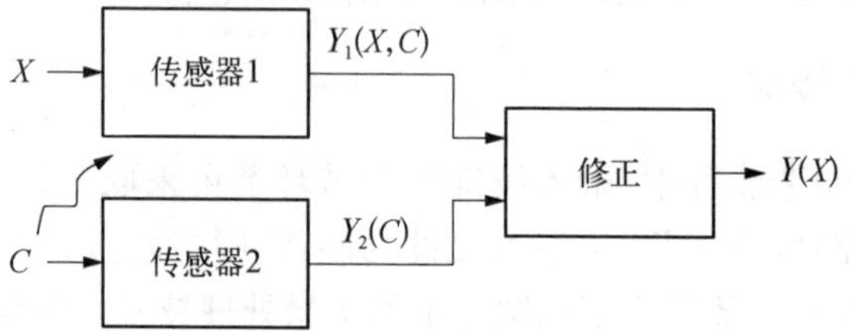

图 3-4　通过感测干扰量 C 的附加传感器实现传感器交叉灵敏度补偿

一变量 C 的影响。为解决这一问题，我们引入了一个附加传感器，专门用于监测变量 C，以便对主传感器的输出进行必要的修正，从而消除 C 带来的干扰。

交叉灵敏度补偿方法的有效性，在很大程度上取决于主传感器对变量 C 的交叉灵敏度是否具备良好的重复性。换言之，若交叉灵敏度随时间发生显著变化，那么该方法的改进效果可能会大打折扣。然而，在传感器的交叉灵敏度特性明确且稳定的情况下，增加这一附加传感器无疑能够大幅提升整体测量系统的性能。

在校准阶段，压力传感器因温度非线性而产生的偏移和灵敏度变化被记录在芯片上的查找表中。在实际操作时，根据测得的温度信息对压力传感器的读数进行相应调整，这一举措使得压力传感器的温度系数下降了约 50%。

霍尔效应磁场传感器同样受到温度交叉灵敏度的影响，并且还会对传感器芯片外部塑料封装产生的机械应力产生敏感反应。尽管由这种应力引发的误差可以在生产校准阶段得到补偿，但由应力漂移导致的误差则无法被消除。例如，在传感器的有效使用寿命内，封装内部吸收的水分就可能导致此类漂移。有文献报导了一款集成了磁场传感器、温度传感器和压力传感器的组合装置，用于补偿这种应力漂移。这三个传感器的输出均为数字化，通过比较在产品校准过程中测量的并存储在芯片电可擦除可编程只读存储器（electrically erasable programmable read-only memory, EEPROM）上的应力值与初始应力值，来确定漂移的应力。利用测得的磁通密度进行补偿，从而将磁场灵敏度的漂移从几个百分点降低到低于±0.5%。

在自校准电化学气体传感器中，交叉灵敏度补偿方法得到了另一种应用。电化学气体传感器用于测量氧气、一氧化碳等气体的浓度，其催化表面积对漂移极为敏感。由于灵敏度和响应时间的漂移变化，这些传感器通常需要每隔几周就重新校准一次。然而，这个问题可以通过在传感器工作期间测量感测电极的电阻抗来估算表面积，并据此修正传感器读数来加以缓解。因此，初始漂移导致的 50%的大误差已经降低到低于 10%。

差分传感是交叉灵敏度补偿的一种替代方案，如图 3－5(a)所示。在这种方法中，两个传感器被用来检测相同的测量值，但其信号符号相反。这两个传感器都对变量 C 具有交叉敏感性，如果 C 在传感器的输出中引入了一个额外的误差（即交叉灵敏度与被测量值 X 无关），那么这个误差可以通过提取两个输出值之间的差值来进行补偿。不过，这种补偿只有在两个传感器在某种程度上匹配，并且以同等程度接触变量 C 时才有效。尽管这种匹配并非绝对完美，但通常可以将所有交叉灵敏度降低一个数量级。差分传感的另一个优势在于，它还可以补偿传感器的偏移和偶数阶非线性度，从而在一定程度上进一步提高了性能的匹配度。

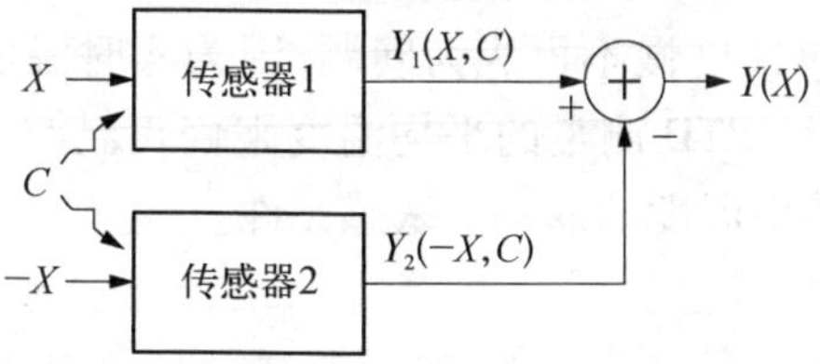

(a) 两个传感器差分测量

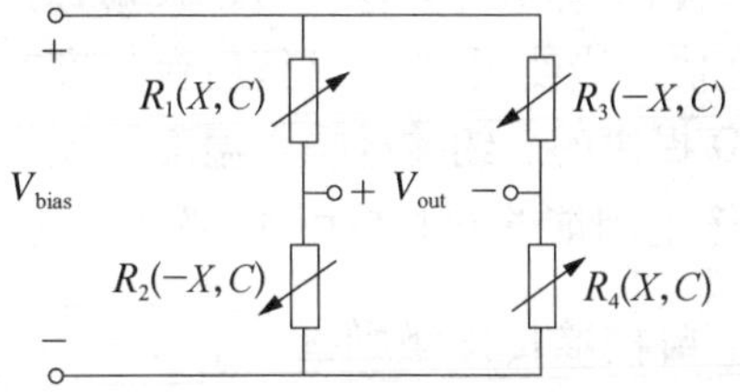

(b) 在惠斯通电桥中实现差分

图 3－5　差分法实现灵敏度补偿

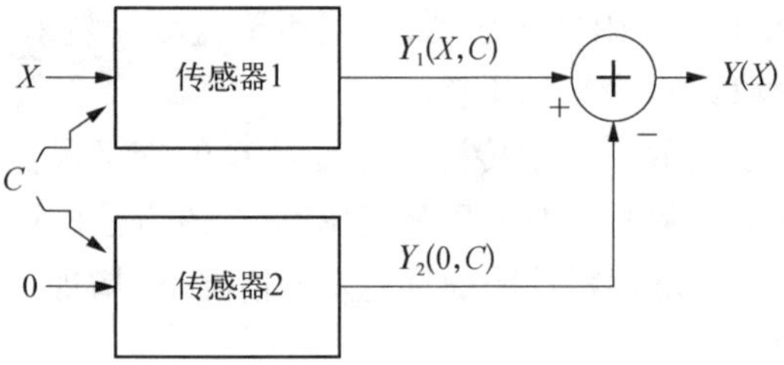

图 3-6 通过两个完全相同的传感器

当然,并不是所有种类的传感器都能像检测 X 引起相反信号那样进行补偿。在某些不可能实现的情况下,可以屏蔽传感器中的一个,以避免其接触测量值作为替代方案。正如图 3-6 中举例所示,传感器的输出会成为只有干扰量 C 的函数,然而主传感器仍然是 X 和 C 的函数,同样可以通过两个传感器输出之差获得补偿。

例如,利用这种补偿原理,可用于减少表面声波传感器对温度的交叉灵敏度。表面声波传感器能够用于测量载气中气态化合物的浓度,这些化合物改变了在表面声波器件上的化学敏感层中的声速,该变化作为压电声激励器和传感器之间的传播延迟的变化被检测到。如果激励器和传感器被合并入一个延迟线振荡器,气体浓度的改变能够通过振荡器频率的改变被检测到。遗憾的是,声波速率也是温度相关的函数。一阶温度补偿能够依靠使用两个表面声波器件来获得:一个化学敏感器件和一个没有化学敏感层的参考器件。假设两者都以同样的方式与温度相关联,依靠测量传播延时的差值或者振荡频率的差值,从而消除对温度的依赖性。

后台校准如图 3-7 所示,可以用多个传感器组合的方法来提高系统性能和减少校准需求。在此,两个传感器都受到同一变量的影响,但是它们在本质上有较大的性能差异。例如,一个可能比另一个更精确,但同时速度可能更慢。在那个例子中,速度慢但精确度高的传感器能用于在后台校准速度快、精确度低的传感器,这需要快速传感器的低频输出内容与慢速传感器的低频输出内容相比较。根据这个比较结果,快速传感器的响应所需要的修正能够推导得出。因此,两个传感器的组合产生了一个快速而精确的测量系统。

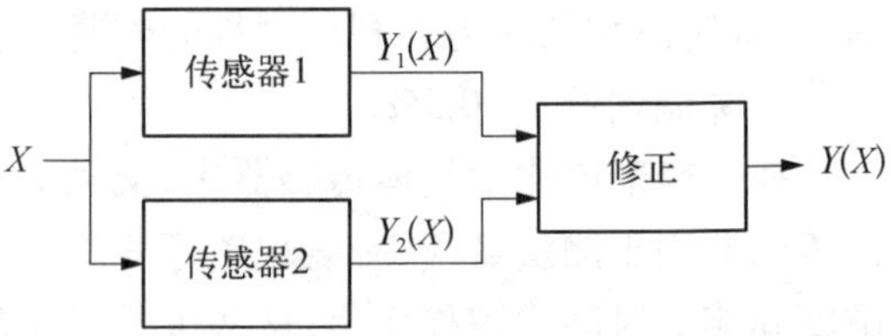

图 3-7 融合两种不同的传感器提升性能

这种方法的一个例子是利用约翰逊噪声温度计中电阻温度探测器的后台校准。电阻温度检测器(resistance temperature detector, RTD)提供了一个快速测量温度的方法,但却受限于漂移,特别是当其应用在恶劣环境中时。相对而言,约翰逊噪声温度计对漂移的影响不敏感,因为其测量温度的方法基于第一原则:电阻的噪声和绝对温度成比例的事实。相对而言,约翰逊噪声温度计的反应速度较慢,因为噪声功率需要较长的测量时间来进行精确评估。当使用 RTD 进行后台校准时,响应速度慢不再成为问题,因为实时温度信息是 RTD 提供的。约翰逊噪声温度计仅仅校准被 RTD 测量的平均温度来修正温漂。实际上,单个电阻能够同时被用作 RTD 和约翰逊噪声温度计的一个敏感元件。

3.3.6 自校准传感激励器

如图 3-8 所示为一种自校准方法,它接近于理论所描述的在一个智能传感器内部集成传统校准的设置。该图显示了一个称为“传感激励器”的例子:传感器和激励器的组合。激励器生成一个校准信号 X_{REF}，被增加到传感器输入端的外部被测量值 X_{EXT} 上。在传感器的输出端,参考信号的响应 X_{REF} 被分离出来并且与被期望运用到激励器上的信号产生的响应相比较。基于比较结果,传感器对外部信号的响应 X_{EXT} 用来修正由传感器引起的误差。

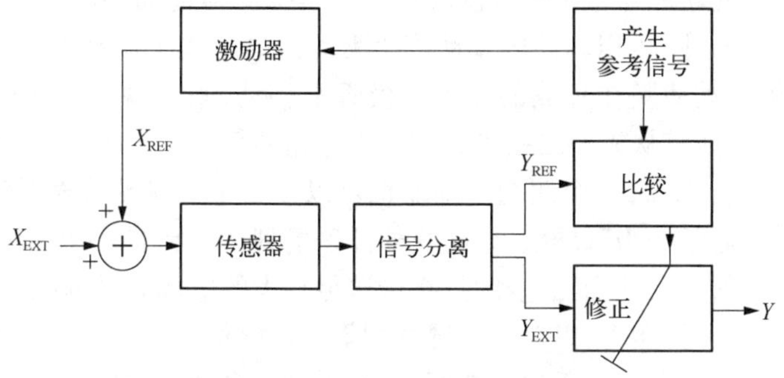

图 3－8　自校准传感激励器框图

这种方法仅在特定两种情形下发挥效用。首先,它要求具有一个高精度的激励器,因为系统的整体可实现的最佳精确度与激励器的精度之间存在着紧密的关联性。因此,从达成目标的角度来看,相较于实现一个高精度的传感器,确保激励器的高精度显得更为关键。其次,该方法能够明确区分传感器对激励器产生的校准信号的响应,以及传感器对外界被测量的响应。这一区分是可行的,例如,通过调制校准信号,使其频谱占用与外部被测量信号不同的频段,随后利用滤波或同步检测技术来分离这两种信号。在某些情况下,激励信号可以通过间接方式产生。以自校准惯性传感器为例,激励器不太可能直接产生加速或旋转效果。相反,它可能通过施加一个(静电)力于传感器的质量检测部分上,这个力与外部加速度和旋转所产生的力具有相似性。

3.3.7　其他自校准方法

当然基于合适的激励器的有效性,对实现自校准传感激励器的许多其他方法可以展开讨论。本节讨论两种方法：自动调零和稳定化。

1. 自动调零

如果激励器可以通过调制传感器的输入能够被实现的话,独立校准偏移误差的系统就能实现,这个概念如图 3－9 所示。在本例中,激励器在被测量的值域起到了开关或复用器的作用,并且防止传感器在自动调零时接触到被测量对象。因此,在缺少一个输入信号的情况下,传感器的响应 $Y(0)$ 可以被测量并且与后续的测量值相减。这种类似于自动

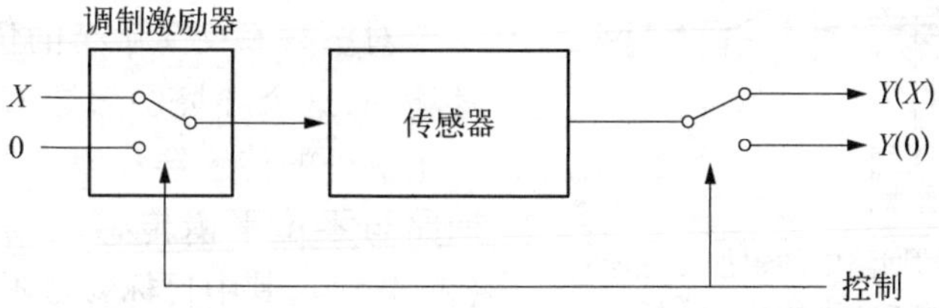

图 3－9　使用自动归零消除偏置误差的智能传感器

调零和斩波的技术,通常用于消除在电子电路中的偏移误差。如果调制进行得足够快,它也能够用于消除传感器可能产生的任何低频噪声,如闪烁噪声。

对于给定的传感器,该技术的适用性取决于热动平衡激励器的可行性。这样一个激励器的经典例子是光斩波器:开槽转盘放置在光学探测器前面,开槽转盘周期性遮挡入射光。使用 MEMS 技术,可以以静电致动梳状驱动器的形式实现这种微机械加工的等效装置,这个驱动器带动薄膜在集成的光敏二极管上移动,来实现入射光的交替传输和阻挡。因此,目标信号能够从光敏二极管和其读出电路的低频噪声中分离出来。

同样对于磁场传感器,一个调制激励器也可以以一个环状铁磁材料包围传感器的形式实现。这种材料通常作为磁屏蔽,以防止外部磁场到达传感器,因此传感器的偏移能够被测量。当铁磁材料被驱动到磁饱和时,靠传送足够大的电流通过围绕圆环的线圈,其磁导率下降,并且失去保护能力,以允许传感器测量外部磁场。

即使是一个明确的激励器无法有效调制输入信号,自动调零技术有时仍然可以使用。如自校准电容式指纹传感器,本质上是人类用户将手指放在传感器上作为传感器的"激励器"。这种指纹传感器通过像素阵列捕获手指的地形(就是指纹的形状),每个像素点测量在探测器上传感器金属极板与手指按的传感器顶端之间的小电容。黏附在传感器顶部表面的污垢会影响电容,因此降低了所捕获的指纹图像的质量。为了减轻这个问题的影响,当没有手指在传感器上时,自校准方案将被启用。每个像素点都装备有可编程电容,在自校准时进行调节,使所有像素点的输出信号相等。因此,任何受污垢影响的电容均被可编程电容补偿,并且不会导致在后来捕获的指纹图案中出现明显的图像。

三信号自动校准——对于线性系统,如果能够产生合适的参考输入 X_{REF},自动调零技术便能够被延伸来修正偏移和增益误差。然后,系统将完成 3 个连续的测量值:传感器对物理输入 X 的响应 $Y(X)$、无输入时的响应 $Y(0)$、对参考输入的响应 $Y(X_{REF})$。通过结合这三个测量值,附加的和加倍后的传感器及其读出电路的误差能够被修正,这种方法称为三信号自动校准技术。然而,在大多数的实现过程中,多路复用技术发生在读出电路中,这就意味着传感器读出电路的误差能够被修正,但传感器自身的传输函数的误差不能被修正。但是,如果可以获取到合适的激励器,采取多路复用技术,并在非电域产生被测对象的参考输入,那么在原则上,三信号方法也能修正由传感器引入的偏移和增益误差。

2. 稳定化

激励器有时也被用来为传感器运行产生一个稳定的环境,从而提高其精确度和减少校准需求,图 3-10 中具体阐释了这项原理。一个对参数 C 交叉敏感的传感器放置在一个环境中,这个环境中参数 C 在反馈环路中被一个额外的传感器和激励器控制。这个反馈回路与零位平衡传感激励器中的回路相似(图 3-7),其中目标参量不必调节到零,而是要调制到某一适当的值 C_{stab}。外部量 C 的变

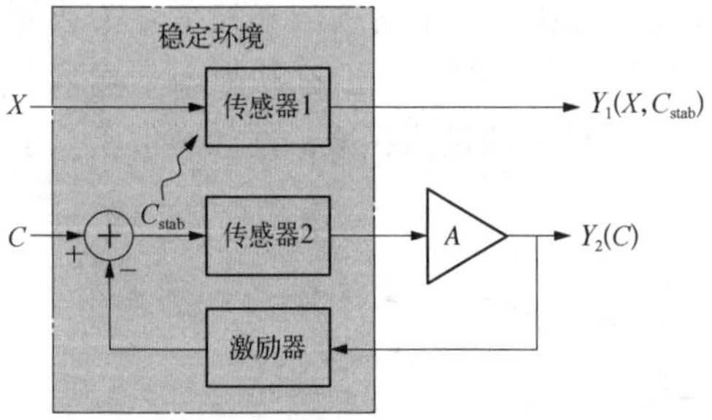

图 3-10 通过反馈回路中的附加传感器和激励器的方法来创建一个稳定的传感器工作环境

化将靠反馈回路的增益来抑制,因此主传感器的输出 Y_1 对 C 的交叉灵敏度将被这样一个等效于同一环路增益的因素有效地降低。顺带地,反馈放大器 A 的输出 Y_2 可以作为 C 的量度,当然这个测量量也是我们需要的。

这种技术的一个例子是使用加热器和温度传感器来稳定传感器的温度。通常选择超过传感器使用环境温度的温度范围,主要是因为在芯片上进行有效冷却很难实现。因此,维持温度稳定的微型加热炉得以制作实现,使得传感器在其内部可以工作在预先设定好的固定温度下。这样就实现了恒温传感器与环境温度的变化隔离,在校准过程中有效减少了温度变化对交叉敏感性的影响,从而不需要过多考虑如何进行补偿。注意,这样一个过大的传感器框图与图 3-10 中所示的传感器略有不同,因为加热器没有产生附加到环境温度中的温度。相反,它通过微型加热炉与外界环境之间的热电阻产生了一个热通量,以确定微型加热炉内部的温度。

例如,温度稳定化技术能够用来减少声表面波气体传感器对温度的交叉灵敏度。正如在 3.3.2 节中讨论的那样,交叉灵敏度的一阶补偿可以通过使用与温度相关的没有化学敏感层的声表面波器件去抵消带敏感层的声表面波器件来实现。但是,因为这些器件之间不能完美匹配,残余的温度相关性仍然保留了下来,这可以通过稳定声表面波器件的温度来消除。这个设计通过使用集成的智能温度传感器和铝加热器来实现,这些器件被密封在热接触良好的声表面波器件中,封装结构保证了器件与环境的热隔离效果。温度传感器和加热器被集成在一个控制回路,可编程的温度范围在 40~120℃,来稳定声表面波传感器的温度在设置点的误差控制在±0.01℃内。因此,声表面波传感器可以工作在使其灵敏度和响应时间最佳的温度上,并且不会受到环境温度变化的影响。

3.4　案例分析:智能温度传感器

该智能温度传感器采用标准 CMOS 技术制造,提供直接转换为摄氏温度读数的数字输出。为了结构的完整性,首先,简要介绍概述它的工作原理。

图 3-11 所示为智能温度传感器的简化电路框图。它通过数字化以下两个电压的比值获得温度的读数,分别为与绝对温度成正比的 V_{PTAT} 和与温度无关的电压基准 V_{REF},这

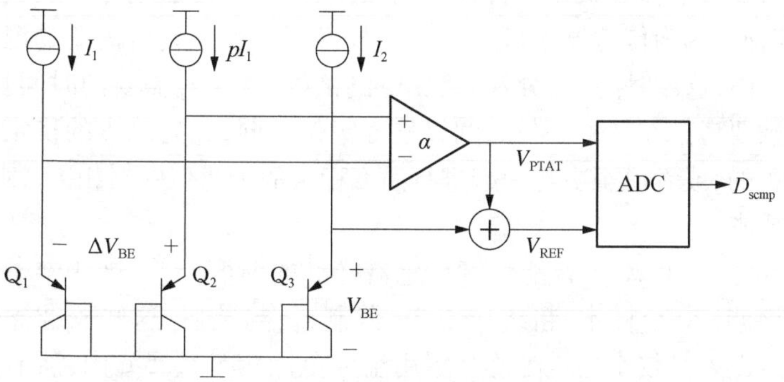

图 3-11　智能温度传感器的简化电路框图

两个电压是在芯片上使用双极型晶体管生成的。其中,电压 V_{PTAT} 通过放大两个偏置电流比率为 1∶p 的双极型晶体管 $Q_{1,2}$的基极发射极电压差 ΔV_{BE} 来获得(图 3－12)。可以看出,假定放大和偏置值可以准确地实现,在制造公差允许的范围内,电压基本不漂移。为了获得这些性能,正如本书第 1 章中所讨论的那样,本例中的电路设计中采用了精密电路技术(如动态失调电压补偿回路和动态元件匹配)。基准电压 V_{REF} 是通过附加 V_{PTAT} 到第三个晶体管 Q_3 的基极发射极电压 V_{BE} 形成的。负温度相关的 V_{BE} 通过正温度相关的 V_{PTAT} 来补偿,使得基准电压在理论上与温度无关(图 3－12)。与 V_{PTAT} 相比较,V_{BE}、V_{REF} 有相当大的制造公差。因此,这款温度传感器需要微调,以获得不超过±2℃的测量精度。为了获得微调所需要的信息,在生产过程中应对传感器进行校准。

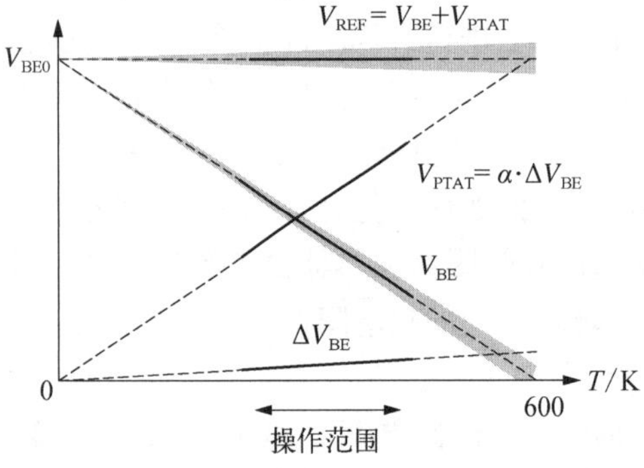

图 3－12 电压的温度依赖性(阴影区域表示生产公差)

智能温度传感器通常通过与已知精度可追溯的参考温度计进行比较来进行校准。为了降低生产成本,通常只在一个典型温度进行校准,在晶圆级或封装后都能进行校准。当在晶圆级校准时,一个完整的晶圆可能包含上千个传感器,晶圆整体的温度被稳定在一定范围内,采用许多安装在硅片夹上的参考温度计(如热敏电阻或者铂电阻)来进行测量。随后晶圆探测器跨过整片晶圆,与每个传感器芯片的结合焊盘相接触。通常进行一些电气测试,从芯片得到温度读数,然后微调芯片,以调整读数。使整个晶圆温度保持稳定的时间成本可能是十分显著的,但是它被许多传感器平均分摊了。

晶圆级校准的一个重要局限性是后续的切片和封装可能会引入温度误差,这些误差主要由机械应力产生。当芯片被封装在没有缓解应力的覆盖层的塑料制品中时,封装偏移(shift)可能会产生额外±0.5℃的温度变化。因此,如果要将高精度和低成本封装结合在一起,那么校准和微调需要在封装后进行。

在封装后进行校准时,需要每个封装好的传感器在与参考温度计相同的温度下进行,典型方法是两者通过热传导媒介进行良好的热接触,如水浴法或金属块法。这个过程需要一定的稳定时间,因为传感器不可能一进入校准程序就达到所需要的温度。为了使误差控制在±0.1℃内,这段时间(几分钟)将比电测试(少于 1 s)需要的时间长很多,因为热传导的时间常数要考虑在其中。与晶圆级校准案例不同,此处昂贵的稳定时间成本是与单一传感器相关的,或者说至少与一起进行温度稳定的少量传感器相关,因此这一步决定了整体的生产成本。

图 3－13(a)显示了 20 个智能温度传感器样品的温度误差,这些样本分别与铂温度计进行校准和微调(20 个样本,粗线显示 3σ 限制)。封装后,这些校准操作在室温下进行。产生的温度误差是较小的:在整个军用温度范围－55～125℃内,所有传感器误差均低于±0.1℃。然而,这种高精度是以消耗高昂的校准时间成本获得的。

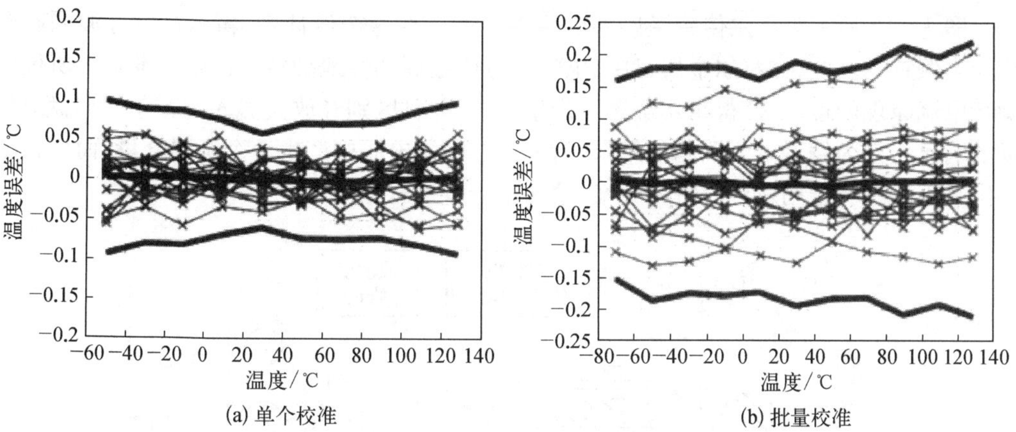

(a) 单个校准　　(b) 批量校准

图3－13　经过单个校准和批量校准后的温度误差

3.5　案例分析：智能磁场传感器

本节描述一个用来测量磁场的自校准传感激励器的例子。图3－13中具体描述了基于霍尔效应的基本原理：当电流 I_{BIAS} 通过暴露在外部磁场中的盘形导体或者半导体材料时，电压跨过横断面产生电流流动，称为霍尔电压 V_H，与 I_{BIAS} 和磁通密度 B_{EXT} 成正比，因此能够用于检测磁通密度。然而霍尔传感器的灵敏度不太好定义，例如，温度对其的影响较大。补偿交叉灵敏度的一个方法是集成一个温度传感器（3.3.2节），例如，它能用来调节温度依赖的 I_{BIAS}，以获得与温度无关的总体灵敏度。

图3－14（a）展示了另外一种有吸引力的方法，能够在理论上消除霍尔传感器的任何误差：由一个线圈围绕在霍尔传感器周围制成一个磁场传感激励器。参考电流 I_{REF} 通过线圈会产生一个磁场 B_{REF}，并且附加到外部磁场中，因此测量的霍尔电压结果与两个磁场的和成正比。如果在此时对参考电流进行调制或者脉冲驱动，就能够分离参考磁场和外部磁场的响应，依据图3－12，就能够构建一个自校准磁场传感激励器。试验结果［图3－14（b）］显示这种方式确实能够实现：使用了自校准后，灵敏度不再由霍尔板决定，而是由线圈决定，最终结果是对温度的交叉灵敏度从0.18%/K减小到低于0.01%/K。

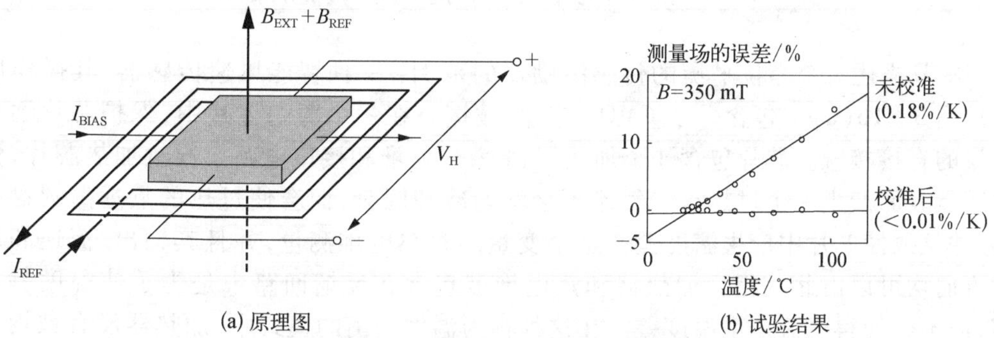

(a) 原理图　　(b) 试验结果

图3－14　一种消除霍尔传感器误差的方法

图 3-15 所示为霍尔传感激励器的原理框图。在这个设计中,霍尔板由方波调制电流产生偏置。因此,在霍尔金属盘中,电流的方向被周期性地翻转。这就是本章中所说的旋转电流原理的运用,使得霍尔金属盘产生偏置,并且区别开放大器 A 与霍尔金属盘对磁场的响应。作为偏置电流调制的结果,后者会在霍尔电压中产生一个调制分量,而偏置会产生直流分量。采用适合的解调方案,这两个分量可以分开。

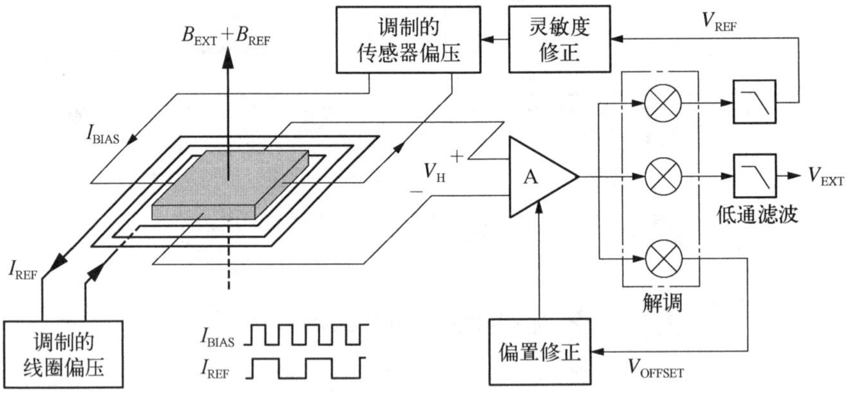

图 3-15　自校准偏置和灵敏度偏差的霍尔传感激励器原理框图

集成线圈的偏置电流也是方波调制的,调制频率的一半用于传感器偏置的调制。因此,霍尔金属盘能够将由线圈产生的参考磁场 B_{REF} 的响应从系统偏置的外部磁场 B_{EXT} 的响应中区别开。相应放大的霍尔电压的 3 个分量被 3 个解调器检测,偏移分量 V_{OFFSET} 被反馈到放大器 A。若放大器的输出发生偏移,可能会因增益太大而超过目标信号,采用这个负反馈回路可有效防止这种问题的发生。对应参考磁场,分量 V_{REF} 是霍尔金属盘灵敏度的一个测量值,并且用来调节调制偏置电流的振幅,以获得一个明确定义的预期灵敏度。最终,与外部磁场相关联的分量通过低通滤波器来消除寄生的调制分量,其结果是电压增益正比于外部磁场非常小的偏移和增益误差。例如,设计的测量增益随温度变化只有 3×10^{-5}/℃,超过一个数量级,远小于典型的无补偿漂移5×10^{-4}/℃。

3.6　案例分析:智能风速传感器

本节描述一个零位平衡的传感激励器的范例:一种智能风速传感器,其操作原理见图 3-16(a)。包含一个 CMOS 芯片,被键合在一个薄陶瓷片中,保护芯片远离气流的直接接触。芯片包含 4 个加热器、4 个热电堆和接口电路。通过加热芯片,将在圆盘表面产生一个过热点。气流不会均匀冷却圆盘,而会使过热的点远离圆盘中心,并且致使芯片中产生温度差。这个变量通过热电堆测量,并且其输出、流速和流动方向均可以由此获得。加热器和热电堆被包含在反馈回路中是为了使温度差为零,而不会使得气流产生温度差。在这种称为温度平衡的模式中,加热器没有被均匀驱动是为了促使热电堆的输出为零。风速和方向可以从加热器不对称的功率耗散中计算得出。

图3－16(b)说明了南北方向的非对称性是如何通过使用一个定时反馈回路直接被数字化的，称作sigma-delta热调制器。一个完全相同的调制器(未在图中标示)安装于东西方向。在这些调制器中，热电偶使用比较器读出数据，而不是使用放大器。这些比较器检测热电堆电压信号，以确定芯片南北方向中哪个方向更热。然后，比较器的输出通过一个时钟触发器转化为位序列，通过这串位序列信号及其反相信号实现对加热器的驱动。因此，加热器周期性地完全开或者关，取决于它们是芯片热的一边还是冷的一边。因为系统计时速率超过典型的流动引起的温度变化速率，加热器将提供平均功率差来消除流动引起的温度梯度。还可以在反馈环路中集成一个电子积分器以获得更强有力的平均热脉冲(或者在sigma-delta术语中称为高阶噪声整形)。关于风速的信息就能够轻易地靠通过比特流中一阶分量的比例而获得。

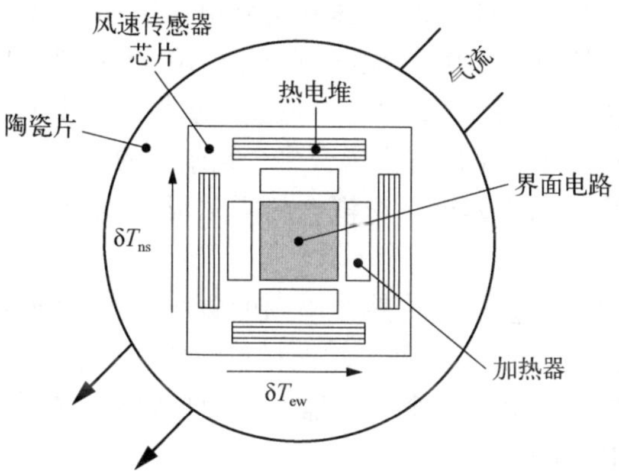

(a) 智能风速传感器原理图

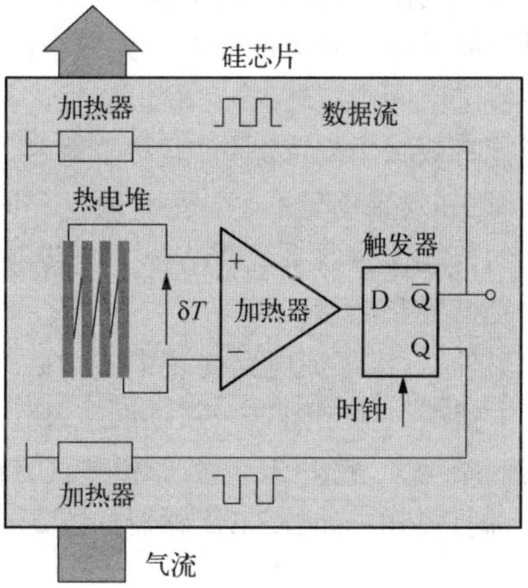

(b) sigma-delta热调制器框图

图3－16 智能风速传感器原理图及热调制器框图

就像在一个连续的零位平衡环路中，sigma-delta热调制器的灵敏度完全由激励器决定(加热器)，而不是由传感器(热电堆)决定，这使得智能风传感器对热电堆的灵敏度的生产公差不灵敏。零位平衡方法的一个更重要的优势是，它能自动抵消由传感器封装的热不对称性引起的温度梯度。在第一代风传感器中没有使用零位平衡，这些梯度必须靠手动消除。在智能风传感器中，这些昂贵的过程不再需要：传感器能够被自动校准，并且修正可以在比特流的数字后处理中实施。经过此步骤，当风速分别在1 m/s和25 m/s时，风速和方向各自的误差能够被减小到±5%和±3°以内。因此，自校准的形式被应用到传感器中，虽然并没有消除校准需求，但此举大大简化了校准和修正流程，显著地降低了传感器的生产成本。

3.7 案例分析：智能霍尔传感器

在本节中，将介绍一种应用于导航的智能磁场传感器。该传感器基于霍尔效应，其原理是当电流垂直于外磁场通过一块金属导体时,在金属导体的垂直于磁场和电流方向的两个端面之间会引起电势差,霍尔电压的大小与通过金属导体的电流和磁场的法向分量成比例。

3.7.1 电路原理

在 CMOS 制程中,霍尔板设计通常纳入一个 n 阱层,这一设计赋予了传感器约 100 V/AT 的灵敏度。当偏置电流设定为 1 mA,且面临地球磁场的最大强度 50 μT 时,所能产生的霍尔电压仅为 5 μV,如此微弱的电压信号实现精确数字化无疑是一项艰巨任务。

硅基霍尔板常受机械应力、掺杂不均及光刻工艺误差的影响,导致产生 5~50 mT 的磁场偏置。尽管这一偏置远超地球磁场强度,但并非不可克服,因为地磁传感器可通过校准来抵消周围铁磁材料的干扰。然而,地磁传感器面临的核心挑战在于磁场偏置漂移,它会随时间推移引发角度误差。为减小霍尔板的磁场偏置,可采用旋转电流法,即让偏置电流在特定空间内旋转,并对输出信号进行时间平均,从而将偏置降低至 10 μT 量级。此方法虽能有效减小偏置漂移,但对于地磁传感器应用,尤其是应对低成本塑料封装中的机械应力时,其效果仍显不足。为解决这一问题,还可采用正交耦合多个霍尔板的方法。本节所述的智能传感器系统便结合了旋转电流技术和四个正交耦合的霍尔板,力求实现最小的磁场偏置和漂移。

另外,标准集成电路封装中常含磁性材料,会扭曲传感器周围的磁场分布,从而构成另一大挑战。为规避这一磁场误差,研究者们设计了一种无磁性材料的特殊封装结构,在该封装结构中,在 PCB 的水平和垂直方向分别组装三个传感器,成功打造出了电子指南针,定制封装的智能霍尔传感器如图 3-17 所示。

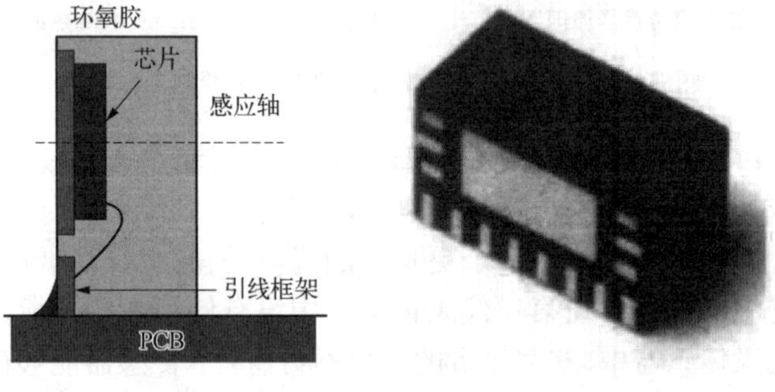

图 3-17 定制封装的智能霍尔传感器

3.7.2 接口电路

智能霍尔传感器的接口电路架构如图 3-18 所示,它融合了电压-电流转换器(voltage-to-current converter, VIC)及一阶 sigma-delta 调制器,后者负责将前者的输出信号数字化。通过一个双向计数器,调制器的输出信号会在一个完整的旋转周期内被平均,并通过 RS-232/SPI/μWire 串行兼容接口与外部通信。

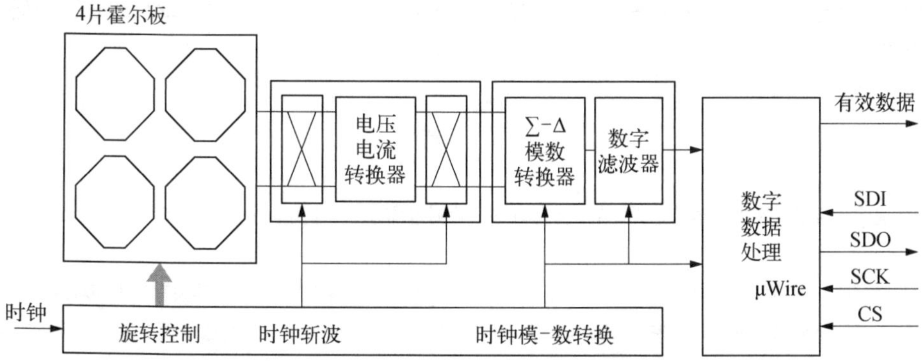

图 3-18 智能霍尔传感器接口电路架构

注：SDI 表示数据输入；SDO 表示数据输出；SCK 表示同步时钟；CS 表示片选信号

考虑到偏置误差的影响，4 片霍尔板在旋转电流周期的各个相位产生的输出信号可能高达 50 mV。然而，在零磁场条件下，这些信号的平均值会显著降低至 50 nV 以下。因此，接口电路的设计需满足极低的输入偏置要求（小于 50 nV）和宽广的线性动态范围（约 120 dB），这无疑是一个巨大的挑战。

为达到上述线性度标准，VIC 内置了两个运算放大器，它们均具备超过 120 dB 的直流增益（图 3-19）。这些放大器利用霍尔板输出在电阻上产生的电压来生成输出电流信号。为了将输出信号的偏置降低至期望的 50 nV 水平，采用了一种嵌入式斩波技术。如图 3-19 所示，VIC 首先通过一对由 12.5 kHz 时钟信号驱动的“高速”斩波器对信号偏置进行斩波。随后，利用 EnCM 信号（一个 1 ms 的脉冲信号），在每次时钟转换时，通过打开输出信号开关并将 VIC 输出信号与参考电压 CMref 相连，来进一步减小基于输入端斩波器运行峰值的剩余信号偏置，这一步骤通过产生一个死区来实现。为了进一步降低参考输入信号的偏置，对整个前端信号偏置都执行了约 10 Hz 频率的斩波处理，该处理在周期性反转霍尔板偏置电流极性的同时，也改变了调制器数据流的符号。

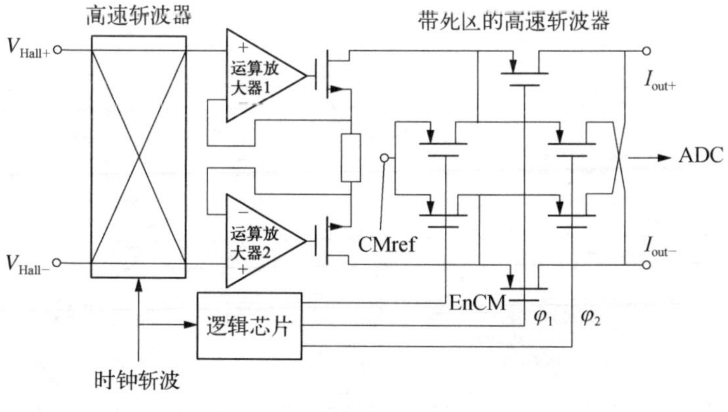

图 3-19 斩波电压-电流转换器示意图

经过上述对霍尔传感器偏置误差的精细处理，并在严格的热循环可靠性测试后，传感器的磁场偏置降低至 4 μT，偏置温度系数仅为 8 nT/K，偏置信号漂移也小于 0.25 μT。在导航应用中,这一偏置信号漂移所对应的角度误差小于0.5°,标志着CMOS霍尔传感器偏置性能的新高度。

习　题

3.1　请调研更多种类的智能传感器,结合航天动力试验测量需求,设计用于发动机性能和工作特性评估的测试方案。

3.2　针对固体火箭发动机推进剂燃速测量需求,提出一种智能传感器方案,并分析其关键技术和难点。

3.3　针对液体火箭发动机推力室冷却效果评价,提出一种测量内外壁面和冷却通道表面温度与热流的智能传感器方案。

第 4 章

机器学习技术基础

4.1 概　　述

4.1.1 机器学习算法原理

1. 机器学习定义

什么是机器学习？机器学习(machine learning)是一门研究算法的学科，它致力于研究如何通过计算的手段，利用经验数据来提高系统对于目标任务的性能指标。一组学习任务可以由任务、指标、数据三个方面明确定义。

用数学语言来描述机器学习，则针对某一任务，其数据集为 D，对于机器学习模型 f，性能指标为 $L(D, f)$，那么机器学习的过程则是在一个给定的空间中，寻找可以最大化性能指标的模型：

$$f^* = \arg\min L(D, f) = \mathbf{ML}(D)$$

式中，$\mathbf{ML}(D)$ 表示整个机器学习过程可以看作输入数据集并输出解决任务算法的过程。区别于人类需要预先充分了解任务和解决方法的显式编程，机器学习算法可以采用非显式编程(non-explicit programing)的形式，利用经验数据来实现。

2. 机器学习的类型

机器学习的训练过程可以视作输入数据与输出数据之间映射关系的构建。根据数据训练方式的不同，机器学习可以大致分为监督学习、无监督学习和强化学习 3 种学习类型。

1）监督学习

监督学习范式下需要提供给算法一组输入数据和对应的正确输出(标签)，然后让算法通过学习输入和输出之间的关系来进行预测，用于训练的数据集 $D = \{(x_i, y_i)\}_{i=1, 2, \cdots, N}$ 包含特征数据 x_i 和标签 y_i。监督学习的过程通常可以写作：

$$y_i \approx f_\theta(x_i)$$

式中，θ 表示模型 f 的参数。模型的性能通常可以由一个损失函数 L 来定义，损失函数用来衡量标签和模型预测结果之间的误差。由此，监督学习的形式一般可以写作：

$$f_\theta^* = \arg\min_f \frac{1}{D} \sum_{(x,\ y) \in D} L[f_\theta(x),\ y]$$

式中,f_θ^* 表示学习到的具有最佳性能的模型。关于损失函数 L 的选择,常见的损失函数有平方误差损失、错误率、精度等。实际应用中,通常根据数据集和模型两方面选择。

2) 无监督学习

无监督学习与监督学习相比,不需要使用标记数据,也就是说对于训练数据集,仅需给出特征数据 $D = \{x_i\}_{i=1,\ 2,\ \cdots,\ N}$ 即可。无监督学习的目标是从未标记的数据中发现模式、结构和关系。无监督学习的任务目标通常极为丰富,但往往可以使用概率分布模型 $p(x)$ 来建模数据分布。在数据满足独立同分布假设的前提下,无监督学习的目标可以由最大化整个数据集的对数似然来定义,可以写作:

$$p^* = \arg\min_p \frac{1}{D} \sum_{x \in D} \ln p(x)$$

3) 强化学习

区别于监督学习和无监督学习主要关注预测问题,强化学习通常关注决策问题。强化学习是寻找更好决策的过程,是一种与环境交互的学习方法。在强化学习中,模型通过尝试不同的动作来与环境进行交互,并从环境的反馈中学习如何采取最佳行动以最大化累积奖励。本书暂时不涉及相关的讨论。

上述几种不同的机器学习类型中,监督学习和无监督学习通常用于机器学习中的预测任务,强化学习通常用于决策任务。本书主要讨论监督学习和无监督学习,强化学习的相关内容可以参考其他机器学习教材。

3. 模型的评估与选择

机器学习模型在训练数据集上的误差被称为“训练误差”或“经验误差”,在新样本上的误差称为“泛化误差”。显然希望通过学习获得一个具有更小泛化误差的模型。由于事先无法得知新样本,只能通过最小化经验误差训练模型。通过最小化经验误差,通常可以得到一个在训练数据集上表现良好的模型。然而实际情况下,通常希望获得一个能够在新样本上具备良好性能的模型。过小的训练误差意味着模型可能将训练样本自身的一些特点当作所有潜在样本都会具有的一般性质,从而使得泛化性能下降,即出现过拟合(overfitting)现象。模型存在过拟合现象的特征如下:

(1) 模型在训练数据上的性能较高;

(2) 模型在测试数据上的性能较低;

(3) 模型的参数数量过多,容易记忆训练数据。

可以通过以下方法来缓解过拟合:

(1) 增加更多的训练数据;

(2) 添加正则化项,如 Lasso 正则化和 Ridge 正则化;

(3) 降低模型的复杂度,如特征选择;

(4) 在训练过程中监控验证集性能,当性能开始下降时提前停止训练。

与之相反,欠拟合(underfitting)则是指对训练样本的一般性质尚未学好,无法捕获数据中的关键特征和模式。模型存在欠拟合现象的特征如下：

（1）模型在训练数据上的性能较低；

（2）模型在测试数据上的性能较低；

（3）模型的参数数量可能过少。

可以通过以下方法来防止欠拟合：

（1）增加模型参数，使用更复杂的模型；

（2）增加特征维度，以捕获更多数据信息；

（3）增加更多的数据。

过拟合和欠拟合都是机器学习中需要非常注意的问题。选择合适的模型复杂度、正则化方法和学习方法可以帮助在训练机器学习模型时避免这些问题，获得更好的泛化性能。

4. 模型选择与评估方法

在现实任务中，往往有不同的机器学习算法可以选择，即使对于同一机器学习算法，使用不同的参数配置也会产生不同的模型。因此，使用何种算法与参数配置就是机器学习中的模型选择问题。

当面临模型选择问题时，理想的解决方案是对候选模型的泛化误差进行评估，然后选择泛化误差最小的那个模型。但是，由于无法直接获得泛化误差，而训练误差又由于过拟合现象的存在而不适合作为标准。因此，实际应用过程中，可以通过试验测试来对机器学习算法的泛化误差进行评估并进而做出选择。为此，需使用一个“测试集”来测试算法对新样本的辨别能力，然后以测试集上的“测试误差”作为泛化误差的近似。通常假设测试样本也是从样本真实分布中独立同分布采样而得，但需注意的是，测试集中包含的样本应尽可能与训练集互斥，即测试样本尽量不在训练集中出现、未在训练过程中使用过。对于如何构造测试集，主要有下面几种常见的做法。

1）留出法

留出法直接将数据集 D 划分为两个互斥的集合，其中一个集合作为训练集 S，另外一个集合作为测试集 T，即在 S 上训练出模型后，用 T 来评估其测试误差，作为对泛化误差的估计。

需要注意的是，训练集和测试集的划分要尽可能保持数据分布的一致性，避免因数据划分过程引入额外的偏差，从而对最终结果产生影响。

另外，即便给定训练集和测试集的样本比例，仍存在多种划分方式对初始数据集 D 进行分割，不同的划分将产生不同的训练集和测试集。相应地，模型评估的结果也会有所差别。因此，单次使用留出法得到的估计结果往往不够稳定可靠。在使用留出法时，一般要进行若干次的随机划分，重复进行评估后取平均值作为留出法的评估结果。

关于训练集和测试集的样本比例，一般是将$\frac{2}{3}\sim\frac{4}{5}$的样本用于训练，剩余样本用于测试。

2）交叉验证法

交叉验证法是将数据集划分为个大小相似的互斥子数据集，如下所示：

$$D = D_1 \cup D_2 \cup \cdots \cup D_k,\ D_i \cap D_j = \varnothing,\quad i \neq j$$

式中，每个子数据集 D_i 都应尽可能保持数据分布的一致性。然后，用 $k-1$ 个数据子集的并集作为训练集,剩下的数据子集作为测试集。这样可以获得 k 组训练集和测试集,从而进行次训练和测试,最终返回个测试结果的均值。通常情况下,将这种交叉验证法称为 k 折交叉验证。最常用的 k 取值有 5、10、20 等,以 $k=10$ 为例,称为 10 折交叉验证。

3）自助法

机器学习的评估过程希望评估的是由数据集训练得到的模型,但在留出法和交叉验证法中,由于保留了一部分样本用于测试,因此实际评估的模型所使用的训练集比小,这必然会引入一些因训练样本规模不同而导致的估计偏差。留出法受训练样本规模变化的影响较小,但其计算复杂度过高。自助法可以减少训练样本规模不同造成的影响,同时也能进行高效的估计。这一方法的基础是自助采样,即可重复采样或有放回采样。给定一个包含 m 个样本的数据集 D, 对它进行采样产生一个新的数据集 D': 每次从中随机挑选一个样本,将其拷贝放入 D', 然后再将该样本放回初始数据集 D 中,使得该样本在下次采样时仍有可能被采样到。这个过程重复执行 m 次后,就得到了包含 m 个样本的数据集 D'。对此可以将 D' 作为训练集, D/D' 用作测试集。显然, D 中有一部分样本会在 D' 中重复出现,而另一部分样本并未出现。样本在经过 m 次采样后始终不被采到的概率为 $\left(1-\frac{1}{m}\right)^m$, 对 m 取极限可以得到:

$$\lim_{m\to\infty}\left(1-\frac{1}{m}\right)^m=\frac{1}{e}\approx 0.368$$

这样,实际评估的模型与期望评估的模型都是用 m 个训练样本。通过自助采样,原始数据集 D 中约有 $\frac{1}{3}$ 的数据从未出现在测试集 D', 相应的测试结果称为包外估计。

5. 常见性能指标

对于机器学习算法的泛化性能的评估不仅需要合适的评价方法,更需要合理的评价指标。评价指标反映了实际任务的需求,算法的优劣通常是相对的,什么是好的不仅取决于算法和数据,更取决于实际需求。在预测任务中要评估机器学习模型 f 的性能,就需要将数据的预测结果 $f(x)$ 与真实的数据标签 y 进行比较,以下是几个常用的性能评价指标。

1）均方误差

均方误差是回归任务中最常用的评价指标,其计算方法为不同样本预测结果与标签之间差的平方的均值,其数学表示如下:

$$E(f;D)=\frac{1}{m}\sum_{i=1}^{m}(f(x_i)-y_i)^2$$

2）错误率与精度

错误率与精度是分类任务中最常用的两种性能度量,既适用于二分类任务,也适用于多分类任务。对于数据集 D, 错误率是指分类错误的样本数占样本总数的比例,具体定义为

$$E(f;D)=\frac{1}{m}\sum_{i=1}^{m}I(f(x_i)\neq y_i)$$

3）查准率、查全率

对于不同的分类任务,人们关心的重点可能有所不同,例如,在检索场景下,通常会关

心两个不同的问题：检索出来的信息有多少是用户感兴趣的或用户感兴趣的信息是否都检索出来了。例如，商业推荐中更加关注前者，后者可能在文献检索中更为重要，对此提出了查准率和查全率两个指标。如表 4-1 所示，以二分类问题为例，对于算法的分类结果可以都得到下面的混淆矩阵。根据实际类别与模型预测结果，可以得到 4 种不同的情况：真正例（实际类别为正例，模型预测结果也为正例）、假正例（实际类别为反例，模型预测结果为正例）、真反例（实际类别为反例，模型预测结果也为反例）、假反例（实际类别为正例，模型预测结果为反例）。

表 4-1　二分类结果混淆矩阵

真实情况	模型预测结果	
	正　例	反　例
正例	真正例（TP）	假反例（FN）
反例	假正例（FP）	真反例（TN）

查准率 P 指模型预测结果为正例的样本中真正例样本的占比，其数学定义如下：

$$P = \frac{\mathrm{TP}}{\mathrm{TP} + \mathrm{FN}}$$

查全率 R 指对于所有正例中被模型预测为正例的占比，其数学定义如下：

$$R = \frac{\mathrm{TP}}{\mathrm{TP} + \mathrm{FN}}$$

以上内容仅介绍了机器学习中回归任务和分类任务下常见的评价指标，还有诸如 ROC①、AUC②、代价敏感错误率、代价曲线等一系列评价指标，读者可翻阅其他机器学习相关教材进行学习。

4.1.2　机器学习的应用

机器学习已经在许多行业和领域中得到了广泛应用，其强大的数据处理和分析能力正在改变着各个行业的运作方式，下面是一些具体的应用领域与具体案例。

1. 图像识别

图像识别是机器学习的一个重要应用领域，通过对大量图像数据进行训练，机器学习模型可以识别和分类图像中的对象，下面是一些具体的应用案例。

（1）人脸识别：用于安全和身份验证系统中，例如，智能手机的面部解锁功能。

（2）医疗影像分析：用于识别医学影像中的异常，如癌症检测、X 光片分析等。

（3）自动驾驶汽车：用于识别和理解道路上的各种物体和标志，如行人、车辆、交通

① ROC 表示接受者操作特征（receiver operating characteristic）曲线；② AUC 表示曲线下面积（area under the curve）。

信号灯等。

2. 自然语言处理

自然语言处理(natural language progressing, NLP)涉及机器对人类语言的理解和生成,广泛应用于各种文本和语音处理任务,下面是一些具体的应用案例。

(1) 机器翻译:如谷歌(Google)翻译,通过机器学习模型实现不同语言之间的自动翻译。

(2) 语音助手:如苹果的Siri、亚马逊的Alexa,这些助手使用自然语言处理技术来理解和响应用户的语音命令。

(3) 情感分析:用于分析社交媒体上的用户情绪和观点,如对产品评价的情感分析。

3. 推荐系统

推荐系统是电子商务和内容平台的核心技术,通过分析用户行为数据,为用户推荐个性化的内容和产品,下面是一些具体的应用案例。

(1) 电子商务网站:如亚马逊,通过用户的浏览和购买历史推荐相关产品。

(2) 流媒体平台:如Netflix和Spotify,根据用户的观看和听歌历史推荐电影和音乐。

(3) 社交媒体:如Facebook和Instagram,通过用户的互动行为推荐可能感兴趣的好友和内容。

4. 医疗诊断

机器学习在医疗诊断中扮演着越来越重要的角色,帮助医生更准确地诊断疾病和制定治疗计划,下面是一些具体的应用案例。

(1) 疾病预测:通过分析患者的历史数据和基因信息,预测疾病的发生风险。

(2) 个性化治疗:基于患者的具体情况和大数据分析,制定个性化的治疗方案。

(3) 药物发现:利用机器学习模型加速新型药物的发现和开发过程。

5. 金融科技

在金融行业,机器学习用于风险管理、市场分析和自动交易等多个方面,提高了金融服务的效率和安全性,下面是一些具体的应用案例。

(1) 信用评分:通过分析借款人的信用记录和其他数据,评估其信用风险。

(2) 欺诈检测:实时监控交易行为,识别和防止欺诈活动。

(3) 自动交易:利用机器学习算法进行高频交易和市场预测,优化投资组合。

6. 游戏和娱乐

机器学习在游戏开发和娱乐行业中也有着广泛的应用,提升了用户的娱乐体验,下面是一些具体的应用案例。

(1) 智能对手:在电子游戏中创建智能和可变的对手,提供更具挑战性的游戏体验。

(2) 内容生成:利用机器学习算法生成游戏内容,如场景、角色和故事情节。

(3) 用户行为分析:分析玩家行为,优化游戏设计和用户体验。

这些应用领域展示了机器学习在现代社会中的广泛影响和潜力。随着技术的不断进步,机器学习将继续在更多领域中发挥重要作用,推动各行业的发展和创新。

4.1.3 机器学习的局限性

尽管机器学习目前已经在众多领域中获得了广泛的应用,但现有的机器学习算法并不是万能的，目前仍然在以下几个方面存在较大的限制与问题。

1. 数据限制

高质量的大规模数据集对于训练机器学习模型至关重要。然而，在许多领域，获取足够的数据仍然是一个挑战。某些应用场景的数据可能稀缺，如罕见病诊断；此外也有很多数据受制于隐私与法律限制，限制了模型训练的数据量。此外，很多场景下的原始数据通常包含噪声、缺失值和错误，需要进行大量的预处理工作。数据的质量会直接影响模型的性能，对此已有相关研究聚焦于解决这一问题，如少样本学习、数据清洗、数据去噪等研究。

2. 复杂性

复杂的深度学习模型（如深度神经网络）具有强大的预测能力，但也带来了计算和存储资源的巨大需求。例如，训练大型语言模型需要大量的计算资源和时间，只有少数大型科技公司能够承担。

3. 可解释性

许多机器学习模型（特别是深度学习模型）是“黑箱”模型，难以解释其决策过程，这在风险敏感领域（如医疗和金融）中尤为重要。例如，在医疗诊断中，医生需要理解模型给出的诊断建议背后的原因，以便对患者做出负责任的决策。

4. 泛化能力

现有的多数机器学习模型可以在独立同分布假设下取得良好的性能，但在存在分布偏移的新数据上的泛化能力有限，即缺乏分布外泛化能力。此外，样本量不足时，极易出现过拟合问题，严重影响模型的泛化能力。

5. 隐私与安全

机器学习模型的训练通常需要大量个人数据，如何在保证模型性能的同时保护数据隐私是一个重大挑战。此外，大量研究表明，机器学习模型机器容易受到对抗性攻击，使模型出现错误的预测结果。

上述限制和问题表明，尽管机器学习技术具有巨大的潜力，但其应用仍需要不断地研究和改进。同时，在应用过程中需要考虑伦理、隐私和社会影响，以确保技术的发展能够带来积极的社会效益。

4.2　常用机器学习算法

4.2.1　线性回归

1. 基本原理

线性回归算法试图学得一个线性模型，以尽可能准确地预测实值输出。线性模型形式简单、构造快捷，通过对线性模型进行非线性映射，可以将其扩展为功能更为强大的非线性模型，假设有数据集：

$$D = \{(x_1, y_1), (x_2, y_2), \cdots, (x_n, y_n)\}$$

此处假设所有样本只有一个属性值。线性回归就是对数据样本进行训练学习，得出假设函数 $y(x_i)$，使得 $y(x_i) = \omega x_i + b \approx y_i$，训练模型的过程就是确定参数 ω 和 b 的过程。

最终目的是使训练学习得到的函数 $y(x_i)$ 和样本的输出标签 y_i 尽可能相近,其关键在于,应该如何衡量 $y(x_i)$ 和 y_i 之间的相近程度?为此有以下定义:

$$L(\omega,\ b)=\frac{1}{2m}\sum_{i=1}^{m}(h(x_i)-y_i)^2$$

$L(\omega,\ b)$ 称为代价函数,其中最常用的是均方误差,算法的最终目的就是寻得一组 ω^* 和 b^*,使 $L(\omega,\ b)$ 最小。图 4-1 展示了 $L(\omega,\ b)$ 的几何意义。

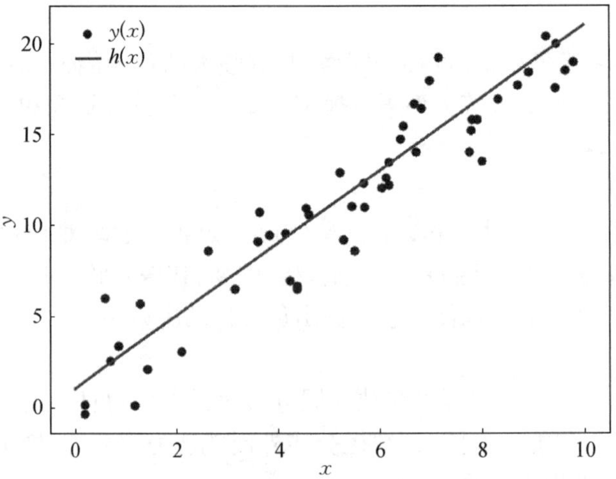

图 4-1 线性回归的几何意义

在图 4-1 中使用线表示 $y(x)$,点表示实际输出点 $y^{(i)}$,最小化 $L(\omega,\ b)$ 常用的方法有两种,即梯度下降法和最小二乘法。

2. 梯度下降法

梯度下降法(gradient descent)是一种常用的一阶优化方法,其表达式为

$$\omega_{j+1}=\omega_j-\alpha\frac{\partial L(\omega,\ b)}{\partial\omega_j}$$

式中,α 为学习率(又称迭代步长),控制参数 ω_j 更新的幅度,此处 $\alpha>0$。

值得一提的是,学习率 α 的选择是梯度下降操作中一个较为重要的问题,α 设置过大,那么每次迭代都会使 ω_j 向梯度最小方向前进一大步,这可能会导致 ω_j 直接越过最低点,甚至在多次迭代后不能收敛;如果 α 设置过小,那么每次迭代,ω_j 都会仅前进一小步,导致收敛所需要的迭代次数过多,浪费了运算资源和时间。综上 α 常用的取值为 0.01。

上述例子中其实简化了 $y(x)$,在实际应用中,一个样本的特征一般是不唯一的,输入变量的有效特征可能有很多,这些特征共同决定了输出变量,但是如果特征间的范围差距比较大,可能会导致在使用梯度下降法时收敛变慢,效率降低。此时,可以使用特征缩放(feature scaling),如均值归一化(mean normalization)等方法,将特征控制在大致相同的范围,其公式如下:

$$x_i=\frac{x_i-\mu_i}{s_i}$$

式中，x_i 表示第 i 个输入变量；μ_i 为第 i 个特征的平均值；s_i 为第 i 个特征值的标准差。

以下为使用固定学习率的梯度下降法进行线性回归的伪代码和源代码。

伪代码：

算法 1：使用梯度下降最小化的线性回归算法

输入：基于随机种子的模拟数据

输出：最优 ω

1 计算预测值 $y(x_i) = \omega x_i + b$

2 计算差值 $L(\omega, b) = \frac{1}{2m}\sum_{i=1}^{m}(h(x_i) - y_i)^2$

3 计算梯度 $\frac{\partial L(\omega, b)}{\partial \omega_j} = \frac{1}{m} * L(\omega, b)^{\mathrm{T}} \cdot L(\omega, b)$

4 更新参数 $\omega = \omega - \alpha * \frac{\partial L(\omega, b)}{\partial \omega_j}$

源代码：

```
import numpy as np
# 1. 数据生成
def generate_data(num_samples=100):
    np.random.seed(0)
    X = np.random.rand(num_samples, 1) * 10 # 特征值
    true_weights = np.array([2, 1]).reshape(-1, 1) # 真实权重
    noise = np.random.randn(num_samples, 1) * 1 # 噪声
    y = X.dot(true_weights) + noise # 目标值
    return X, y
# 2. 初始化模型参数
    def initialize_weights(dim):
    return np.zeros((dim, 1))
# 3. 均方误差损失函数
def mean_squared_error(X, y, weights):
    predictions = X.dot(weights)
    error = y -predictions
    loss = (1/2) * np.mean(error * * 2)
    return loss
# 4. 计算梯度
def gradient_descent_gradient(X, y, weights):
    predictions = X.dot(weights)
    error = predictions -y
    gradient = -(1/X.shape[0]) * X.T.dot(error)
```

```
return gradient
# 5. 梯度下降优化
def gradient_descent(X, y, learning_rate=0.01, num_iterations=1000):
    weights = initialize_weights(X.shape[1])
    for i in range(num_iterations):
        current_loss = mean_squared_error(X, y, weights)
        if i % 100 == 0:
            print(f"Iteration {i}, Loss: {current_loss}")
        gradient = gradient_descent_gradient(X, y, weights)
        weights -= learning_rate * gradient
    return weights
# 主程序
    if _name__== "_main_":
    X, y = generate_data()
    optimized_weights = gradient_descent(X, y)
    print("Optimized weights: ", optimized_weights.flatten())
```

3. 最小二乘法

前面提到,代价函数实际上为多元函数,最小二乘法实际上就是将函数 $J(\omega, b)$ 对各变量求导数,得到:

$$\frac{\partial E_{(\omega, b)}}{\partial \omega} = \left[\omega \sum_{i=1}^{m} x_i^2 - \sum_{i=1}^{m} (y_i - b) x_i\right]$$

$$\frac{\partial E_{(\omega, b)}}{\partial b} = \left[mb - \sum_{i=1}^{m} (y_i - \omega x_i)\right]$$

然后令上式为 0 可得到 ω 和 b 的最优解。

4.2.2 逻辑回归

逻辑回归的知识点讲解视频

逻辑回归算法示例的 Python 源代码

1. 基本原理

逻辑回归(logistic regression)是一种广泛应用于统计学和机器学习中的分类算法。它特别适用于解决二分类问题,即输出是两个可能类别之一的情况。例如,逻辑回归可以用于垃圾邮件检测(是垃圾邮件还是正常邮件)、疾病预测(患病还是健康)等场景。尽管名字中带有“回归”二字,逻辑回归其实是一种分类算法,它通过估计某个事件发生的概率来进行分类决策。逻辑回归的基本思想是将线性回归模型的输出通过一个非线性函数(通常是 Sigmoid 函数)映射到一个 0~1 的概率值,然后根据这个概率值进行分类。逻辑回归模型具有灵活性和易解释性,使其成为许多实际应用中的首选算法之一。

尽管线性回归和逻辑回归在名字上类似,它们解决的问题却有所不同。线性回归用于预测连续变量的值,如预测房价、温度等;而逻辑回归则用于分类问题,预测离散的类别标签。

线性回归模型的形式是

$$y=\beta_0+\beta_1x_1+\beta_2x_2+\cdots+\beta_nx_n$$

而逻辑回归模型的形式是

$$P(y=1\mid x)=\frac{1}{1+\mathrm{e}^{-(\beta_0+\beta_1x_1+\beta_2x_2+\cdots+\beta_nx_n)}}$$

逻辑回归通过将线性回归的输出映射到0~1,从而表示事件发生的概率。逻辑回归可以根据问题的不同类型分为二项逻辑回归和多项逻辑回归。二项逻辑回归用于处理二分类问题,即只有两个类别的情况。而多项逻辑回归(也称为多类别逻辑回归)则可以处理多分类问题,即类别数大于两个的情况。在二项逻辑回归中,模型输出的是事件属于正类(如发生疾病)的概率。而在多项逻辑回归中,模型会输出每个类别的概率,并选择概率最大的类别作为预测结果。

逻辑回归的核心是使用Sigmoid函数将线性回归的结果转换为概率值。Sigmoid函数的形式为

$$\sigma(z)=\frac{1}{1+\mathrm{e}^{-z}}$$

式中,z是线性回归模型的输出,即$\beta_0+\beta_1x_1+\beta_2x_2+\cdots+\beta_nx_n$。Sigmoid函数的输出范围为0~1,因此非常适合用来表示概率。

逻辑回归模型可以看作是在输入特征和输出类别之间建立一个概率关系。具体来说,模型估计的是给定特征x时,输出类别$y=1$的概率,即$P(y=1|x)$。使用Sigmoid函数后,这个概率可以表示为

$$P(y=1\mid x)=\frac{1}{1+\mathrm{e}^{-(\beta_0+\beta_1x_1+\beta_2x_2+\cdots+\beta_nx_n)}}$$

同样地,事件不发生($y=0$)的概率可以表示为

$$P(y=0\mid x)=1-P(y=1\mid x)$$

在逻辑回归中,模型训练的目的是找到一组参数(或称为权重),使得模型能够最好地预测目标变量。这一过程涉及选择合适的损失函数、优化算法、参数的初始化和更新策略。下面详细介绍这些组成部分。

2. 损失函数

逻辑回归最常用的损失函数是对数损失(log loss),也称作交叉熵损失。对数损失衡量的是模型预测的概率分布与真实标签的概率分布之间的差异,对于二分类问题,其表达式为

$$L(y,\ p)=-\frac{1}{N}\sum_{i=1}^{N}[y_i\ln(p_i)+(1-y_i)\ln(1-p_i)]$$

式中,N是样本数量;y_i是样本i的真实标签;p_i是模型预测样本i为正类的概率。此损失函数确保了当模型对真实类别的预测概率偏离时,损失值增加,从而促使模型在训练过程中更准确地预测。

3. 优化算法

梯度下降法是最常用的优化算法之一,用于最小化损失函数。逻辑回归中通常使用的是批量梯度下降(batch gradient descent, BGD)、随机梯度下降(stochastic gradient descent, SGD)或小批量梯度下降(mini-batch gradient descent)。最大似然估计(maximum likelihood estimation, MLE)是一种在给定观察数据的条件下,估计模型参数的方法。在逻辑回归中,MLE 用于找到使观测数据出现概率最大化的参数。

4. 模型评估

在逻辑回归中,模型评估是用来确定模型的预测性能和泛化能力的关键步骤。在此将详细介绍用于评估逻辑回归模型的主要方法和指标,包括混淆矩阵、精确率、召回率、F_1 分数,以及受试者工作特征(ROC)曲线和曲线下面积(AUC)值。通过这些指标和工具,可以全面地评估逻辑回归模型的预测能力和分类准确性,为模型的优化和应用提供决策依据。

5. 正则化

在逻辑回归中,正则化是一种防止模型过拟合的技术。当模型在训练数据上表现得非常好但在未见数据上表现较差时,就发生了过拟合。正则化通过添加一个惩罚项到损失函数中,帮助控制模型复杂度,从而提高空模拟型的泛化能力。本节将详细介绍常见的两种正则化技术:L1 正则化和 L2 正则化,以及其影响和选择方法。

1) L1 正则化

L1 正则化,也称为最小绝对收缩与选择算子(least absolute shrinkage and selection operator, LASSO),通过向损失函数添加一个与模型参数的绝对值成比例的惩罚项来实现正则化:

$$J(\theta) = l(\theta) + \lambda \sum_{j=1}^{m} |\theta_j|$$

式中,$l(\theta)$ 是未正则化的损失函数(如对数损失);λ 是正则化强度;m 是模型参数的数量。

L1 正则化的主要特点是它倾向于产生稀疏的权重矩阵,即许多参数值会变为零。这种特性使得 L1 正则化不仅可以帮助减少过拟合,还可以进行特征选择,因为模型最终只会使用那些对预测结果影响最大的特征。

2) L2 正则化

L2 正则化,也称为 Ridge 回归,通过添加一个与模型参数的平方成比例的惩罚项来进行正则化:

$$J(\theta) = l(\theta) + \lambda \sum_{j=1}^{m} \theta_j^2$$

这里的 λ 同样是正则化强度,用于控制惩罚项的影响程度。

与 L1 正则化不同,L2 正则化不会将参数的值缩减到零,而是使参数值趋于较小的数值。这种方式可以减少参数值的大小,从而控制模型的复杂度,有效防止过拟合。L2 正则化也有利于处理特征之间高度相关(多重共线性)的情况,因为它会均匀地调整所有参数,从而避免某些参数对模型结果产生过大影响。

3) 正则化的选择和应用

选择 L1 还是 L2 正则化,或者是它们的组合(弹性网正则化,结合了 L1 和 L2 的特点），通常取决于具体的应用场景。

（1）使用 L1 正则化：需要一个稀疏模型，即模型中只有少数几个特征是重要的，或者进行特征选择时。

（2）使用 L2 正则化：需要处理高度相关的数据或者不希望模型权重归零时。

在实际应用中，正则化强度 λ 的选择通常通过交叉验证来确定，以确保模型在未见数据上也能有良好的表现。通过调整 λ 值，可以找到在偏差和方差之间最优的权衡点，从而提高空模拟型的泛化能力。

正则化是提升逻辑回归模型稳健性的关键技术之一，适当应用可以显著改善模型在实际环境中的表现。

4.2.3　朴素贝叶斯

朴素贝叶斯算法是一种经典的概率分类算法，它基于贝叶斯定理和特征独立性假设。该算法常用于文本分类、垃圾邮件过滤、情感分析等领域。

朴素贝叶斯算法的核心思想是通过已知类别的训练样本集，学习出每个类别的概率分布模型，然后根据待分类样本的特征，利用贝叶斯定理计算出样本属于各个类别的后验概率，最终选择具有最大后验概率的类别作为分类结果。

在朴素贝叶斯算法中，特征之间被假设为相互独立，这是为了简化计算。尽管这个假设在现实问题中并不总是成立，但朴素贝叶斯算法仍然表现出良好的分类效果。

贝叶斯公式是概率论中的重要定理，用于计算在给定某一事件发生的条件下，另一事件发生的概率。用数学语言表达就是：支持某项属性的事件发生得越多，则该属性成立的可能性就越大。该公式的数学表达如下所示：

$$P(A \mid B)=\frac{P(B \mid A)P(A)}{P(B)}$$

式中，$P(A \mid B)$ 表示在事件 B 发生的条件下事件 A 发生的概率，称为后验概率；$P(A)$ 和 $P(B)$ 分别表示事件 A 和事件 B 单独发生的概率，分别称为先验概率。

设输入空间 $X \in R^n$ 为 n 维向量的集合，输出空间为类别集合：

$$Y=\{c_1, c_2, \cdots, c_M\}$$

输入特征向量 $x \in X$，输出为所属类别 $y \in Y$。X、Y 分别为输入空间 X 和输出空间 Y 上的随机变量，$P(X,Y)$ 为 X、Y 的联合概率分布。训练数据集 $T=\{(x_1, y_1), (x_2, y_2), \cdots, (x_N, y_N)\}$ 由 $P(X, Y)$ 独立同分布产生。

朴素贝叶斯算法对条件概率分布作了条件独立性假设，故有

$$\begin{aligned}P(X=x \mid Y=c_m) &= P(X^{(1)}=x^{(1)}, \cdots, X^{(n)}=x^{(n)} \mid Y=c_m) \\ &= \prod_{j=1}^{n} P(X^{(j)}=x^{(j)} \mid Y=c_m)\end{aligned}$$

朴素贝叶斯法分类是，对于给定的输入 x，通过学习到的模型计算后验概率分布 $P(Y=c_m \mid X=x)$，将后验概率最大的类作为 x 类的输出。由贝叶斯定理可知，后验概率公

式为

$$P(Y=c_m \mid X=x)=\frac{P(X=x \mid Y=c_m)P(Y=c_m)}{\sum_{m=1}^{M}P(X=x \mid Y=c_m)P(Y=c_m)}$$

将条件概率公式代入可得

$$P(Y=c_m \mid X=x)=\frac{P(Y=c_m)\prod_{j=1}^{n}P(X^{(j)}=x^{(j)} \mid Y=c_m)}{\sum_{m=1}^{M}P(Y=c_m)\prod_{j=1}^{n}P(X^{(j)}=x^{(j)} \mid Y=c_m)}$$

朴素贝叶斯分类器可以表示为

$$y=\underset{c_m}{\operatorname{argmax}}\frac{P(Y=c_m)\prod_{j=1}^{n}P(X^{(j)}=x^{(j)} \mid Y=c_m)}{\sum_{m=1}^{M}P(Y=c_m)\prod_{j=1}^{n}P(X^{(j)}=x^{(j)} \mid Y=c_m)}$$

该公式中,分母中所有的 c_m 都是相同的。故有

$$y=\underset{c_m}{\operatorname{argmax}}P(Y=c_m)\prod_{j=1}^{n}P(X^{(j)}=x^{(j)} \mid Y=c_m)$$

分类是数据分析和机器学习领域的一个基本问题。文本分类已广泛应用于网络信息过滤、信息检索和信息推荐等多个方面。数据驱动分类器学习一直是近年来的热点,方法很多,如神经网络、决策树、支持向量机、朴素贝叶斯等。相对于其他精心设计的更复杂的分类算法,朴素贝叶斯分类算法是学习效率和分类效果较好的分类器之一。直观的文本分类算法,也是最简单的贝叶斯分类器,具有很好的可解释性,朴素贝叶斯算法特点是假设所有特征的出现相互独立互不影响,每一特征同等重要。但事实上,这个假设在现实世界中并不成立:首先,相邻的两个词之间的必然联系,不能独立;其次,对一篇文章来说,其中的某一些代表词就确定它的主题,不需要通读整篇文章、查看所有词。因此,需要采用合适的方法进行特征选择,这样朴素贝叶斯分类器才能达到更高的分类效率。朴素贝叶斯算法在文字识别、图像识别方向有着较为重要的作用。可以将未知的一种文字或图像,根据其已有的分类规则来进行分类,最终达到分类的目的。现实生活中朴素贝叶斯算法应用广泛,如文本分类、垃圾邮件的分类、信用评估、钓鱼网站检测等。

支持向量机的知识点讲解视频

4.2.4 支持向量机

支持向量机的算法示例的Python源代码

支持向量机(support vector machine, SVM)是一类按监督学习(supervised learning)方式对数据进行二元分类的广义线性分类器(generalized linear classifier),其决策边界是对学习样本求解的最大边距超平面(maximum-margin hyperplane)。

SVM 使用铰链损失(hinge loss)函数计算经验风险(empirical risk),并在求解系统中加入了正则化项以优化结构风险(structural risk),是一个具有稀疏性和稳健性的分类器。

SVM 可以通过核方法(kernel method)进行非线性分类,是常见的核学习(kernel learning)方法之一。

SVM 于 1964 年首次提出,在 20 世纪 90 年代后得到快速发展并衍生出一系列改进和扩展算法,在人像识别、文本分类等模式识别(pattern recognition)问题中有得到应用。

SVM 是由模式识别中的广义肖像算法(generalized portrait algorithm)发展而来的分类器,其早期工作来自苏联学者 Vladimir N. Vapnik 和 Alexander Y. Lerner 于 1963 年发表的研究。1964 年,Vapnik 和 Alexey Y. Chervonenkis 对广义肖像算法进行了进一步讨论并建立了硬边距的线性 SVM。此后在 20 世纪 70~80 年代,随着模式识别中最大边距决策边界的理论研究、基于松弛变量(slack variable)的规划问题求解技术的出现,以及 VC 维(Vapnik-Chervonenkis dimension, VC dimension)的提出,SVM 被逐步理论化并成为统计学习理论的一部分。1992 年,Bernhard E. Boser、Isabelle M. Guyon 和 Vapnik 通过核方法得到了非线性 SVM。1995 年,Corinna Cortes 和 Vapnik 提出了软边距的非线性 SVM 并将其应用于手写字符识别问题,这份研究在发表后得到了关注和引用,为 SVM 在各领域的应用提供了参考。

在一个分类问题不具有线性可分性时,使用超平面作为决策边界会带来分类损失,即部分支持向量不再位于间隔边界上,而是进入了间隔边界内部,或落入决策边界的错误一侧。损失函数可以对分类损失进行量化,其按数学意义可以得到的形式是 0－1 损失函数:

$$L(p)=\begin{cases}0, & p<0\\ 1, & p\geqslant 0\end{cases}$$

0－1 损失函数不是连续函数,不利于优化问题的求解,因此通常的选择是构造代理损失(surrogate loss)。可用的选择包括铰链损失(hinge loss)函数、logistic 损失(logistic loss)函数和指数损失(exponential loss)函数,其中 SVM 使用的是铰链损失函数:

$$L(p)=\max(0,\ 1,\ -p)$$

4.2.5　*k*－近邻

k－近邻(*k*-nearest neighbor, *k*-NN)是机器学习算法中最基础的算法之一。*k*－近邻是一种基于实例的学习方法,它不基于参数化模型,而是完全依赖于数据及其底层结构。

k－近邻算法的思想易于理解,即对于一个查询样本,该样本的类别可以用距离它最近的 k 个有标签的邻居来表示,如图 4－2 所示,x_q 为测试样本,与其最近的 $k(k=5)$ 个点中,●类得到三票,因此该样本被分类为●。

在 *k*－近邻算法中,输入训练集 $D_t=\{(x_1,\ y_1),\ (x_2,\ y_2),\ \cdots,\ (x_N,\ y_N)\}$,其中,$x_i\in X$ 对应于 n 维空间 R^n 中的点,$y_i\in Y=\{c_1,\ c_2,\ \cdots,\ c_M\}$ 是其对应的标签,$i=1,\ 2,\ \cdots,\ N$。

根据给定的距离度量,在训练集 D_t 中选取与 x 距离最小的前 k 个点,将涵盖这 k 个点的 x 的邻域记作 $N_k(x)$。最后,在 $N_k(x)$ 中根据分类决策规则(如多数投票)决定 x 的类别 y:

k－近邻算法的知识点讲解视频

k－近邻算法示例的 Python 源代码

$$y = \arg\max_{c_j} \sum_{x_i \in N_k(x)} I(y_i = c_j), \quad i = 1, 2, \cdots, N; j = 1, 2, \cdots, M$$

式中，c_j 为类标号；I 为指示函数，即 $y_i = c_j$ 时 I 为 1，否则 I 为 0。在 k-近邻算法中，k 值的选择、距离度量及分类决策规则是 k-近邻算法的三个基本要素。

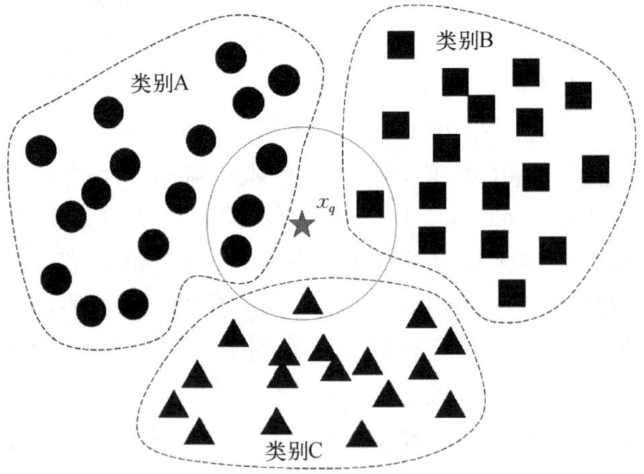

图 4-2　k-NN 算法分类示意图

特征空间中，对于每个训练实例点 x_i，距离该点比其他点更近的点组成一个区域，称为单元。每个训练实例点拥有一个单元，所有训练实例点的单元构成对特征空间的一个划分。k-近邻法将实例 x_i 的类 y_i 作为其单元中所有点的类标记，每个单元的实例的类别都是确定的。

特征空间中两个实例点的距离是两个实例点相似程度的反映。通用的度量距离方式为 L_p 距离或闵可夫斯基距离(Minkowski distance)。

设 $x_i, x_j \in X = R^n$，$x_i = (x_i^1, x_i^2, \cdots, x_i^n)^{\mathrm{T}}$，$x_j = (x_j^1, x_j^2, \cdots, x_j^n)^{\mathrm{T}}$，则 x_i 与 x_j 的 L_p 距离定义为

$$L_p(x_i, x_j) = \left(\sum_{l=1}^{n} | x_i^l - x_j^l |^p \right)^{\frac{1}{p}}$$

式中，$p \geqslant 1$。当 $p = 1$ 时，为曼哈顿距离(Manhattan distance)，即

$$L_1(x_i, x_j) = \sum_{l=1}^{n} | x_i^l - x_j^l |$$

当 $p = 2$ 时，为欧氏距离(Euclidean distance)，即

$$L_2(x_i, x_j) = \left(\sum_{l=1}^{n} | x_i^l - x_j^l |^2 \right)^{\frac{1}{2}}$$

k 值的选择会对分类结果产生重大影响，若选择的 k 值较小，相当于用较小的邻域中的训练示例进行预测。此时，模型的优点是“学习”的近似误差会减小，因为只有与输入实例较近(相似的)的训练实例才会对预测结果起作用。但缺点是“学习”的估计误差会增大，预测结果会对近邻的实例点非常敏感，易受到噪声干扰。k 值的减小意味着整体模

型变得复杂，容易出现过拟合。若选择的 k 值较大，相当于用较大的邻域中的训练示例进行预测。此时，模型“学习”的估计误差会减小，近似误差增大。与输入实例较远的（相似度不高的）训练实例也会对预测起作用，使预测发生错误。k 值的增大意味着整体模型变得简单。若 $k=N$，则完全没有分类，无论输入实例是什么，都将简单地预测它属于训练实例中最多的类，模型过于简单。在实际应用中，k 值通常取一个比较小的值，一般通过交叉验证选择一个合适的 k 值。

4.2.6 决策树

决策树是一种常用的分类与回归方法，它是一种通过树形结构来表示决策过程和结果的机器学习算法，能够反映目标属性与目标值之间的一种映射关系，属于有监督学习。决策树利用 if-then 语句构成树形结构将数据进行分类，每个节点代表一个属性上的判断条件，每个分支代表不同的属性值或判断结果，而每个叶子节点则代表最终的分类或预测值。决策树的结构直观易懂，易于理解和解释，它不仅能够处理数值型数据，还能处理离散型数据，甚至能够处理含有缺失值的数据。此外，决策树还可以与其他算法结合，形成更强大的集成学习模型，如随机森林、梯度提升决策树等。

决策树主要包括中间节点、叶子节点和边三部分，中间节点用于划分数据属性，叶子节点用于类别标签预测，如图 4-3 所示，树的最上端的圆形为首节点（也称根节点），其余圆形为中间节点，三角形表示叶子节点，没有后续表达。首先，从根节点开始，对分类对象的某属性进行判断，使用 if-then 语句到达下一个节点，对应该属性的取值。然后根据属性和判断进行递归直到达到叶子节点。

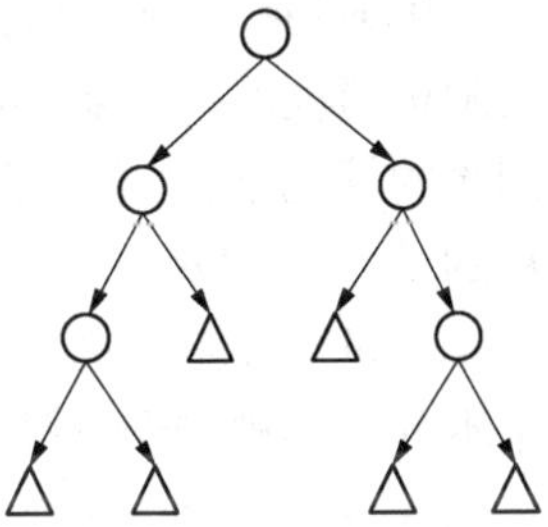

图 4-3 决策树示意图

从决策树的描述来看，其核心问题在于如何选择最具分类能力的特征，即特征选择，特征选择可以有效提升决策树的学习效率。决策树剪枝分为预剪枝和后剪枝，它们都是决策树中常用的防止过拟合的策略，主要区别在于剪枝的时机和方式，预剪枝在决策树构建过程中进行剪枝，可能导致欠拟合；而后剪枝在决策树构建完成后进行剪枝，能够避免欠拟合但计算开销较大。在实际应用中，可以根据具体问题的特点和需求选择合适的剪枝策略。

决策树生成主要包括三种经典算法，即 ID3 生成算法、C4.5 生成算法和分类回归树（classification and regression tree，CART）生成算法。三种算法的流程基本为初始化、设置终止条件、选择最佳划分特征、划分数据集、划分数据集、递归构建子树及构建决策树，但是在特征的划分上及细节的处理上不同。

4.2.7 随机森林

随机森林（random forest，RF）是 Bagging 的一个扩展变体，进一步在决策树的训练过程中引入了随机属性选择，具体来说，传统决策树在选择划分属性时是在当前节点的属性集合（假定有 d 个属性）中选择一个最优属性；而在 RF 中，对基决策树的每个节点，先从该节点的属性集合中选择一个包含 k 个属性的子集，然后从这个子集中选择一个最优属性用于划分。

随机森林简单、容易实现、计算开销小,令人惊奇的是,它在很多现实任务中展现出强大的性能,被誉为“代表集成学习技术水平的方法”。可以看出,随机森林对 Bagging 只作了小改动,但是与 Bagging 中基学习器的多样性仅通过对样本的扰动而来不同,随机森林中基学习器的多样性不仅来自样本扰动,还来自属性扰动,这就使得最终集成的泛化性能可通过个体学习器之间的差异度的增加而进一步提升。

随机森林的起始性能往往相对较差,特别是在集成中只包含一个基学习器时。因为通过引入属性扰动,随机森林中个体学习器的性能往往有所降低,然而,随着个体学习器数目的增加,随机森林通常会收敛到更低的泛化误差。值得一提的是,随机森林的训练效率常优于 Bagging,决策树的构建过程中,Bagging 使用的是“确定型”决策树,在选择划分属性时要对节点的所有属性进行考察,而随机森林使用的“随机型”决策树则只需要考察一个属性子集。

4.2.8 AdaBoost

Boosting,也称为增强学习或提升法,是一种重要的集成学习技术,能够将预测精度仅比随机猜度略高的弱学习器增强为预测精度高的强学习器,这在直接构造强学习器非常困难的情况下,为学习算法的设计提供了一种有效的新思路和新方法。其中,应用最为成功的是,Yoav Freund 和 Robert Schapire 于 1995 年提出的 AdaBoost 算法。

AdaBoost 是英文“adaptive boosting”(自适应增强)的缩写,它的自适应在于:前一个基本分类器被错误分类的样本的权值会增大,而正确分类的样本的权值会减小,并再次用来训练下一个基本分类器。同时,在每一轮迭代中,加入一个新的弱分类器,直到达到某个预定的足够小的错误率或达到预先指定的最大迭代次数才确定最终的强分类器。

AdaBoost 算法可以简述为三个步骤。

(1) 首先,初始化训练数据的权值分布 D_1。假设有 N 个训练样本数据,则每一个训练样本最开始时,都被赋予相同的权值:$w_1 = 1/N$。

(2) 然后,训练弱分类器 hi。具体训练过程中是:如果某个训练样本点被弱分类器 hi 准确地分类,那么在构造下一个训练集中,它对应的权值要减小;相反,如果某个训练样本点被错误分类,那么它的权值就应该增大。权值更新过的样本集被用于训练下一个分类器,整个训练过程如此迭代地进行下去。

(3) 最后,将各个训练得到的弱分类器组合成一个强分类器。各个弱分类器的训练过程结束后,加大分类误差率小的弱分类器的权重,使其在最终的分类函数中起着较大的决定作用;而降低分类误差率大的弱分类器的权重,使其在最终的分类函数中起着较小的决定作用。换而言之,误差率低的弱分类器在最终分类器中占的权重较大,否则较小。

4.2.9 卷积神经网络

卷积神经网络(convolutional neural networks, CNNs)是一种深度学习架构,它在图像和视频识别、分类及分割任务中表现出色。CNNs 是受生物学上感受野(receptive field)机制的影响而提出的,是一类包含卷积计算且具有深度结构的前馈神经网络,也是深度学习的代表算法之一。近年来,其广泛应用于计算机视觉、自然语言处理和语音识别等领域。在本节,我们先描述卷积神经网络中卷积层和池化层的工作原理,以及填充、步幅、输入通道和输出通道的含义,随后介绍经典的卷积网络结构。

1. 卷积层

卷积层(convolutional layer)是卷积神经网络的重要组成部分,依靠卷积运算提取输入的不同特征。卷积层对输入和卷积核(convolutional kernel)权重进行卷积运算,并在添加标量偏置之后产生输出,卷积层中两个被训练的参数是卷积核权重和标量偏置,在训练基于卷积层的模型时,卷积核权重也需要被随机初始化,每一个卷积层的输出称为特征图(feature map)。

图像是由高度、宽度和通道组成的三维张量,例如,一张分辨率为 1 024×1 024 的图像会包含 1 024×1 024×3 个像素。前两个轴与像素的空间位置有关,而第三个轴可以看作每个像素的多维表示,一般来说图像包含三个通道,即红色、绿色和蓝色(也就是常用的RGB)。本节中,我们将介绍简单形式的二维卷积层的工作原理。高度和宽度分别为 h 和 w 的卷积核可以称为 $h \times w$ 卷积或 $h \times w$ 卷积核,也将带有 $h \times w$ 卷积核的卷积层称为 $h \times w$ 卷积层。

卷积运算。图像是由高度(height)、宽度(width)和通道(channel)组成的三维张量,数学表示为 $H \times W \times C$。在这里,我们暂时忽略通道维度(第三维),以二维图像数据为例来介绍卷积运算。

在二维卷积层中,一个二维输入数组和一个二维核数组通过卷积运算输出一个二维数组。在二维卷积运算中,卷积窗口从输入数组的最左上方开始,按从左往右、从上往下的顺序,依次在输入数组上滑动。当卷积窗口滑动到某一位置时,窗口中的输入子数组与核数组按元素相乘并求和,得到输出数组中相应位置的元素。

在图 4-4 中,输入是高度为 3、宽度为 3 的二维张量(即形状为 4×4)。卷积核的高度和宽度都是 2,卷积核窗口(又称卷积窗口)的形状取决于卷积核的高和宽,即 2×2。如图 4-4 中阴影部分的第一个输出元素及其计算所使用的输入和核数组元素:0×0+1×1+3×2+4×3=19,其余元素的计算方法相同,不再赘述。使用公式表达就是 $(n_h - k_h + 1) \times (n_w - k_w + 1)$,其中输入大小为 $n_h \times n_w$,卷积核大小为 $k_h \times k_w$。以上就是卷积的本质,即互相关运算(cross-correlation),在卷积层中,输入张量和核张量通过互相关运算产生输出张量,假设有一个张量为 X,核张量为 K,则用代码表示其互运算为

```
import torch
from torch import nn
def corr2d(X, K):   # 计算二维互相关运算
    h, w = K.shape
    Y = torch.zeros((X.shape[0] -h + 1, X.shape[1] -w + 1))
    for i in range(Y.shape[0]):
        for j in range(Y.shape[1]):
            Y[i, j] = (X[i: i + h, j: j + w] * K).sum()
    return Y
```

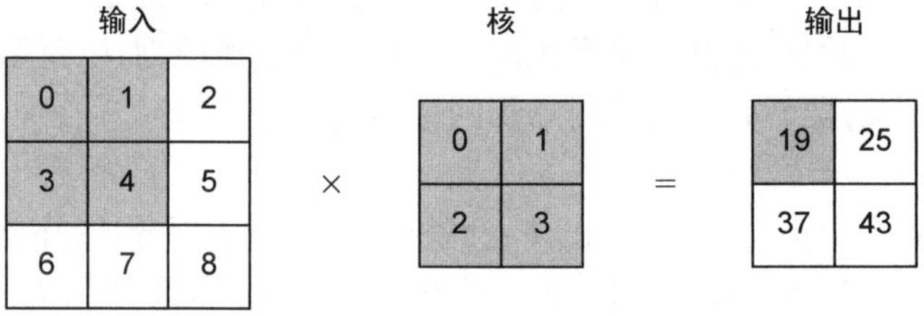

图 4-4　二维卷积运算示例

卷积神经网络中的卷积层通过与输入数据执行互相关操作来提取特征,这一过程涉及卷积核权重和标量偏置这两个参数。在模型训练的初期,卷积核权重通常采用随机初始化的方法,以确保网络能够学习到数据中的不同特征。而标量偏置则用于调整卷积层输出的基线,同样需要在训练过程中进行优化。因此,卷积层的参数训练包括对卷积核权重和偏置的调整,以实现对输入数据特征的准确捕捉。一个完整的卷积层的定义可以表示为

```
class Conv2D(nn.Module):
def __init__(self, kernel_size):
    super().__init__()
    self.weight = nn.Parameter(torch.rand(kernel_size)) #定义卷积核权重
    self.bias = nn.Parameter(torch.zeros(1)) #定义卷积核偏置
def forward(self, x):
    return corr2d(x, self.weight) + self.bias
return Y
```

填充与步幅。在实际应用中,虽然单次的卷积操作只会丢失几个像素,但随着卷积层数的堆叠,像素丢失问题越来越严重。解决这个问题的简单方法即为填充(padding):在输入图像的边界填充元素(通常填充元素是 0)。例如,在图 4-5 中,将原来为 3×3 大小的输入填充到 5×5 大小,那么它的输出就增加为 4×4。阴影部分是第一个输出元素及用于输出计算的输入和核张量元素:0×0+0×1+0×2+0×3=0。

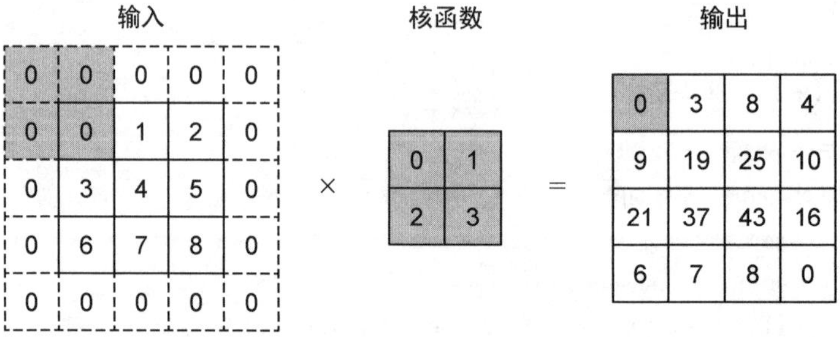

图 4-5　带填充的二维卷积

通常，如果我们添加 p_h 行填充（大约一半在顶部，一半在底部）和 p_w 列填充（左侧大约一半，右侧一半），则输出形状将为：$(n_h - k_h + p_h + 1) \times (n_w - k_w + p_w + 1)$，这意味着输出的高度和宽度将分别增加 p_h 和 p_w。一般来讲，设置 $p_h = k_h - 1$ 和 $p_w = k_w - 1$，使输入和输出具有相同的高度和宽度，从而在构建网络时更容易地预测每个图层的输出形状。假设 k_h 是奇数，将在高度的两侧填充 $p_h/2$ 行；如果 k_h 是偶数，则在输入顶部与底部分别填充填充 $p_h/2$ 行。如下代码就是在输入张量 X 所有侧边填充 1 个像素的示例：

```
import torch
from torch import nn
#定义卷积核,核大小为 3×3,所有侧边填充为 1
conv2d = nn.Conv2d(1, 1, kernel_size=3, padding=1)
X = torch.rand(size=(8, 8))
Y=conv2d(X)
```

以上是卷积核宽高相同的情况，在卷积核宽度和高度不同时，可以填充不同的高度和宽度，使输出和输入具有相同的高度和宽度。在如下示例中，使用高度为 5、宽度为 3 的卷积核，高度和宽度两边的填充分别为 2 和 1：

```
import torch
from torch import nn
#定义卷积核,核大小为 5×3,高度填充为 2,宽度填充为 1
conv2d = nn.Conv2d(1, 1, kernel_size=(5, 3), padding=(2, 1))
X = torch.rand(size=(8, 8))
Y=conv2d(X)
```

卷积步幅。在卷积运算中，卷积窗口从输入数组的最左上方开始，按从左往右、从上往下的顺序，依次在输入数组上滑动。每次滑动的行数和列数称为步幅（stride）。一般来说，当高度上的步幅为 s_h，宽度上的步幅为 s_w 时，输出形状为：$[(n_h - k_h + p_h + s_h)/s_h] \times [(n_w - k_w + p_w + s_w)/s_w]$。如果设置 $p_h = k_h - 1$ 和 $p_w = k_w - 1$，那么输出形状将简化为 $[(n_h + s_h - 1)/s_h] \times [(n_w + s_w - 1)/s_w]$。更进一步，如果输入的高和宽能分别被高和宽上的步幅整除，那么输出形状将是 $(n_h/s_h) \times (n_w/s_w)$。在许多情况下，需要设置 $p_h = k_h - 1$ 和 $p_w = k_w - 1$，使输入和输出高度和宽度相同。

当输入的高和宽两侧的填充数分别为 p_h 和 p_w 时，称填充为 (p_h, p_w)。特别地，当 $p_h = p_w = p$ 时，填充为 p；当在高和宽上的步幅分别为 s_h 和 s_w 时，称步幅为 (s_h, s_w)。特别地，当 $s_h = s_w = s$ 时，步幅为 s。默认情况下，填充为 0，步幅为 1。在实际应用中,填充可以增加输出的高和宽,使输出与输入具有相同的高和宽;步幅可以减小输出的高和宽,例如输出的高和宽仅为输入的高和宽的 $1/n$(n 为大于 1 的整数)。如图 4-6 所示,是垂直步幅为 3、水平步幅为 2 的二维互相关运算。其中,阴影部分是输出元素,以及用于输出计算的输入和内核张量元素(左下阴影部分输入对应左下阴影部分输出,其余同理):$0\times0+0\times1+1\times2+2\times3=8$, $0\times0+1\times6+0\times2+0\times3=6$。

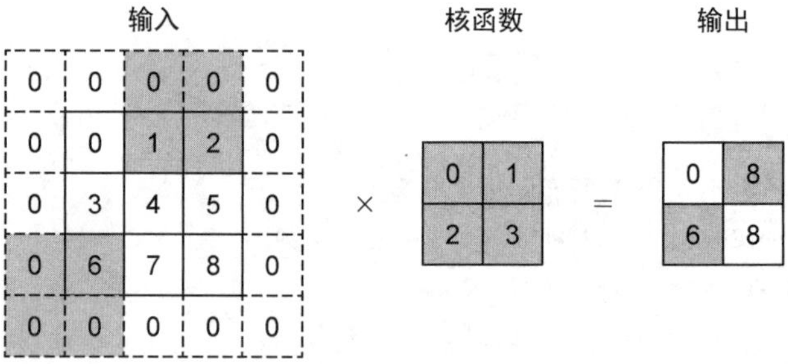

图 4-6 垂直步幅为 3、水平步幅为 2 的二维互相关运算

下面是将高度和宽度的步幅设置为 2,从而将输入的高度和宽度减半的代码示例:

```
import torch
from torch import nn
#定义卷积核,核大小为 3 × 3, 所有侧边填充为 1,宽度和高度的步幅为 2
conv2d = nn.Conv2D(1, kernel_size=3, padding=1, strides=2)
X = torch.rand(size=(8, 8))
Y=conv2d(X)
```

多输入多输出通道。在真实数据中,通常数组维度会大于二维,例如,彩色图像具有标准的 RGB 通道来代表红、绿和蓝,即可以表述为 $3\times h\times w$, 我们将这个大小为 3 的轴称为通道(channel)维度。本节将更深入地研究具有多输入和多输出通道的卷积核。假设输入数据的通道数为 c_i, 那么卷积核的输入通道数同样为 c_i。设卷积核窗口形状为 $k_h\times k_w$, 当 $c_i=1$ 时,卷积核为二维数组;当 $c_i>1$ 时,为每个输入通道各分配一个 $k_h\times k_w$ 的核数组。把 c_i 个数组在输入通道维上连接,即得到 $c_i\times k_h\times k_w$ 的卷积核。由于输入和卷积核各有 c_i 个通道,我们可以在各个通道上对输入的二维数组和卷积核的二维核数组作卷积运算,再将其输出按通道相加,得到一个二维数组作为含多个通道的卷积运算结果。图 4-7 提供了运算示例,阴影部分为第一个输出元素及其计算所使用的输入和核数组元素:$(1\times1+2\times2+4\times3+5\times4)+(0\times0+1\times1+3\times2+4\times3)=56$。

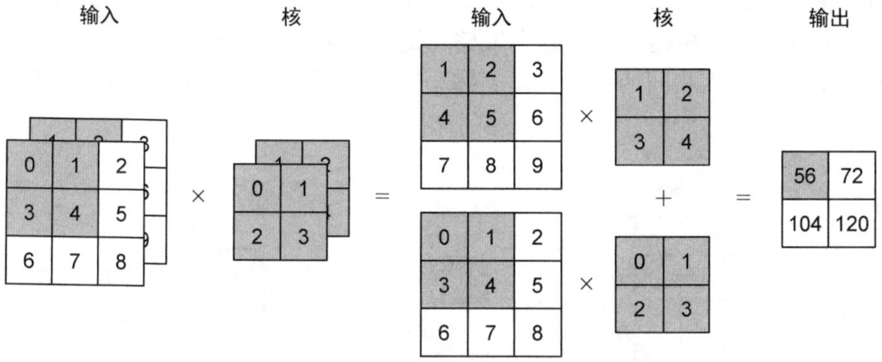

图 4－7　二输入通道卷积运算示例

下面是多输入通道的互运算代码示例：

```
import torch
def corr2d(X, K):
    h, w = K.shape
    Y = torch.zeros((X.shape[0] -h + 1, X.shape[1] -w + 1))
    for i in range(Y.shape[0]):
        for j in range(Y.shape[1]):
            Y[i, j] = (X[i: i + h, j: j + w] * K).sum()
        return Y

def corr2d_multi_in(X, K):
    # 先遍历“X”和“K”的第 0 个维度(通道维度),再把它们加在一起
    return sum(corr2d(x, k) for x, k in zip(X, K))
```

无论输入通道有多少，输出通道数由于累加操作总是为 1。设卷积核输入通道数和输出通道数分别为 c_i 和 c_o，高和宽分别为 k_h 和 k_w。为每个输出通道分别创建形状为 $c_i \times k_h \times k_w$ 的核数组，将它们在输出通道维上连接，即可得到包含多个通道的输出，其卷积核的形状为 $c_o \times c_i \times k_h \times k_w$。在作卷积运算时，每个输出通道上的结果由卷积核在该输出通道上的核数组与整个输入数组计算而来。如下所示，定义了一个计算多个通道的输出的互相关函数：

```
def corr2d_multi_in_out(X, K):
  # 迭代“K”的第 0 个维度,每次都对输入“X”执行互相关运算。
  # 最后将所有结果都叠加在一起
  return torch.stack([corr2d_multi_in(X, k) for k in K], 0)
```

1×1 卷积层对于多通道卷积层，当 $k_h = k_w = 1$ 时，通常称为 1×1 卷积层，卷积运算称为

1×1 卷积,主要计算发生在通道维上,其可以识别高和宽维度上相邻元素构成的模式的功能。图 4－8 展示了使用输入通道数为 3、输出通道数为 2 的 1×1 卷积核的卷积计算示例。这里,输入和输出具有相同的高度和宽度,输出中的每个元素都是输入图像中同一位置的元素的线性组合。也就是说,1×1 卷积层的作用与全连接层等价。

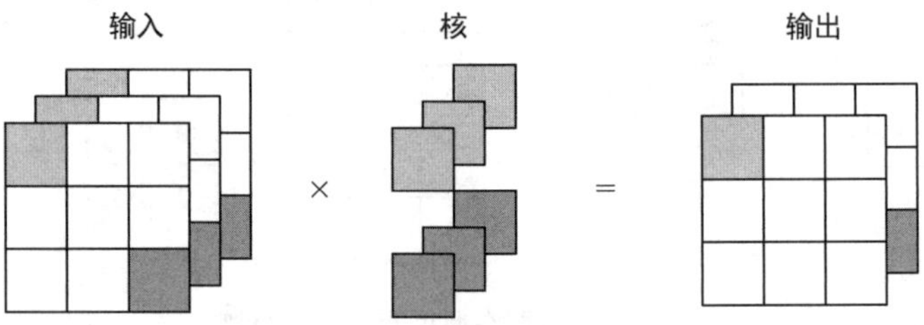

图 4－8　1×1 卷积运算示例

```
def corr2d_multi_in_out_1x1(X, K):
    c_i, h, w = X.shape
    c_o = K.shape[0]
    X = X.reshape((c_i, h * w))
    K = K.reshape((c_o, c_i))
    # 全连接层中的矩阵乘法
    Y = torch.matmul(K, X)
    return Y.reshape ((c_o, h, w))
```

2. 池化层

本节介绍池化层,它的提出是为了缓解卷积层对位置的过度敏感性。二维最大池化层和平均池化层在池化层中,池化运算通过每次对输入数据的一个固定形状窗口(又称池化窗口)中的元素计算最大值(最大池化层)或者平均值(平均池化层)计算输出。与卷积运算相同,池化窗口也从输入数组的最左上方开始,按从左往右、从上往下的顺序,依次在输入数组上滑动,但是池化层不包含可学习的参数。

图 4－9 展示了池化窗口形状为 2×2 的最大池化,阴影部分为第一个输出元素及其计算所使用的输入元素。输出数组的高和宽分别为 2,其中的 4 个元素通过取最大值运算 max 得出,举例为: max(0, 1, 3, 4)= 4。相应的,平均池化运算替换最大运算符为平均运算符。填充和步幅同卷积层一样,池化层也可以在输入的高和宽两侧填充并调整窗口的移动步幅来改变输出形状,池化层填充和步幅与卷积层填充和步幅的工作

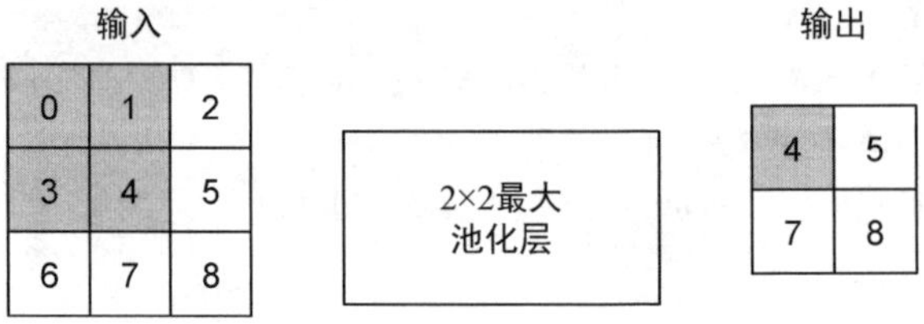

图 4－9　二维最大池化运算示例

机制一样。多输入多输出通道在处理多通道输入数据时,不同于卷积层将各通道的输入按通道叠加,池化层则是对每个输入通道分别池化,这意味着池化层的输出通道数与输入通道数相等。

以下是最大池化层或者平均池化层的具体实施细节:

```
import torch
from torch import nn
def pool2d(X, pool_size, mode='max'):
    p_h, p_w = pool_size
    Y = torch.zeros((X.shape[0] -p_h + 1, X.shape[1] -p_w + 1))
    for i in range(Y.shape[0]):
        for j in range(Y.shape[1]):
            if mode == 'max':
                Y[i, j] = X[i: i + p_h, j: j + p_w].max()
            elif mode == 'avg':
                Y[i, j] = X[i: i + p_h, j: j + p_w].mean()
    return Y
```

填充与步幅。与卷积层一样,池化层也可以改变输出形状。和以前一样,可以通过填充和步幅以获得所需的输出形状。以下是池化层的定义方法:

```
import torch
from torch import nn
#默认情况下,深度学习框架中的步幅与汇聚窗口的大小相同
#定义形状为(3, 3)的池化窗口,步幅形状为(3, 3)
pool2d = nn.MaxPool2d(3)

#定义形状为(3, 3)的池化窗口,步幅形状为(2, 2),侧边所有填充为0
pool2d = nn.MaxPool2d(3, padding=1, stride=2)

#定义形状为(2, 3)的池化窗口,步幅形状为(2, 3),侧边填充为0和1
pool2d = nn.MaxPool2d((2, 3), stride=(2, 3), padding=(0, 1))
```

3. *经典卷积神经网络结构 LeNet*

通过之前几节,我们学习了构建一个完整卷积神经网络的所需组件。本节将介绍 LeNet,它是最早发布的卷积神经网络之一,因其在计算机视觉任务中的高效性能而受到广泛关注。这个模型是由贝尔实验室的研究员 Yann LeCun 及其团队于 1989 年提出的(并以其命名),目的是识别图像中的手写数字。

LeNet(LeNet-5)网络结构非常简单,由两个部分组成:卷积编码器(由两个卷积层

组成)和全连接层稠密块(由三个全连接层组成)。该网络结构如图4-10所示,输入是手写数字,输出为10种可能结果的概率。

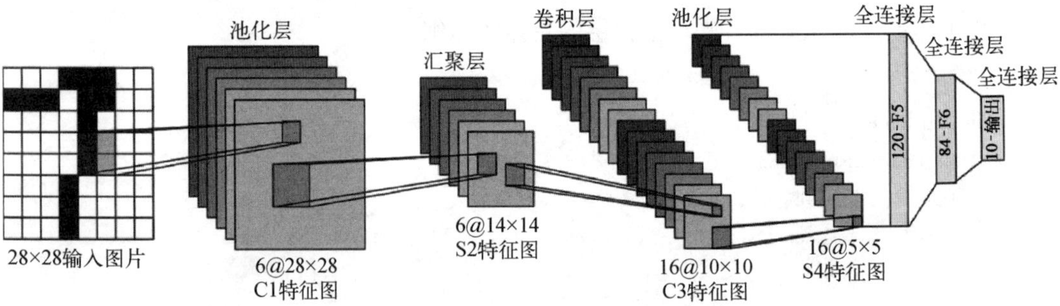

图4-10 LeNet网络结构示意图

每个卷积块中的基本单元是一个卷积层、一个Sigmoid激活函数和平均池化层,每个卷积层使用5×5卷积核和一个Sigmoid激活函数。这些层将输入映射到多个二维特征输出,通常同时增加通道的数量。第一个卷积层有6个输出通道,而第二个卷积层有16个输出通道。每个2×2池化操作(步幅2)通过空间下采样将维数减小为原来的1/4。卷积的输出形状由批量大小、通道数、高度、宽度决定。为了将卷积块的输出传递给稠密块,必须在小批量中展平每个样本。换言之,将这个四维输入转换成全连接层所期望的二维输入。这里的二维表示的第一个维度索引小批量中的样本,第二个维度给出每个样本的平面向量表示。LeNet的稠密块有三个全连接层,分别有120个、84个和10个输出。因为这是在执行手写数字图像分类任务,所以输出层的10维对应于最后输出结果的数量。

在LeNet提出后,卷积神经网络在计算机视觉和机器学习领域逐渐崭露头角。2012年,深度卷积神经网络AlexNet横空出世,它一举打破了计算机视觉研究的原有格局。在之后的几年里,VGG、GoogleNet和ResNet等著名的深度卷积神经网络相继诞生,引领了一波新的深度学习热潮。

4. 经典卷积神经网络结构 - VGG

VGG网络由牛津大学的视觉几何组(visual geometry group, VGG)提出,这一网络模型在2014年的"ImageNet挑战赛"中取得了优异的成绩,在分类任务上排名第二,在定位任务上排名第一。VGG网络的提出者是Simonyan和Zisserman,VGG网络的核心原理是通过构建更深的网络结构来提高空模拟型的性能。试验结果表明,随着网络深度的增加,模型的性能也会相应提高。这一发现为后续的研究提供了重要的启示,即构建更深的网络结构是提高空模拟型性能的有效手段之一。VGG有两种结构,分别是VGG16和VGG19,两者并没有本质上的区别,只是网络深度不一样。在VGG中使用了3个3×3卷积核来代替7×7卷积核,使用了2个3×3卷积核来代替5×5卷积核,这样做的主要目的是在保证具有相同感知野的条件下提升网络的深度,在一定程度上提升了神经网络的效果。

图4-11展示了VGG16的详细配置,VGG16共包含13个卷积层和3个全连接层,网络的配置如下。

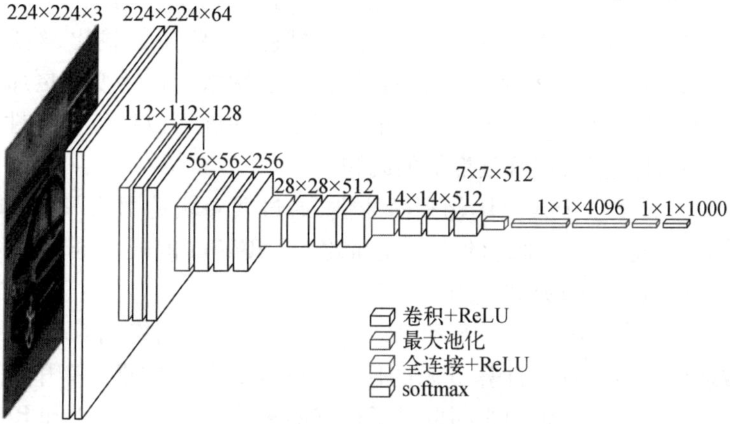

图 4 - 11　VGG16 网络结构示意图

(1) 输入层：输入 224×224 大小的 RGB 图像。

(2) 卷积层：13 个卷积层，其中包含如下几个阶段。

第一阶段：两个具有 64 个滤波器的卷积层，使用 3×3 卷积核，后跟最大池化层。

第二阶段：两个具有 128 个滤波器的卷积层，同样使用 3×3 卷积核，后跟最大池化层。

第三阶段：三个具有 256 个滤波器的卷积层，使用 3×3 卷积核，后跟最大池化层。

第四阶段：三个具有 512 个滤波器的卷积层，使用 3×3 卷积核，后跟最大池化层。

第五阶段：三个具有 512 个滤波器的卷积层，使用 3×3 卷积核，后跟最大池化层。

(3) 全连接层：在卷积层之后，网络包含 3 个全连接层。

第一个全连接层有 4 096 个节点。

第二个全连接层也有 4 096 个节点。

第三个全连接层有 1 000 个节点，对应于 ImageNet 的 1 000 个类别。

(4) 激活函数：在每个卷积层之后，使用 ReLU 激活函数来引入非线性。

(5) 池化层：网络中包含多个最大池化层，通常使用 2×2 的池化核。

VGG16 的设计哲学在于其简洁和一致性，它完全由 3×3 的卷积核和 2×2 的最大池化层构成，没有使用任何特殊的层，如 1×1 卷积或 Inception 模块。这种设计使得 VGG16 能够捕捉到更细粒度的图像特征，并且简化了计算。

5. 经典卷积神经网络结构——ResNet

ResNet，即残差网络(residual networks)，由微软研究院的 Kaiming He 等于 2015 年提出。ResNet 在 2015 年的 ImageNet 和 COCO 挑战赛中取得了显著的成绩，其核心创新是引入了残差学习框架，解决了随着网络深度增加时训练困难的问题。

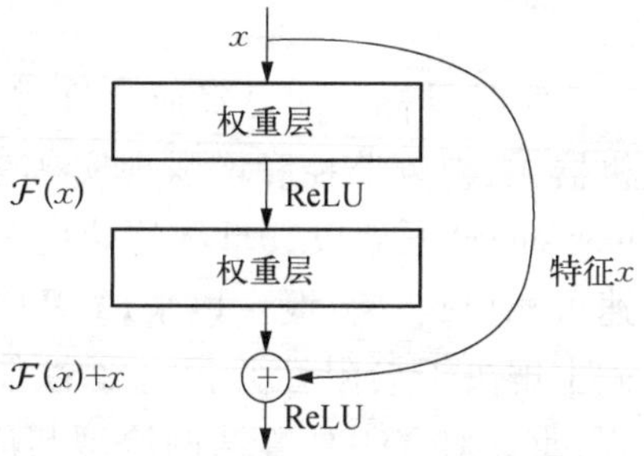

图 4 - 12　残差学习模块示意图

如图 4 - 12 所示，残差块(residual blocks)是 ResNet 网络的核心组件，ResNet 通过引入残差块来允许网络学习残差函数，而不是直接学习未映射的特征表示。每个残差块包含两条路径：一条是卷积层的堆叠，另一条是恒等连接(identity connection)。残差块中的恒等连接允许输入直接跳过一些层的输出，然后与这些层的输出相加。这有助于梯度在网络中的流动，使得深层网络的训练变得更加容易。

深层网络的简化训练：ResNet 证明了增加网络的深度可以持续提升性能，而不会像传统网络那样遇到梯度消失或梯度爆炸的问题。

ResNet 的设计哲学在于其模块化和简洁性，通过残差块的引入，ResNet 能够训练非常深的网络，同时保持了网络训练的稳定性和效率。ResNet 的成功推动了深度学习领域对残差网络结构的进一步研究和应用。

ResNet 的不同变种：ResNet－18 和 ResNet－34，这两个网络相对较浅，分别有 18 层和 34 层，通常适用于需要较少计算资源的任务；ResNet－50，这是一个中等深度的网络，包含 50 层，它在性能和计算资源之间取得了很好的平衡；ResNet－101 和 ResNet－152，这两个网络非常深，分别有 101 层和 152 层。它们通常用于需要高精度的场景，但也需要更多的计算资源。

4.2.10 YOLO

1. 算法原理与应用

目标检测是计算机视觉领域中的一项核心技术，它旨在让计算机能够像人眼一样识别和定位图像中的物体。目标检测能够对感兴趣的目标进行定位和分类，图 4－13 给出了目标检测与图像分类的对比，它在图像分类的基础上增加了目标定位的功能。

(a) 分类　　(b) 分类＋定位

图 4－13　图像分类与目标检测

实时目标检测已经成为许多应用中的关键组成部分，涵盖了诸如自动驾驶车辆、机器人、视频监控和增强现实等多个领域。在各种目标检测算法中，YOLO(you only look once)框架以其卓越的速度和准确性平衡而脱颖而出，实现了对图像中物体的快速可靠识别。自诞生以来，YOLO 系列已经经过多次迭代，每一次都在前一版本的基础上解决了局限性并提升了性能(图 4－14)。本节简要回顾 YOLO 框架的发展历程，重点对 YOLO 算法的原理与应用进行全面的分析，并以 PyTorch 作为编程框架进行实例展示。

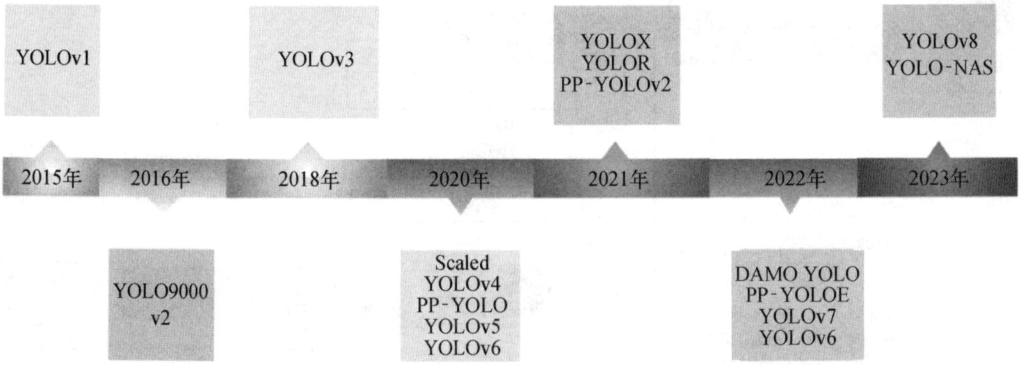

图 4-14　YOLO 版本的时间表

YOLO 由 Joseph Redmon 等于 2016 年提出，它首次提出了一种实时端到端的目标检测方法。YOLO 的名称代表"you only look once"，指的是它能够通过网络的一次传递完成检测任务，而不像先前的方法，它们要么使用滑动窗口后跟随分类器，需要在每个图像上运行数百或数千次，要么使用更先进的方法，将任务分为两个步骤，其中第一步检测具有对象的可能区域或区域提议，第二步在提议上运行分类器。此外，YOLO 使用更直接的输出，仅基于回归来预测检测输出，而不像 Fast R-CNN 那样使用两个单独的输出，一个用于概率的分类，另一个用于边界框坐标的回归。针对原始 YOLO 存在的问题，YOLOv2 和 YOLOv3 的主要贡献分别在于，提高检测类别的数量和多尺度预测，解决原始 YOLO 中检测类别过少、不同尺寸目标的定位不准等问题。直到 2020 年 4 月，新提出的 YOLOv4 试图在训练成本和推理时间之间找到一种平衡，该方法引入多种图像增强手段结合自对抗训练显著提高了检测性能并能保持高效的推理时间。YOLOv5 集成了一种名为 AutoAnchor 的 Ultralytics 算法，使算法对输入数据自适应调整。YOLOv6 使用后训练量化和通道级蒸馏的增强量化技术，从而实现更快、更准确的检测。YOLOv7 提出了一系列架构变化和一系列训练技巧(bag-of-freebies)，提高了准确性，而不影响推断速度，只增加了训练时间。YOLOv8 是由 Ultralytics 于 2023 年 1 月发布的最新 YOLO 系列算法，支持多个视觉任务，包括目标检测、分割、姿态估计、跟踪和分类。

以 YOLO 系列中的经典算法 YOLOv3 为例，对其原理进行分析，该算法的整体框架如图 4-15 所示。输入一张图像(416×416×3)到主干网络 Darknet-53，主干架构类似于特征金字塔网络，它可以输出 13×13、26×26 和 52×52 三个不同的特征尺度，并分别在不同尺度特征上进行预测。最后，采用非极大抑制筛选目标框作为预测结果。在 YOLOv3 算法中，是损失函数的定义为

$$L_{det} = L_{bbox} - L_{conf} - L_{confno} - L_{cls}$$

式中，L_{bbox}、L_{conf}、L_{confno} 和 L_{cls} 分别为坐标损失函数、有目标的置信度损失函数、无目标的置信度损失函数和分类损失函数。L_{bbox} 表示为

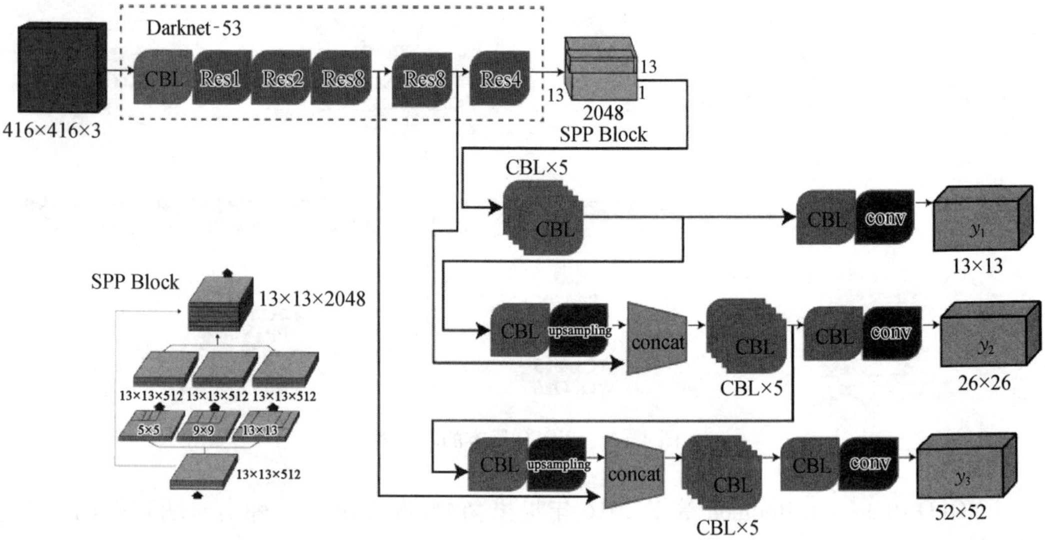

图 4-15 YOLOv3 框架

SPP Block 表示空间金字塔池化块;CBL 表示 Conv+BN+Leaky ReLU 的组合模块;upsampling 表示上采样;concat 表示连接;conv 表示卷积

$$L_{\mathrm{bbox}} = \lambda_{\mathrm{coord}} \sum_{i=0}^{S^2} \sum_{j=0}^{B} I_{i,j}^{\mathrm{obj}} [(b_x - \hat{b}_x)^2 + (b_y - \hat{b}_y)^2 + (b_w - \hat{b}_w)^2 + (b_h - \hat{b}_h)^2]$$

式中, S^2 为网格单元数; B 是每个单元格预测的边界框的数量; b_x 和 b_y 为真实边界框的中心坐标; b_w 和 b_h 为真实边界框的宽度和高度; $\hat{b}_x$、$\hat{b}_y$、$\hat{b}_w$ 和 $\hat{b}_h$ 表示边界框的预测值; λ_{coord} 为超参数; $I_{i,j}^{\mathrm{obj}}$ 表示单元格 i 中第 j 个边界框的预测值。有目标的置信度损失函数为

$$L_{\mathrm{conf}} = \sum_{i=0}^{S^2} \sum_{j=0}^{B} I_{i,j}^{\mathrm{obj}} [\hat{C}_i \ln(C_i) + (1 - \hat{C}_i)\ln(1 - C_i)]$$

式中, $\hat{C}_i$ 和 C_i 分别为单元格 i 的预期值和置信度。无目标的置信度损失函数的定义为

$$L_{\mathrm{confno}} = \lambda_{\mathrm{noobj}} \sum_{i=0}^{S^2} \sum_{i=0}^{B} I_{i,j}^{\mathrm{obj}} [\hat{C}_i \ln(C_i) + (1 - \hat{C}_i)\ln(1 - C_i)]$$

式中, λ_{noobj} 表示超参数,使损失函数收敛。分类损失函数为

$$L_{\mathrm{cls}} = \sum_{i=0}^{S^2} I_i^{\mathrm{obj}} \sum_{c \in \mathrm{classes}} \{\hat{p}_i(c)\ln[p_i(c)] + [1 - \hat{p}_i(c)]\ln[1 - p_i(c)]\}$$

式中, $\hat{p}_i(c)$ 为第 i 格中的目标类别; $p_i(c)$ 为第 i 格中对类别 c 的预测概率; I_i^{obj} 表示第 i 格中是否包含目标物。

4.3 常用机器学习工具包

随着深度学习在各个领域的广泛应用,深度学习框架的重要性越来越凸显。深度学习框架是一种用于实现深度学习算法的软件工具,它们提供了一种高层次的应用程序编程接口(application programming interface, API),使得用户可以在不需要了解底层细节的情况下，快速地搭建和训练深度学习模型。如图 4 - 16 所示，常见的深度学习框架包括 TensorFlow、PyTorch、Keras、Theano 和 Caffe 等。本书主要介绍最常用的 TensorFlow、PyTorch 和 Keras 深度学习框架，以及常用的机器学习工具库 Scikit - learn。

图 4 - 16　深度学习开源框架图

4.3.1 TensorFlow

1. TensorFlow 框架简介

TensorFlow 是 Google Brain 团队于 2015 年推出的开源机器学习库，是谷歌基于 DistBelief 进行研发的第二代人工智能学习系统。DistBelief 是谷歌内部开发和使用的机器学习框架，但是它严重依赖于 Google 内部硬件，仅适用于开发神经网络算法等，因此难以广泛使用。谷歌在 DistBelief 的基础上，提高了运算效率、框架的灵活性和可移植性，形成了 TensorFlow 框架。TensorFlow 是目前应用最广泛的深度学习框架之一，它具有高度的灵活性和可扩展性，支持 CPU 和 GPU 加速，可分布式训练，并且拥有强大的社区支持，可用于各类深度学习相关的任务中。除了深度学习领域，TensorFlow 还支持其他机器学习算法和模型，如决策树、SVM、*k*-means 等。同时，TensorFlow 还提供了各种高层次的 API 和工具库，如 Keras、TensorBoard 等，方便开发人员进行模型构建和可视化管理。

TensorFlow 是由 2 个单词构成的，tensor 与 flow。其中，tensor 的意思是“张量”，而 flow 的意思是“流动”，指的是数据流图的流动，那么合在一起的意思就是“让张量流动”。TensorFlow 提供了一种基于数据流图的编程模型，这使得用户可以将计算流程表示为图形，每个节点代表一个操作，边表示数据流。这种模型的优点在于可以自动处理并行计算和内存管理，从而提高了效率。TensorFlow 支持 Python 和 C++编程语言，并提供了一个高级 API，称为 Keras。

TensorFlow 最大的特点是计算图，即先定义好图，然后进行运算，因此所有的 TensorFlow 代码都包含以下两部分。

(1) 创建计算图，表示计算的数据流。它做了什么呢？实际上就是定义好了一些操作，可以将它看作 Caffe 中 prototxt 的定义过程。

(2) 运行会话，执行图中的运算。会话是 TensorFlow 中用于执行计算图的环境，它负责分配资源（如内存、计算设备）并执行图中的操作。在定义好计算图之后，通过会话来实际运行图中的操作，获取计算结果。会话可以运行图中的任意节点，而不仅仅是最终的输出。

2. TensorFlow 核心框架

TensorFlow 通过张量、计算图、变量、会话、损失函数和优化器等核心概念来表示、训练和部署各种类型的深度学习模型。

(1) 张量(tensor):TensorFlow 的基本数据单元,可以看作多维数组。在 TensorFlow 中,所有数据都是以张量的形式进行存储和传递。

(2) 计算图(computational graph):TensorFlow 中的计算过程可以表示为一个计算图,每个节点表示一个操作,每个边表示数据的流动。TensorFlow 通过构建这样的计算图来完成模型的训练和预测。

(3) 变量(variable):TensorFlow 中的变量可以看作一种特殊的张量,用于保存模型的参数。在训练模型过程中,变量的值会发生变化。在 TensorFlow 中,我们通常使用变量来存储模型中需要学习的参数。

(4) 会话(session):TensorFlow 中的会话用于执行图上的操作,通过对计算图进行计算,最终得到模型的输出结果。在 TensorFlow 中,需要先创建一个会话对象,然后利用会话对象来执行计算图上的操作。

(5) 损失函数(loss function):TensorFlow 中的损失函数用于衡量模型的预测结果与真实结果的差距。在训练模型时,我们希望通过最小化损失函数来优化模型的参数。

(6) 优化器(optimizer):TensorFlow 中的优化器用于根据损失函数的结果来更新模型的参数。常见的优化算法有梯度下降、Adam 等。

3. TensorFlow 框架优缺点

TensorFlow 框架是目前深度学习的主流框架,其主要优点如下所述。

(1) 灵活性和可扩展性强:TensorFlow 支持 Python、JavaScript、C++、Java、Go、C#、Julia 和 R 等多种编程语言进行开发。同时提供了丰富的 API 和工具,方便用户进行模型的设计和实现。它还支持各种硬件加速器,如 GPU 和 TPU,因此非常适合在大规模数据集上训练深度学习模型。

(2) 跨平台性:TensorFlow 不仅拥有强大的计算集群,还可以在 Windows、Linux 和 MacOS 等多个操作系统,以及 iOS 和 Android 等移动平台上进行开发和部署。

(3) 社区支持强大:TensorFlow 拥有庞大的用户群体和活跃的社区,用户可以方便地找到各种问题的解决方案,同时也能从社区中获得许多高质量的开源实现和模型。

(4) 静态计算图:我们需要先定义图形,然后运行计算,如果需要对架构进行更改,则需要重新训练模型。选择这样的方法是为了提高效率,但是许多现代神经网络工具已经能够在学习过程中改进,并且不会显著降低学习速度。

TensorFlow 框架的缺点如下。

(1) 代码编写难度较大:由于 TensorFlow 的 API 比较烦琐,且文档和示例代码的数量庞大,对于初学者来说,需要仔细考虑神经网络的架构,正确评估输入和输出数据的维度和数量,编写和理解 TensorFlow 代码可能会比较困难。

(2) 模型文件体积较大:由于 TensorFlow 在模型定义和计算图方面的设计,生成的模型文件体积通常较大,这可能会影响到模型部署的便捷性和速度。

TensorFlow 框架的应用领域如下。

（1）自然语言处理(NLP)：TensorFlow 在处理序列数据和文本信息方面具有优势,许多经典的 NLP 模型,如循环神经网络(RNN)和转换器(transformer)都是使用 TensorFlow 实现的。

（2）计算机视觉(computer vision, CV)：TensorFlow 也广泛应用于计算机视觉领域,许多经典的卷积神经网络(CNN)和目标检测模型等都是使用 TensorFlow 实现的。

（3）语音识别：TensorFlow 在语音识别领域也有着广泛的应用,例如,Google 语音识别和语音合成系统就是基于 TensorFlow 实现的。

TensorFlow 在各个领域都有广泛的应用,如自然语言处理领域的 Google Translate、语音识别领域的 Google Assistant 及计算机视觉领域的 Google Vision 等。此外,TensorFlow 也是许多企业和机构进行深度学习研究和应用的框架之一。

4.3.2 PyTorch

1. PyTorch 框架简介

PyTorch 是由 Facebook 人工智能研究院开发的深度学习框架,其起源应该是纽约大学开发的 Torch 深度学习框架,Torch 深度学习框架可以追溯到 2002 年。相比使用 Python 语言作为深度学习框架前端的 PyTorch,Torch 使用了 Lua 语言作为深度学习框架的前端。由于机器学习的主流语言是 Python,相比之下,Lua 语言比较小众。Facebook 于 2016 年发表了 PyTorch 最初的版本 0.1.1(alpha-1 版本),作为 Torch 向 Python 迁移的一个项目。PyTorch 不是简单的封装 Torch 并提供 Python 接口,而是对 Tensor 以上的所有代码进行了重构,同 TensorFlow 一样,增加了自动求导。虽然 PyTorch 晚于 TensorFlow、Keras 等框架,但自发布之日起,其受到的关注度就在不断上升,目前在 GitHub 上的热度已经超过 Theano、Caffe、MXNet 等框架。后来 Caffe2 全部并入 PyTorch,如今已经成为非常流行的框架。很多最新的研究,如风格化、GAN 等大多数采用 PyTorch 源码。

PyTroch 主要提供以下两种核心功能。

（1）采用动态计算图。传统的深度学习框架(如 TensorFlow、Theano 等)都采用了静态计算图技术,也就是将计算图的构建过程和利用该图进行计算的过程明确分离,这样做的好处是静态计算图可以反复利用。而 PyTorch 既可以动态地构建计算图,又可以同时在计算图上执行计算,执行完计算后还可以继续构建计算图,而不必将构建计算图和图上的计算过程分离。

（2）方便优化模型的自动微分机制。PyTorch 是借助自动微分变量(autograd variable)来实现动态计算图的。从表面上看,自动微分变量与普通的张量没有什么区别,都可以进行各种运算,但是它的内部数据结构比张量更复杂。

2. PyTorch 框架的优缺点

PyTorch 框架的优点如下。

（1）简洁易懂：PyTorch 的设计理念是简单易用,它支持使用 Python 语言进行开发,提供了丰富的 API 和教程,方便用户快速上手。PyTorch 还支持动态计算图,使得调试和开发过程更加直观和简单。

（2）动态计算图：PyTorch 使用动态计算图进行模型的构建和训练,这使得调试过程更加直观和简单,同时也能提高开发效率,可以像普通 Python 代码一样进行调试。不同于 TensorFlow,PyTorch 的报错说明通常很容易看懂。

(3) 强大高效：PyTorch 提供了非常丰富的模型组件,可以快速实现想法。

(4) 支持 GPU 加速：PyTorch 支持 GPU 加速,可以利用 NVIDIA 显卡等硬件进行高效的计算。

PyTorch 框架的缺点主要如下。

(1) 社区支持相对较小：虽然 PyTorch 的社区比较活跃,但相比 TensorFlow 来说,PyTorch 的社区支持较小。另外,PyTorch 的文档和示例代码的数量也比 TensorFlow 少。

(2) 不适合大规模分布式训练：由于 PyTorch 使用动态计算图进行训练,它在分布式训练方面相比 TensorFlow 有些不足,不适合大规模的分布式训练。

PyTorch 框架的应用领域主要如下。

(1) 自然语言处理(NLP)：PyTorch 在处理序列数据和文本信息方面具有优势,许多经典的 NLP 模型,如长短期记忆网络(long short-term memory, LSTM)、Transformer 和 BERT 等都是使用 PyTorch 实现的。这些模型在文本分类、情感分析、机器翻译等领域都有着广泛的应用。

(2) 计算机视觉(CV)：PyTorch 在计算机视觉领域也有着广泛的应用,如许多经典的卷积神经网络(CNN),包括 AlexNet、VGG 和 ResNet 等。

(3) PyTorch 广泛应用于各种领域,如计算机视觉、自然语言处理、语音识别等。由于其灵活性和易用性,PyTorch 成为了许多初学者和研究员的首选框架之一。

4.3.3 Keras

1. Keras 框架简介

Keras 是一个高级深度学习框架,它最初于 2015 年发布,并在 2017 年成为 TensorFlow 的一部分。严格来说,Keras 并不是一个开源框架,而是一个高度模块化的神经网络库。Keras 提供了一种简单而直观的 API,在高层可以调用 TensorFlow、CNTK、Theano,还有更多优秀的库也在被陆续支持中。Keras 可以轻松地构建和训练深度学习模型,这使得它成为了深度学习入门的理想选择。Keras 支持 Python 编程语言,其特点是能够快速搭建模型,是高效地进行科学研究的关键。

Keras 的出现早于 TensorFlow,Keras 发布于 2015 年 3 月,最初构建在 Theano 之上。Theano 是由蒙特利尔大学的蒙特利尔学习算法研究所(Montreal Institute of Learning Algorithms, MILA)开发的张量操作库,提供自动微分和 GPU 支持,是 TensorFlow 的先驱之一。2015 年 11 月,TensorFlow 发布后,Keras 被重构为多后端架构,支持 Theano 和 TensorFlow。2016 年 9 月,TensorFlow 已经达到了一定的技术成熟度,成为 Keras 的默认后端选项。2017 年,Keras 又增加了微软开发的 CNTK 和亚马逊开发的 MXNet 作为新的后端选项。然而,Theano 和 CNTK 现已停止开发,MXNet 在亚马逊以外也未广泛使用,Keras 再次成为单一后端的 API,构建在 TensorFlow 之上。

Keras 和 TensorFlow 多年来一直保持共生关系。2016~2017 年,Keras 提供了一种对用户友好的方式来开发 TensorFlow 应用程序,并由此而闻名,吸引众多新用户加入 TensorFlow 生态系统。2017 年底,大多数 TensorFlow 用户通过 Keras 使用 TensorFlow 或将两者结合使用。2018 年,TensorFlow 领导层选择 Keras 作为官方的 TensorFlow 上层 API。

2019 年 9 月发布的 TensorFlow 2.0 中，Keras API 处于核心地位，TensorFlow 2.0 对 TensorFlow 和 Keras 基于用户反馈及技术进步作了大量重新设计。

截至 2021 年底，Keras 用户已超 100 万人，既包括初创公司和大公司的学术研究人员、工程师和数据科学家，也包括研究生和业余爱好者。谷歌（Google）、Netflix、Uber、欧洲核子研究组织（European Orgnization for Nuclear Research，CERN）、美国国家航空航天局（National Aeronautics and Space Administration，NASA）、Yelp、Instacart、Square 及上百家初创公司都在使用 Keras 解决各行各业的诸多问题。YouTube 推荐是 Keras 模型生成的，Waymo 自动驾驶汽车是用 Keras 模型开发的。在机器学习竞赛网站 Kaggle 上，Keras 也是一个热门框架，大多数深度学习竞赛的优胜者采用的是 Keras。

Keras 拥有庞大且多样化的用户群体，它不会强迫你采用唯一"正确"的方法来构建和训练模型。相反，它支持各种不同的工作流程（从顶层到底层），对应于不同的用户配置文件。例如，构建模型和训练模型都有很多种方法，每种方法都代表可用性和灵活性之间的某种折中。

2. Keras 框架的优缺点

Keras 框架的优点如下。

（1）易于学习和使用：Keras 的设计理念是简单和直观的，学习曲线相对较低，新手可以很快上手。

（2）灵活性强：易于添加新模块，只需要仿照现有模块编写新的类或函数即可。用户可以自由地进行模型设计和调试，这使得它在科研领域中非常受欢迎。

（3）高级 API：Keras 提供了丰富的高级 API，包括卷积神经网络、循环神经网络和变换器等，这使得用户可以轻松地构建和训练深度学习模型。

Keras 框架的缺点如下。

（1）扩展性有限：Keras 在大规模数据集上训练深度学习模型时可能会遇到内存不足的问题。

（2）速度较慢：Keras 在运行速度上相对较慢，需要较长的训练时间。

综上所述，深度学习框架在近年来的发展中，已经成为深度学习应用中不可或缺的重要组成部分。如表 4-2 所示，TensorFlow、PyTorch 和 Keras 是三种主流的深度学习框架。其中，TensorFlow 在部署和扩展方面表现优异，但学习曲线较陡峭，需要一定的学习成本；PyTorch 在灵活性方面表现优异，但在大规模训练时可能会遇到内存不足的问题；Keras 在易于学习和使用方面表现优异，但灵活性不足，适合入门级别的深度学习开发。不同的深度学习框架适合不同的应用场景，用户应根据实际需求进行选择。深度学习框架的发展将进一步推动深度学习技术的发展和应用，相信未来深度学习技术将在更广泛的领域得到应用。

表 4-2　深度学习开源框架总览表

框　架	发布时间	维护组织	底层语言	接口语言	Git star 点赞数
TensorFlow	2015 年 9 月	Google	C++/Python	C++/Python/Java 等	183k+
PyTorch	2017 年 1 月	Facebook	C/C++/Python	Python	78.7k+

续 表

框 架	发布时间	维护组织	底层语言	接口语言	Git star 点赞数
Caffe	2013 年 9 月	BVLC	C++	C++/Python/Matlab	33.9k+
Mxnet	2015 年 5 月	DMLC	C++	C++/Python/Julia/R 等	20.7k+
Keras	2015 年 3 月	Google	Python	Python	61.6k+
Paddlepaddle	2016 年 8 月	Baidu	C++/Python	C++/Python	22k+
Cntk	2014 年 7 月	Microsoft	C++	C++/Python/C#/.NET/Java	17.5k+
Matconvnet	2014 年 2 月	VLFeat	C/Matlab	Matlab	1.4k+
Deeplearning4j	2013 年 9 月	Eclipse	C/C++/Cuda	Java/Scalar 等	13.5k+
Chainer	2015 年 4 月	Preferred Networks	Python/Cython	Python	5.9k+
Lasagne/theanon	2014 年 9 月	Lasagne	C/Python	Python	9.9k+
Darknet	2013 年 9 月	Joseph Redmon	C	C	25.4k+

注：BVLC 表示伯克利视觉与学习中心(Berkeley Vision and Learning Center)；DMLC 表示分布式机器学习社区(Distributed Machine Learning Community)；VLFeat 表示计算机视觉算法库(Vision Lab Features Library)。

4.3.4 Scikit - learn

Scikit - learn，也称 Sklearn(曾用名 scikits.learn，scikeit-learn)是基于 NumPy、SciPy 和 Matplotlib 的开源 Python 机器学习包，它封装了一系列数据预处理、机器学习算法、模型等工具，是数据分析首选的机器学习工具包。

自 2007 年发布以来，Scikit - learn 已经成为 Python 重要的机器学习库。Scikit - learn 支持包括分类、回归、降维和聚类四大机器学习算法，还包括特征提取、数据处理和模型评估三大模块。

Scikit - learn 的设计目标之一是提供一个易于使用且高效的 Python 工具，同时保持足够的灵活性和扩展性，以适用专业的研究和应用。在解决机器学习问题时，最困难的工作是如何选择一个正确的算法，不同的算法适合不同的数据和不同的问题。为此，Scikit - learn 给出了一个粗略的寻找合适算法的指南和参考，如图 4 - 17 所示。

在面对一个机器学习的问题时，可以从“START”开始，根据要处理的数据量、问题的类型(分类/回归/降维/聚类)选择不同的方向，最后初步确定一个模型。

在开始使用 Scikit - learn 之前，需要确保已经安装在环境中。Scikit - learn 可以通过多种方式安装，其中最简单的是使用 pip、Python 的包管理工具，输入以下指令来安装 Scikit - learn：

```
pip install scikit - learn
```

Scikit - learn 安装好后，下面将详细讨论数据预处理、模型训练、评估和优化等步骤。

1. 加载数据

Scikit - learn 支持以 Numpy 的 arrays 对象、Pandas 对象、Scipy 的稀疏矩阵及其他可转

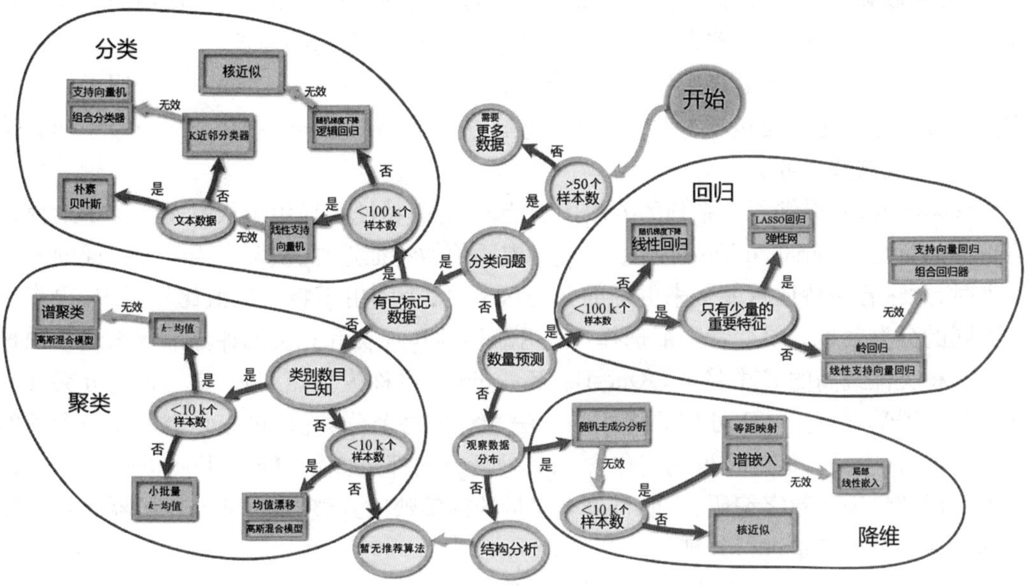

图 4-17 Scikit-learn 模型选择建议流程图

换为数值型 arrays 的数据结构作为其输入，数据必须为数值型。

Scikit-learn 提供了一系列经典数据集，通过这些数据集可快速搭建机器学习任务。数据集主要围绕分类和回归两类经典任务，常用数据集包括乳腺癌数据集、鸢尾花数据集、红酒数据集、波士顿房价数据集等。在使用过程中不需要从外部网站下载任何文件，可以使用表 4-3 中的加载数据集函数。

表 4-3 加载数据集函数

函　　数	说　　明
load_boston(* [,return_X_y])	加载并返回波士顿房价数据集(回归)
load_iris(* [,return_X_y,as_frame])	加载并返回鸢尾花数据集(分类)
load_diabetes(* [,return_X_y,as_frame])	加载并返回糖尿病数据集(回归)
load_digits(* [,n_class,return_X_y,as_frame])	加载并返回手写数字数据集(分类)
load_wine(* [,return_X_y,as_frame])	加载并返回红酒数据集(分类)
load_breast_cancer(* [,return_X_y,as_frame])	加载并返回乳腺癌数据集(分类)

Scikit-learn 还提供了数据划分指令，例如将完整数据集的 70% 作为训练集，30% 作为测试集，并使得测试集和训练集中各类数据的比例与原始数据集比例一致。

2. 数据预处理

在机器学习工作流中，数据预处理是一个非常重要的步骤，优质的数据是模型性能良好的关键。Scikit-learn 提供了丰富的数据预处理功能，包括数据清洗、编码、数据标准化、特征提取和特征选择等步骤,以将原始数据转化为适合机器学习模型使用的格式。为此,Scikit - learn 提供了一些常用的数据预处理工具,以满足这些需求。

数据清洗主要包括处理缺失值和异常值,Scikit - learn 提供了 Imputer 类,用于处理缺失值。数据标准化主要包括标准化、归一化等方法,Scikit - learn 提供了 preprocessing 模块,用于完成这些任务。

Scikit - learn 提供了一系列的方法用于特征选择,特征选择用于从原始图像中选择最有价值的特征。Variance Threshold:根据方差阈值做特征选择,实际上当某一特征的方差越大时,意味着该特征越能带来更好的分类区分度,否则由于特征取值比较集中,很难对应不同的分类效果。单变量特征选择:使用 SelectKBest 类和相关的评分函数来选择预目标变量相关性最高的 *K* 个特征。One-Hot Encoding:也称为独热编码,是一种将分类变量转换为机器学习算法易于处理的格式的方法。对于每个分类值,热编码会创建一个新的二进制列,其中只有该分类值的列包含 1,其他所有列都包含 0。Lable Encoder:用于对标签或目标变量进行数字编码,它能将分类变量的标签映射到整数值,从而使机器学习算法能够对这些分类变量进行处理。

3. Scikit - learn 中的监督学习算法

监督学习是机器学习中最常见的任务之一,包括分类和回归两种类型。Scikit - learn 提供了一系列的监督学习算法,包括常见的线性模型、决策树、支持向量机等。

Scikit - learn 中的 linear_model 模块提供了一系列的线性模型,包括线性回归、逻辑回归、岭回归等。决策树是一种简单而有效的分类方法,Scikit - learn 中的 tree 模块提供了决策树的实现。此外,Scikit - learn 还提供了其他分类算法的函数模块,表 4 - 4 列出了分类算法的函数表示模块。

表 4 - 4 Scikit - learn 中分类算法的函数表示模块

分类模型名称	Scikit - learn 中的函数表示
逻辑回归	linear_model.LogisticRegression
支持向量机	svm.SVC
朴素贝叶斯	naive_bayes.GaussianNB
k -近邻	neighbors.NearestNeighbors

Scikit - learn 中还包括许多其他的监督学习算法,如神经网络、集成方法等,这些方法的使用方式与上述类似,都遵循了 Scikit - learn 的统一 API 设计。在实际使用中,可以根据数据的特性和问题的需要,选择合适的算法进行学习。集成学习通过组合多个学习器,以提高预测性能。Sklearn.ensemble 模块包含一系列基于集成思想的分类、回归和离群值检测方法。Scikit - learn 提供了多种集成方法,如 Bagging(装袋)、Boosting(提升)和 Stacking(堆叠)。

4. Scikit - learn 中的无监督学习算法

无监督学习是指在没有标签的情况下对数据集进行学习,主要包括聚类和降维等任务。Scikit - learn 提供了丰富的无监督学习算法，sklearn.cluster 模块包含一系列无监督聚类算法，表 4 - 5 列出了常用的聚类算法在 Scikit - learn 中的模块表示方法。

表 4 - 5　常用的聚类方法在 Scikit - learn 中的模块表示

聚类名称	Scikit - learn 中的模块名称
DBSCAN	cluster.DBSCAN
层次聚类	cluster.AgglomerativeClustering
谱聚类	cluster.SpectralClustering

注：DBSCAN 表示一种基于密度的聚类算法。

降维是无监督学习的另一种常见任务，其目标是将高维数据映射到低维空间，以便于数据的理解和可视化。Scikit - learn 提供了多种降维算法，如主成分分析（principal component analysis，PCA）和 t-SNE 等。sklearn.decomposition 模块包含一系列无监督降维算法，如关联规则学习和异常检测等。这些算法在处理特定问题时可以发挥巨大的作用，使得 Scikit - learn 在处理各种机器学习任务时具有很强的灵活性。

5. 评价指标

在机器学习中，评估模型的性能是一个不可或缺的步骤，选择正确的评估指标对于模型优化和验证至关重要。sklearn.metrics 模块包含一系列用于评价模型的评分函数、损失函数及成对数据的距离度量函数。表 4 - 6 和表 4 - 7 分别给出了回归模型和分类模型中常用的评价指标。

表 4 - 6　回归模型的评价指标

Sklearn 回归模型评价指令	评价指标名称
metrics.mean_absolute_error( )	平均绝对值误差（MAE）
metrics.mean_squared_error( )	均方误差（MSE）
metrics.r2_score( )	决定系数（R^2）

表 4 - 7　分类模型的评价指标

Sklearn 分类模型评价指令	评价指标名称
metrics.accuracy_score( )	正确率
metrics.precision_score( )	各类精确率
metrics.f1_score( )	F_1 值
metrics.log_loss( )	对数损失或交叉熵损失
metrics.confusion_matrix	混淆矩阵
metrics.classification_report	含多种评价的分类报告

创建并训练了机器学习模型后，需要对其性能进行评估，并对模型参数进行调优，以

达到最佳的学习效果。

6. 交叉验证及超参数寻优

交叉验证(cross-validation)是评估模型性能的重要方法,它多次选择测试集做评估,有效避免了随机性带来的误差。交叉验证最基本的方法是 K 折交叉验证(K-fold cross validation),它将原始数据分成 K 组,将每个子集数据分别做一次验证集,其余的 $K-1$ 组子集数据作为训练集,这样将得到 K 个模型,在验证集上评估 K 个模型,最后的 MSE 加和平均就是交叉验证误差。sklearn.model_selection 模块中的 cross_val_score 函数可以实现,此外,Sklearn 提供了部分带交叉验证功能的模型,如,LassoCV、LogisticRegressionCV 等。

超参数的选择对模型性能至关重要。Sklearn 的 GridSearchCV 和 RandomizedSearchCV 有助于自动化超参数搜索过程。其中,网格搜索方法简单但是搜索速度慢,且不容易找到参数空间中的局部最优;随机搜索方法时间耗费较少,更容易找到局部最优。

Scikit-learn 是一个强大且易用的 Python 库,它提供了一整套的机器学习工具,可以用于解决从数据预处理到模型训练,再到模型评估和参数调优的全流程任务。需要注意的是,虽然 Scikit-learn 提供了一系列的工具,但是每个工具都有其适用的场景和条件,使用过程中需要深入理解每个工具的原理和特性,才能在不同的任务和数据上选择合适的工具,得到最好的效果。

习 题

4.1 设计一个卷积神经网络(CNN),利用 MNIST 数据集对其进行训练,以识别手写数字。

4.2 构建一个简单的多层感知器(multilayer perceptron, MLP)模型,利用公开的鸢尾花数据集进行训练,以进行图像分类。

4.3 在设计多根管状装药的固体火箭发动机时,在推进剂参数已知的情况下,给定装药根数、喷管喉部直径、单要药柱的长度/内外直径等参数,可以计算出发动机内弹道曲线。假定其他参数唯一确定,编写程序生成学习样本;设计机器学习模型并对其进行训练,以根据装药根数、喷管喉部直径、弹药药柱的长度/内外直径等参数预估发动机内弹道。

第 5 章

时间序列数据的智能分析

本章深入探讨压强、振动、加速度、应力-应变和温度等多种类型时间序列数据的智能分析方法和应用。通过结合理论与实践,读者将了解如何利用先进的数据科学技术,从复杂的时间序列数据中提取有价值的信息和洞见,以支持工业、工程和科学领域的应用。

5.1 时间序列数据概述

时间序列数据在现代社会中无处不在,它们记录了随着时间推移而变化的各种现象、事件或变量的观测值。从经济学到天气预报,从股市分析到生态学研究,时间序列分析已成为了解过去、预测未来及制定决策的关键工具。本节将探讨时间序列数据的定义、特点及其在不同领域中的应用。

时间序列数据由时间点和相应的观测值组成,通常表示为 $\{y_t\}_{t=1}^{n}$,其中 y_t是在时间点 t 上观测到的数值。时间序列的特征主要包括趋势、周期性、周期性波动和随机性。趋势反映了数据长期的总体变化趋势,通常表示为数据随着时间的缓慢增长或减少;周期性表现为在特定时间间隔内出现的重复模式,例如,每年的季节变化或每周的销售波动;周期性波动指的是长期趋势中的波动特性,这种波动通常与经济周期或其他较长时间的影响有关;而随机性是由于不可预测的随机事件引起的不规则波动,通常被视为噪声。时间序列数据可以是离散的(如每日销售额)或连续的(如温度测量),其分析和建模广泛应用于经济、金融、气象、医疗等领域,用于预测、模式识别和决策支持。

时间序列数据由观测值、时间点和时间间隔组成。

(1) 观测值:观测值是时间序列中每个时间点的具体测量值或记录,反映了某一特定时间的状态或变化情况。

(2) 时间点:时间点是观测值对应的时间标记,用于描述观测数据发生的时刻。

(3) 时间间隔:时间间隔则是相邻时间点之间的时间差,可以是固定的,如每天、每月或每年定期采样;或者是不固定的,如不规则时间间隔的事件记录。这些要素共同构成了时间序列的基本结构,用于分析时间依赖性和模式。

时间序列数据具有显著的特点和模式,这些特性决定了其分析和建模的方法。首先,时间依赖性是时间序列的核心特征,观测值之间在时间上具有相关性,过去的数据可能对未来产生影响;其次,时间序列可能存在趋势性,表现为数据在长期内呈现出上升、下降或平稳的变化趋势;此外,季节性反映了数据在特定时间段内的重复模式,例如,每年的销售旺季;与此同时,某些时间序列还可能具有周期性波动,这种波动通常涉及比季节性更长的周期,如经济周期的变化;最后,时间序列中通常还包含随机性,即不可预测的随机波动或噪声,这些特性需要通过适当的模型来捕捉和分离。

5.2 时间序列分析方法

5.2.1 时间序列的分类

时间序列是同一现象在不同时间的相继观察值排列而成的序列。根据观察时间的不同,时间序列中的时间可以是年份、季度、月份或其他任何时间形式。时间序列的成分可分为 4 种: 趋势(T)、季节性或季节变动(S)、周期性或循环波动(C)、随机性或不规则波动(I)。

1. 平稳序列

平稳序列是指基本上不存在趋势的序列,序列中的各观察值基本上在某个固定的水平上波动,在不同时间段,波动程度不同,随机波动,不存在某种规律。

2. 非平稳序列

非平稳序列是指包含趋势、季节性或周期性的序列,只含有其中一种成分,也可能是几种成分的组合。可分为: 有趋势序列、有趋势和季节性序列、几种成分混合而成的复合型序列。其中,趋势是指时间序列在长时期内呈现出来的某种持续上升或持续下降的变动,也称长期趋势。时间序列中的趋势可以是线性和非线性。

3. 含有季节成分的序列

季节性变动是指时间序列在一年内重复出现的周期波动,例如,销售旺季和销售淡季、旅游旺季和旅游淡季,因季节不同而发生变化。季节,不仅指一年中的四季,其实是指任何一种周期性的变化。含有季节成分的序列可能含有趋势,也可能不含有趋势。

4. 循环波动序列

循环波动是时间序列中呈现出来的围绕长期趋势的一种波浪形或振荡式波动。不同于趋势变动,循环波动不是朝着单一方向的持续运动,而是涨落相间的交替波动;不同于季节变动,季节变动有比较固定的规律,且变动周期大多为一年,循环波动则无固定规律,变动周期多在一年以上,且周期长短不一。

5. 不规则波动序列

由偶然性因素对时间序列产生影响,致使时间序列呈现出某种随机波动。时间序列除去趋势、周期性和季节性后的偶然性波动,称为随机性(random),也称不规则波动。

5.2.2 时间序列的分解

传统时间序列分析的一项主要内容就是把这些成分从时间序列中分离出来,并将它们之间的关系用一定的数学关系式予以表达,而后分别进行分析。按 4 种成分对时间序列的影响方式不同,时间序列可分解为多种模型: 加法模型(additive model)和乘法模型

(multiplicative model)。

1. 加法模型概述

时间序列分解的加法模型假设数据是趋势、季节性和随机性组件的线性叠加,公式为

$$y_t = T_t + S_t + R_t$$

式中,T_t表示长期趋势,通常反映数据的增长或衰退;S_t表示季节性变化,体现数据在固定周期内的重复波动;R_t表示随机波动,即不可预测的噪声。

加法模型适用于各个组件之间没有显著交互作用的情况,且季节性和随机波动的幅度不随趋势变化而变化。它的每个组件独立且固定,影响是直接相加的。加法模型通常适用于波动幅度较小且随时间保持稳定的时间序列数据。例如,在一个季度销售额数据中,若销售额呈现稳定的线性增长趋势,季节性波动固定为每季度增加或减少一定数量的销售额,同时随机波动较小或独立于趋势和季节性,则可以使用加法模型来分解时间序列。

2. 乘法模型概述

时间序列分解的乘法模型假设数据的趋势、季节性和随机性组件通过非线性相互作用共同决定,公式为

$$y_t = T_t \times S_t \times R_t$$

式中,T_t表示长期趋势,通常为数据的增长或衰退的主导性变化;S_t表示季节性波动,表现为特定周期内波动幅度随着趋势变化而变化;R_t表示随机波动,通常被视为与趋势和季节性相关的随机噪声。

乘法模型适用于当季节性和随机波动的幅度会随着趋势变化而变化的时间序列。例如,如果企业的季度销售额随着时间呈指数增长趋势,且季节性波动的影响与总销售额的规模成比例(如高峰期销售额比低谷期高出一定比例而非固定值),则乘法模型能够更好地描述这些关系。它常用于金融、经济等领域中,波动幅度随趋势变化显著的非线性时间序列分析。

5.2.3 描述性分析

描述性分析是对现象在不同时间的变化状况所做的描述。由于对比的基期不同,增长率有不同的计算方法。

1. 增长率(growth rate)

增长速度:是时间序列中报告期观察值与基期观察值之比减 1 后的结果,用%表示。由于对比的基期不同,可分为环比增长率和定基增长率。

环比增长率:报告期观察值与前一时期观察值之比减 1,说明现象逐期增长变化的程度。

定基增长率:报告期观察值与某一固定时期观察值之比减 1,说明现象在整个观察期内总的增长变化程度。

设增长率为 G,则环比增长率为

$$G_i = \frac{Y_i - Y_{i-1}}{Y_{i-1}} = \frac{Y_i}{Y_{i-1}} - 1, \quad i = 1, 2, \cdots, n$$

定基增长率:

$$G_i = \frac{Y_i - Y_0}{Y_0} = \frac{Y_i}{Y_0} - 1, \quad i = 1, 2, \cdots, n$$

2. 平均增长率(average rate of increase)

平均增长速度:是时间序列中逐期环比值(环比发展速度)的几何平均数减 1 的结果,即

$$\overline{G} = \sqrt[n]{\frac{Y_1}{Y_0} \times \frac{Y_2}{Y_1} \cdots \times \frac{Y_n - Y_{n-1}}{Y_{i-1}}} - 1 = \sqrt[n]{\frac{Y_n - Y_{n-1}}{Y_0}} - 1$$

式中,n 为环比值的个数。

3. 增长率分析中应注意的问题

(1) 当时间序列中出现 0 或负数时,不宜计算增长率。对这种序列计算增长率,要么不符合数学公理,要么无法解释其实际意义,可用绝对数进行分析。

(2) 有些情况下,不能单纯就增长率论增长率,注意将增长率与绝对水平结合起来。增长率是一个相对值,与对比的基数值的大小有关。

时间序列分析的主要目的之一是根据已有的历史数据对未来进行预测。时间序列含有不同的成分,如趋势、季节性、周期性和随机性。对于一个具体的时间序列,它可能含有一种成分,也可能同时含有几种成分,含有不同成分的时间序列所用的预测方法是不同的。时间序列预测的步骤如下。

1) 确定时间序列成分

(1) 确定趋势成分。确定趋势成分是否存在,可绘制时间序列的线图,看时间序列是否存在趋势,以及分析趋势是线性还是非线性。利用回归分析拟合一条趋势线,对回归系数进行显著性检验。回归系数显著,可得出线性趋势显著的结论。

(2) 确定季节成分。确定季节成分是否存在,至少需要两年数据,且数据需要按季度、月份、周或天来记录。绘制年度折叠时间序列图(folded annual time series plot),需要将每年的数据分开画在图上,横轴只有一年的长度,每年的数据分别对应纵轴。如果时间序列只存在季节成分,年度折叠时间序列图中的折线将会有交叉;如果时间序列既含有季节成分又含有趋势,则年度折叠时间序列图中的折线将不会有交叉。若趋势上升,后面年度的折线将会高于前面年度的折线;若下降,则后面年度的折线将会低于前面年度的折线。

2) 选择预测方法

确定时间序列类型后,需要选择适合此类时间序列的预测方法。利用时间数据进行预测,通常假定过去的变化趋势会延续到未来,这样就可以根据过去已有的形态或模式进行预测。时间序列的预测方法:传统方法有简单平均法、移动平均法、指数平滑法等;现代方法有 Box-Jenkins 的自回归移动平均(auto regression moving average, ARMA)模型。

3) 预测方法的评估

在选择某种特定的方法进行预测时,需要评价该方法的预测效果或准确性。评价方

法是找出预测值与实际值的差距，即预测误差。最优的预测方法就是预测误差达到最小的方法。

预测误差计算方法：平均误差（mean error, ME）、平均绝对误差（mean absolute error, MAE）、均方误差（mean square error, MSE）、平均百分比误差（mean percentage error, MPE）、平均绝对百分比误差（mean absolute percentage error, MAPE）。

（1）平均误差：

$$\mathrm{ME} = \frac{\sum_{i=1}^{n}(Y_i - F_i)}{n}$$

式中，Y 为观测值；F 为预测值；n 为预测值个数。

由于预测误差的数值可能有正有负，求和的结果就会相互抵消，这种情况下，平均误差可能会低估误差。

（2）平均绝对误差，是将预测误差取绝对值后计算的平均误差：

$$\mathrm{MAE} = \frac{\sum_{1}^{n}|Y_i - F_i|}{n}$$

平均绝对误差可避免误差相互抵消的问题，因而可以准确反映实际预测误差的大小。

（3）均方误差，通过平方消去误差的正负号后计算的平均误差：

$$\mathrm{MSE} = \frac{\sum_{i=1}^{n}(Y_i - F_i)^2}{n}$$

（4）平均百分比误差和平均绝对百分比误差。由于 ME、MAE、MSE 的大小受时间序列数据的水平和计量单位的影响，有时并不能真正反映预测模型的好坏，只有在比较不同模型对同一数据的预测时才有意义。平均百分比误差和平均绝对百分比误差则不同，它们消除了时间序列数据的水平和计量单位的影响，是反映误差大小的相对值：

$$\mathrm{MPE} = \frac{\sum_{i=1}^{n}\left(\frac{Y_i - F_i}{Y_i} \times 100\right)}{n}$$

$$\mathrm{MAPE} = \frac{\sum_{i=1}^{n}\left(\frac{|Y_i - F_i|}{Y_i} \times 100\right)}{n}$$

4）利用最佳预测方案进行预测

根据实际需求，选择误差最小且模型复杂度适宜的预测方案，需要综合考虑数据的趋势性、周期性和随机性，确保模型能够准确捕捉这些特性。同时，还需评估模型的解释性和计算效率，以确保在不同场景下能够高效处理预测任务，无论是短期还是长期目标。在这一过程中，选择能够在精度和实际应用之间取得平衡的方案，能够为实际决策提供精准支持。

5.2.4 平稳序列的预测

平稳时间序列只含有随机成分,预测方法：简单平均法、移动平均法、指数平滑法。主要通过对时间序列进行平滑以消除随机波动,又称平滑法。平滑法可用于对时间序列进行短期预测,也可对时间序列进行平滑以描述序列的趋势(线性趋势和非线性趋势)。

1. 简单平均法

根据已有的 t 期观察值通过简单平均法来预测下一期的数值。设时间序列已有的 t 期观察值为 $Y_1, Y_2, \cdots, Y_t$,则 $t+1$ 期的预测值 $\hat{F}_{t+1}$ 为

$$\hat{F}_{t+1} = \frac{1}{t}\sum_{i=1}^{t} Y_i$$

到了 $t+1$ 期后,有了 $t+1$ 期的实际值,$t+1$ 期的预测误差 e_{t+1} 为

$$e_{t+1} = Y_{t+1} - \hat{F}_{t+1}$$

$t+2$ 期预测值为

$$\hat{F}_{t+2} = \frac{1}{t+1}\sum_{i=1}^{t+1} Y_i$$

简单平均法是基于已有时间序列数据的均值进行预测的方法,适合对较为平稳的时间序列进行预测,即当时间序列没有趋势时,用该方法较好。但如果时间序列有趋势或季节成分,该方法的预测则不够准确。简单平均法将远期的数值和近期的数值看作对未来同等重要。从预测角度来看,近期的数值比远期的数值对未来有更大的作用,因此简单平均法预测的结果不够准确。

2. 移动平均法

移动平均法是指通过对时间序列逐期递移求得平均数作为预测值的一种预测方法,有简单移动平均法和加权移动平均法。简单移动平均将最近 k 期数据加以平均,作为下一期的预测值。设移动平均间隔为 $k(1<k<t)$,则 t 期的移动平均值 $\overline{Y}_t$ 为

$$\overline{Y}_t = \frac{1}{k}\sum_{i=t-k+1}^{t} Y_i$$

$t+1$ 期的简单移动平均预测值为

$$\hat{F}_{t+1} = \overline{Y}_t = \frac{1}{k}\sum_{i=t-k+1}^{t} Y_i$$

$t+2$ 期的简单移动平均预测值为

$$\hat{F}_{t+2} = \overline{Y}_{t+1} = \frac{1}{k}\sum_{i=t-k+2}^{t+1} Y_i$$

移动平均法只使用最近 k 期的数据,在每次计算移动平均值时,移动的间隔都为 k,也适合对较为平稳的时间序列进行预测,应用的关键是确定合理的移动平均间隔 k。对于同一个时间序列,采用不同的移动间隔,预测的准确性是不同的。可通过试验的方法,选

择一个使均方误差达到最小的移动间隔。移动间隔小,能快速反映变化,但不能反映变化趋势;移动间隔大,能反映变化趋势,但预测值带有明显的滞后偏差。移动平均可以消除或减少时间序列数据受偶然性因素干扰而产生的随机变动影响,适合短期预测。

3. 指数平滑法

1) 一次指数平滑法

一次指数平滑法,也称单一指数平滑(single exponential smoothing)法,只使用一个平滑系数,且观察值离预测时期越久远,权数变得越小。一次指数平滑是将一段时期的预测值与观察值的线性组合作为 $t+1$ 时期的预测值,预测模型为

$$F_{t+1} = \alpha Y_t + (1 - \alpha) F_t$$

式中,α 是平滑系数,取值范围在 $0 \leqslant \alpha \leqslant 1$;$Y_t$是时间序列的实际观测值;$F_t$是上一期的预测值。

2) 预测步骤

(1) 一期预测值:

$$F_1 = Y_1$$

这是因为第一次的预测值等于第一期的实际观测值。

(2) 二期预测值:

$$F_2 = \alpha Y_1 + (1 - \alpha) F_1 = \alpha Y_1 + (1 - \alpha) Y_1 = Y_1$$

这表示在第二期的预测值是基于前期的预测值与实际观测值的加权平均。由于第一期的预测值与实际观测值相同,第二期的预测值仍然等于第一期的观测值。

(3) 三期预测值:

$$F_3 = \alpha Y_2 + (1 - \alpha) F_2 = \alpha Y_2 + (1 - \alpha) Y_1$$

在第三期的预测值中,权重逐渐倾向于较接近的实际观测值,而不是前期的预测值。

(4) 四期预测值:

$$F_4 = \alpha Y_3 + (1 - \alpha) F_3 = \alpha Y_3 + \alpha(1 - \alpha) Y_2 + (1 - \alpha)^2 Y_1$$

这是对更多历史数据的加权平均处理,权重随着时间的推移而逐渐向过去的观测值平滑,避免过于波动。

3) 预测精度

对指数平滑法的预测精度,用均方误差来衡量:

$$F_{t+1} = \alpha Y_t + (1 - \alpha) F_t$$

$$\text{MSE} = \sum_{t=1}^{n} (F_t - Y_t)^2$$

式中,F_t是 t 期的预测值;Y_t是实际观测值。

4) 平滑系数选择

$\alpha=0$:预测值仅为上一期的预测结果。

$\alpha=1$：预测值等于上一期的实际值。

α 越接近1,模型对时间序列变化的反应越及时,能够捕捉到较短期内的变化。α 越接近0,模型对时间序列变化的反应越慢,更加平稳。

5）阻尼系数

阻尼系数 $\beta=1-\alpha$。其中,阻尼系数越小,近期实际值对预测结果的影响越大,使得模型更倾向于近期的数据。阻尼系数越大,较远的历史数据对预测的影响越大。

5.2.5 趋势型序列的预测

时间序列的趋势可分为线性趋势和非线性趋势,若这种趋势能够延续到未来,就可利用趋势进行外推预测。有趋势序列的预测方法主要有线性趋势预测、非线性趋势预测和自回归模型预测。

1. 线性趋势预测

线性趋势(linear trend)是指现象随着时间的推移而呈现稳定增长或下降的线性变化规律。趋势方程:

$$Y^t = b_0 + b_1 t$$

式中,Y^t是时间序列 Y_t的预测值;b_0 是截距,表示时间为零时的基准值;b_1 是趋势线的斜率,表示时间 t 变动一个单位,观察值的平均变动数量。

2. 非线性趋势预测

序列中的趋势通常可认为是由于某种固定因素作用同一方向所形成的。若这种因素随时间推移按线性变化,则可对时间序列拟合趋势直线;若呈现出某种非线性趋势(non-linear trend),则需要拟合适当的趋势曲线。

1）指数曲线

指数曲线通常用于描述以几何级数递增或递减的现象,即时间序列的观察值 Y^t 按指数规律变化,或者时间序列的逐期观察值按一定的增长率增长或衰减。一般的自然增长及大多数经济序列都有指数变化趋势。

$$Y^t = b_0 b_1^t$$

式中,b_0 和 b_1 是待定系数：若 $b_1>1$,则增长率随着时间 t 的增加而增加;若 $b_1<1$,则增长率随着时间 t 的增加而减小;若 $b_0>0$ 且 $b_1<1$,则预测值 Y^t逐渐降低,最终趋向于0。

2）线性化指数方程

为了确定 b_0 和 b_1,可以将指数方程线性化,将其化为对数直线形式:

$$\ln Y^t = \ln b_0 + t\ln b_1$$

通过最小二乘法,依据直线形式的常数确定方法,可以求得 $\ln b_0$ 和 $\ln b_1$,然后再取对数反运算,得出 b_0 和 b_1。

线性化方法:

$$\sum \ln Y = n\ln b_0 + \ln b_1$$

$$\sum t\ln Y_t = \ln b_0 \sum t + \ln b_1 \sum t^2$$

3）多阶曲线拟合

有些现象变化形态复杂，不是按照某种固定的形态变化，而是有升有降，在变化过程中可能有几个拐点，这时就需要拟合多项式函数。当只有一个拐点时，可以拟合二项曲线，即抛物线；当有两个拐点时，需要拟合三阶曲线；有 $k-1$ 个拐点时，需要拟合 k 阶曲线。

其中，对于 k 阶曲线方程可表示为

$$Y^t = b_0 + b_1 t + b_2 t^2 + \cdots + b_k t^k$$

式中，b_0，b_1，…，b_k是待定系数。

5.3　传统数据方法

5.3.1　常规信号处理方法

1. 快速傅里叶变换与逆快速傅里叶变换

1）快速傅里叶变换

定义：傅里叶变换是一种线性积分变换，用于信号在时域和频域之间的变换。然而，为什么要把信号从时域转换到频域？因为很多信号在时域中的组成及操作是十分复杂的，但是转换到频域之后就会变得十分简单，如：时域相乘就是频域上的相加。

傅里叶变换 $F(\omega)$ 的定义如下：

$$F(\omega) = \int_{-\infty}^{\infty} f(t)\,\mathrm{e}^{-\mathrm{j}\omega t}\,\mathrm{d}t$$

傅里叶变换主要利用了标准正交基的概念，将时域信号与一个频域分量进行内积（也就是积分），这样可以将时域信号中带有 ω 的分量提取出来，不带有 ω 的分量就会被过滤。经过这一操作以后，就能将频域上的信息保留下来。

2）逆快速傅里叶变换

定义：傅里叶变换是可逆的，傅里叶逆变换就是将信号从频域转换到时域上的操作。因为在现实生活中主要接触到的信号都是时域信号，所以需要在频域上对信号进行处理之后要转换成时域信号进行输出：

$$f(t) = \frac{1}{2\pi}\int_{-\infty}^{\infty} F(\omega)\,\mathrm{e}^{\mathrm{j}\omega t}\,\mathrm{d}\omega$$

2. 最小二乘法

定义：最小二乘法通过最小化误差的平方和寻找数据的最佳函数，利用最小二乘法可以简便地求得未知的数据，并使得这些求得的数据与实际数据之间误差的平方和为最小。

公式：

$$\min f(x) = \sum_{i=1}^{m} L_i^2(x) = \sum_{i=1}^{m} L_i^2[y_i, f(x_i, \omega_i)] = \sum_{i=1}^{m} [y_i - f(x_i, \omega_i)]^2$$

最小二乘法是利用已知参数去拟合出一个最优的线性函数,再利用这个函数方程去预测一个未知的目标值,而这个最优就体现在实际值与预测值的最小误差平方上。

3. 短时傅里叶变换

1) 概念

平稳信号大多是人为制造出来的,自然界的大量信号几乎都是非平稳的。对于这样的非平稳信号,只知道包含哪些频率成分是不够的,这还需要进行时频分析,了解各个成分出现的时间、信号频率随时间变化的情况、各个时刻的瞬时频率及其幅值。一个简单可行的方法就是加窗。

简单来讲,短时傅里叶变换(short-time Fourier transform, STFT)是把整个时域过程分解成无数个等长近似平稳的小段,再对每一个小段进行傅里叶变换,以此确定频率成分随着时间的变化情况。

将图 5-1 显示的非平稳信号作短时傅里叶变换,得到一个信号的时频图。时频分析结果如图 5-2 所示: 既能看到 10 Hz、25 Hz、50 Hz、100 Hz 四个频域成分,还能看到出现的时间(两排峰对称,只看一排即可)。

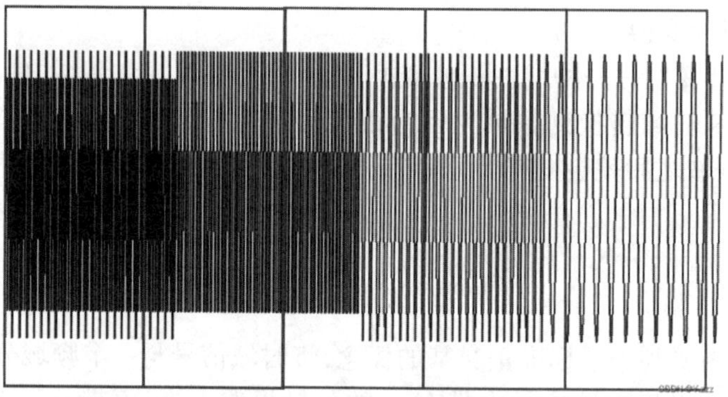

图 5-1 非平稳信号

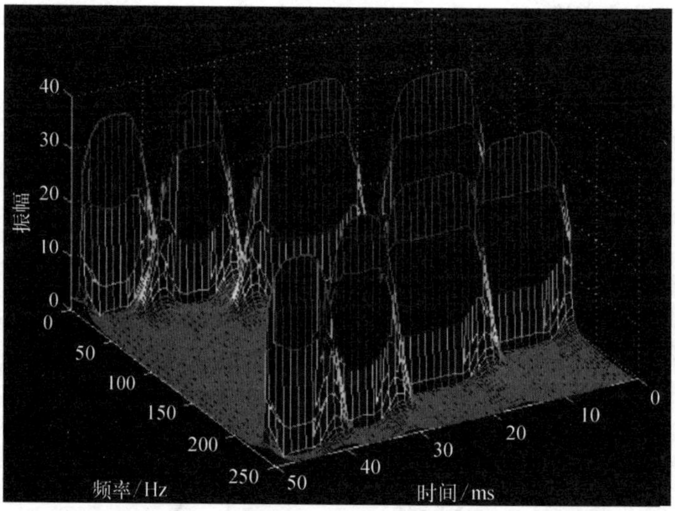

图 5-2 STFT 后的时频图

2）缺陷

使用 STFT 时，对于时变的非稳态信号，高频适合小窗口，低频适合大窗口。然而，STFT 的窗口是固定的，在一次 STFT 中，宽度不会变化。窗太窄，窗内的信号太短，会导致频率分析不够精准，频率分辨率差；窗太宽，时域上又不够精细，时间分辨率低。因此，STFT 还是无法满足非稳态信号变化的频率的需求。

4. 小波变换

三种信号处理方法对比如表 5 - 1 所示。

表 5 - 1　三种信号处理方法对比

区　别	傅里叶变换	短时傅里叶变换	小波变换
基函数	无限长的三角函数基	无限长的三角函数基	有限长的会衰减的小波基
图	频谱，能够获取频率	频谱，能够获取频率	时频谱，能够获取频率并定位到时间
变量	1 个：频率 ω	1 个：频率 ω	2 个：尺度（scale）a、平移量（translation）τ
窗口	—	加固定窗口	—

STFT 是给信号加窗，分段作傅里叶变换；小波变换并没有采用窗的思想，没有作傅里叶变换，如图 5 - 3 所示。不能认为小波变换就是加不等长的窗，让窗口大小变起来，对每一小部分进行傅里叶变换。从公式看，小波变换的变量有尺度（scale）a 和平移量（translation）τ 两个。尺度 a 控制小波函数的伸缩，平移量 τ 控制小波函数的平移。尺度就对应于频率（反比），平移量 τ 就对应于时间。

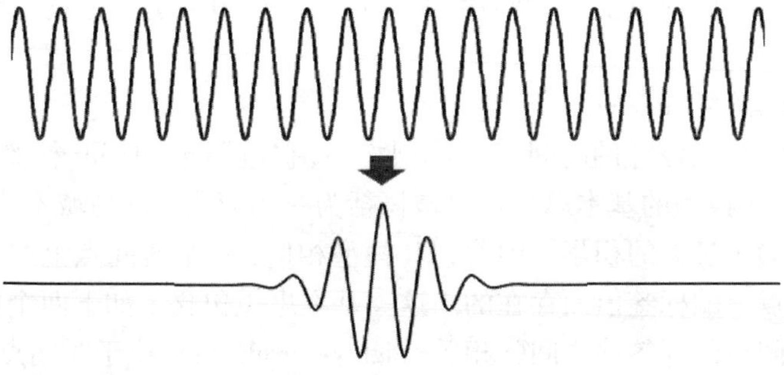

图 5 - 3　小波变换示意图

当伸缩、平移到这么一种重合情况时，也会相乘得到一个大的值。与傅里叶变换不同的是，这时候不仅可以知道信号有这样频率的成分，而且知道它在时域上存在的具体位置。而当我们在每个尺度下都平移着和信号乘一遍后，就可以知道信号在每个位置都包含哪些频率成分，小波变换中的伸缩与平移情况如图 5 - 4 所示。

另外，对于突变信号，傅里叶变换存在吉布斯效应，用无限长的三角函数无法拟合好突变信号，如图 5 - 5 所示。

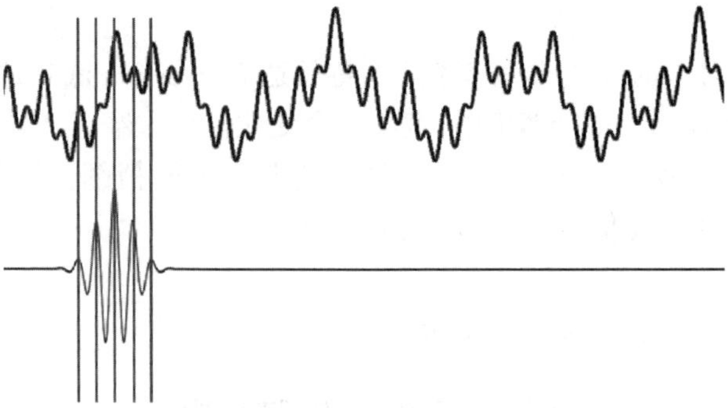

图 5-4　小波变换中的伸缩和平移情况

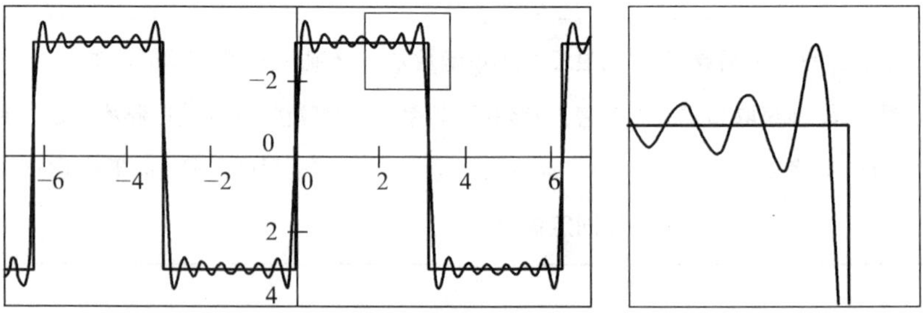

图 5-5　突变信号的小波衰减模拟

5.3.2　时间序列——AR 模型与 MA 模型的原理与实现

ARMA 模型是自回归(autoregressive, AR)模型与移动平均(moving average, MA)模型结合后诞生的模型,因此在理解 ARMA 之前,必须先理解 AR 与 MA 模型。由于 ARIMA 模型大多数时候只能处理单变量时间序列,因此 AR 与 MA 模型也只能够被用于单变量时间序列。

1. 自回归模型(AR model)

AR 模型是最早、最淳朴的时间序列模型之一,它适用于"时间-标签"一一对应的单变量时序数据。AR 模型的基本思想可以被概括为一句谚语: 罗马城不是一日建成的,今天的结果一定依赖于过去的积累。因此,AR 模型相信: 一个时间点上的标签值一定是依赖于之前的时间点上的标签值而存在的。这一基本思想包含了如下两个假设。

(1) 不同时间点的标签值之间强相关(highly-correlated),位于时间点 t 的标签值一定强烈地受到 t 之前的标签值的影响。在数学上,这意味着两个时间点的标签值之间的相关系数会较大。

(2) 根据时间的基本属性,两个时间点之间相隔越远,相互之间的影响越弱(例如,昨天是否下雨对今天是否下雨的影响很大,但三个月前的某天是否下雨,对明天是否下雨的影响就相对较小)。

在这两个前提假设下,AR 模型将时间点之间的关系解构为: 一个时间点上的标签值可以由过去某个时间段内的所有时间点上的标签值线性组合后构成(实际就是加权求和)。用数学公式表示则有

$$y_t = c + \beta_1 y_{t-1} + \beta_2 y_{t-2} + \beta_3 y_{t-3} + \cdots \beta_p y_{t-p} + z_t \quad (\text{公式条件}: \beta_p \neq 0)$$

式中，y_t表示在时间点 t 时的标签（训练时这里使用真实标签，预测时这里输出预测标签），y_{t-1}则表示在时间点 t 的前一个时间点 $t-1$ 时的标签值。我们可以根据不同的场景规定 t 与 $t-1$ 之间具体的时间间隔大小，但在同一个时间序列中，t 与 $t-1$ 之间的间隔一定是等同于 $t-n$ 与 $t-(n-1)$ 之间的间隔的。在该公式中，不同的系数 β 乘在每一个时间点的数值之前，表示不同历史时间点的真实标签值以不同的方式影响着当前/未来时间点 t 的真实标签值。很明显，该公式与多元线性回归的方程非常类似，只不过系数 β 的角标逐渐上升（由 1 到 p）的同时，标签 y 的角标在逐渐下降（由 $t-1$ 到 $t-p$，是从未来到过去）。

需要注意的是，该公式中包含两个常数项：c 和 z_t。其中，c 是线性方程中惯例存在的常数项（可以为 0），而 z_t 则代表当前时间点下无法被捕捉到的某些影响，也就是白噪声（white noise）。在统计学/数据挖掘领域中，白噪声相当于是随机变量，独立于任何已经获取的样本或标签数据，因此在时间序列中，白噪声代表着当下时间点可能发生的一切影响标签数值的偶然事件。虽然白噪声序列在不同的统计场景下的定义往往有些区别，在时间序列预测中，最严格的情况下，只有均值为 0、方差为特定 σ_2、服从正态分布的序列才能被称为白噪声序列，在现实中往往无法使用这么严格的条件。由于 c 和 z_t 都是常数，因此往往将它们合并为一个对象 β_0 进行建模：

$$y_t = \beta_0 + \beta_1 y_{t-1} + \beta_2 y_{t-2} + \beta_3 y_{t-3} + \cdots \beta_p y_{t-p}$$

这一公式称为是 **p 阶的自回归模型**，写作 AR(p) 且 $p \neq 0$。

1）自回归模型与多元线性回归模型

（1）线性回归。多元线性回归公式如下：

$$y = w_0 + w_1 x_1 + + w_2 x_2 + \cdots + w_p x_p$$

很明显，自回归模型的公式与多元线性回归相同，因此对自回归模型的建模几乎等同于对多元线性回归的建模。但稍有区别的是，多元线性回归中每个自变量都是一列数据，要求解的标签也是一列数据，但在自回归模型中每个自变量 y 都是一个样本的数值，要求解的标签 y 也是一个样本的数值。即是说，**一个自回归模型只能得出一个样本的结果**。因此，使用 AR 完成一个时间序列预测，是需要建立多个 AR 模型的。因此，在自回归模型中，需要不断地建模来求解“下一个”时间点上的数值。

（2）AR(1) 模型。AR(1) 模型在时间区间 $[0,\ t]$ 上进行训练，在时间区间 $[t+1,\ t+m]$ 上进行预测，t 为现在的时间点，则训练求解 β：

$$\begin{cases} y_1 = \beta_0 + \beta_1 y_0 \\ y_2 = \beta_0 + \beta_1 y_1 \\ y_3 = \beta_0 + \beta_1 y_2 \\ \quad \cdots \\ y_t = \beta_0 + \beta_1 y_{t-1} \end{cases}$$

测试求解 $[y_{(t+1)}, y_{(t+2)}, \cdots, y_{(t+m)}]$：

$$\begin{cases}\hat{y}_{(t+1)} = \beta_\beta + \beta_1 y_t \\ \hat{y}_(t+2) = \beta_0 + \beta_1 \hat{y}_{(t+1)} \\ \hat{y}_(t+3) = \beta_0 + \beta_1 \hat{y}_{(t+2)} \\ \cdots \\ \hat{y}_{(t+m)} = \beta_0 + \hat{y}_{(t+m-1)}\end{cases}$$

(3) AR(p)模型。AR(p)模型在时间区间[0, t]上进行训练，在时间区间[t+1, t+m]上进行预测，t 为现在的时间点，则有训练求解 β：

$$\begin{cases}y_1 = \beta_0 + \beta_1 y_0 + \beta_2 y_{-1} + \cdots + \beta_p y_{(1-p)} \\ y_2 = \beta_0 + \beta_1 y_1 + \beta_2 y_0 + \cdots + \beta_p y_{(2-p)} \\ y_3 = \beta_0 + \beta_1 y_2 + \beta_2 y_1 + \cdots + \beta_p y_{(3-p)} \\ \cdots \\ y_t = \beta_0 + \beta_1 y_{t-1} + \beta_2 y_{t-2} + \cdots + \beta_p y_{(t-p)}\end{cases}$$

测试求解 $[y_{(t+1)}, y_{(t+2)}, \cdots, y_{(t+m)}]$：

$$\begin{cases}\hat{y}_{(t+1)} = \beta_0 + \beta_1 y_t + \beta_2 y_{t-1} + \cdots + \beta_p y_{(t+1-p)} \\ \hat{y}_{(t+2)} = \beta_0 + \beta_1 \hat{y}_{(t+1)} + \beta_2 y_t + \cdots + \beta_p y_{(t+2-p)} \\ \hat{y}_{(t+3)} = \beta_0 + \beta_1 \hat{y}_{(t+2)} + \beta_2 \hat{y}_{t+1} + \cdots + \beta_p y_{(t+3-p)} \\ \cdots \\ \hat{y}_{(t+m)} = \beta_0 + \beta_1 \hat{y}_{(t+m-1)} + \beta_2 \hat{y}_{(t+m-2)} + \cdots + \beta_{(t+m-p)}\end{cases}$$

当然，现在大部分时间序列库会自动帮我们完成这个流程，并不需要人为地多次建模来完成序列预测。观察上面的流程，不难发现自回归模型比多元线性回归多出了一个超参数 p。

2. 移动平均模型(MA model)

MA 模型是不同于 AR 模型的、另一流派的时序模型。虽然与 AR 模型共同发源于经典统计学，但 MA 模型的基本思想和基本假设却与 AR 模型大不相同。**MA 模型的基本思想是：大部分情况下，时间序列应当是相对稳定的。在稳定的基础上，每个时间点上的标签值受过去一段时间内不可预料的各种偶然事件影响而波动。**即在一段时间内，时间序列应该是围绕着某个均值上下波动的序列，时间点上的标签值会围绕着某个均值移动，因此才称为移动平均模型(moving average model)。

MA 模型的思想中包含着统计学家们对时间维度更丰富的理解，该模型作以下假设。

(1) 时间序列的(长期)趋势与时间序列的(短期)波动受不同因素的影响。从长期来看，时间序列可能呈现缓慢上升、缓慢下降或周期性变动的趋势，这种长时间展现出来的周期受历史标签及标签本身属性的影响。但在一段较短时间内，时间序列一定是相对稳定的，令时间序列在短期内波动的因子不是历史标签，而是不可预料的各种偶然事件。

(2) 不同时间点的标签值之间是关联的，但各种偶然事件在不同时间点上产生的影响之间却是相互独立的。这一点与上面的假设是相辅相成的：历史标签影响着时间序列的长期趋势，那历史标签之间自然是相互关联的。相对的，不可预料的偶然事件之间却没有关联。

MA 模型中引入的“偶然事件”这部分思想指出了一个非常关键的点：时间只是我们用于记录数据的一种工具、一串锚点，并不能完全影响一段时间内的标签值，这与现代机器学习领域的理论非常相似。毕竟正如我们之前提过的，影响明日会不会下雨的真正因素并不是“今天”或“昨天”这些时间概念本身，而是风、云、日照等更加客观和科学的因素（这些其实就是 MA 模型认为的“偶然因素”）。不过也能够理解，随着季节的变化，天气也有自己的周期，天气也会存在季节性的周期，因此从长期来看，时间序列的趋势是恒定的。MA 模型的观点着重于某个时间点的值是被难以想象的复杂因素所主导的，而非只受到历史记录影响。

1）MA 模型的数学表示

基于 MA 模型的基本思想，可以用如下公式表示 MA 模型：

$$y_t = \mu + \epsilon_t + \theta_1\epsilon_{t-1} + \theta_2\epsilon_{t-2} + \theta_3\epsilon_{t-3} + \cdots + \theta_q\epsilon_{t-1} \quad （公式条件：\theta_q \neq 0）$$

这一公式称为 ***q* 阶的移动平均模型**，写作 MA(q) 且 $q \neq 0$。不难发现，这个公式虽然看上去也与线性回归非常相似，但建模思路明显有巨大的差别。

公式中的 y_t 表示在时间点 t 的标签值；μ 表示当前时间序列标签的均值；ϵ_t 则表示在时间点 t 时不可预料、不可估计的偶然事件的影响；ϵ_{t-1} 则代表在时间点 $t-1$ 时不可预料、不可估计的偶然事件的影响。不难发现，“偶然事件”这一定义与 AR 模型中白噪声的定义几乎一模一样，它们都是**当前时间点下无法被捕捉到的某些影响**，因此 ϵ 在 MA 模型中就代表当日的“白噪声”，而 AR 模型公式中的 z_t 也可使用 ϵ_t 来表示。在理想条件下，MA 模型规定 ϵ 应当服从均值为 0、标准差为 1 的正态分布，但在实际计算时，MA 模型规定 ϵ 等同于模型的预测值 $\hat{y}_t$ 与真实标签 y_t 之间的差值（residuals），即

$$\epsilon_t = y_t - \hat{y}_t$$

由于偶然事件是无法被预料的，偶然事件带来的影响也是无法被预估的，因此 MA 模型使用预测标签与真实标签之间的差异来代表无法被预料、无法被估计、无法被模型捕捉的偶然事件的影响。MA 模型相信这些影响累加起来共同影响下一个时间点的标签值，因此 y_t 等于所有 ϵ 的线性组合（加权求和）。

在公式中，不同的系数 θ 乘在每一个时间点的差值之前，表示不同时间点发生的各种偶然事件对真实标签值所产生的影响不同，需要注意的是，今天的“偶然事件”ϵ_t 之前没有需要求解的系数（即默认系数为 1），这可能代表今天的“偶然事件”对今天的标签的影响程度是 100%。

在这一公式当中，μ 和 ϵ_t 都是常数项，因此在一些教材当中，我们也会看到将这两项进行合并后整理为 θ_0 来进行求解的情况，但这种写法其实是不严谨的，有以下两个理由。

（1）MA 模型与 AR 模型不同，ϵ_t 虽然在结果上呈现为一个常数（而不是一个需要求解的参数），但它实际上是由标签 y_t 和预测值 $\hat{y}_t$ 的差值计算出来的，并不是在模型估计过程中和常数一样被估计出来的，因此不能将 ϵ_t 当作普通的常数来看待。

（2）常数 μ 与常数 ϵ 对应了 MA 模型假设中的两个部分。MA 模型假设时间序列的

(长期)趋势与时间序列的(短期)波动受不同因素的影响,而在该公式中常数μ对应的是长期趋势,ϵ对应的是短期波动,其代表的含义不同,因此不能一概而论。

2) MA(1)模型

MA(1)模型在时间区间[0, t]上进行训练,在时间区间[t+1, t+m]上进行预测,t为现在的时间点,则有训练求解θ:

$$\begin{cases} y_1 = \mu + \epsilon_1 + \theta_1\epsilon_0 \\ y_2 = \mu + \epsilon_2 + \theta_1\epsilon_1 \\ y_3 = \mu + \epsilon_3 + \theta_1\epsilon_3 \\ \qquad\cdots \\ y_t = \mu + \epsilon_t + \theta_1\epsilon_{(t-1)} \end{cases}$$

测试求解$[y_{(t+1)}, y_{(t+2)}, \cdots, y_{(t+m)}]$:

$$\begin{cases} \hat{y}_{(t+1)} = \mu + \theta_1\epsilon_t \\ \hat{y}_{(t+2)} = \mu + \theta_1\epsilon_{(t+1)} \\ \hat{y}_{(t+3)} = \mu + \theta_1\epsilon_{(t+2)} \\ \qquad\cdots \\ \hat{y}_{(t+m)} = \mu + \theta_1\epsilon_{(t+m-1)} \end{cases}$$

观察上面的式子,一个很明显的点是,在训练的时候,y_t由μ、ϵ_t、$\theta_1\epsilon_{t-1}$三项组成,但在测试的时候$\hat{y}_{(t+1)}$却只由μ和$\theta_1\epsilon_t$两项组成。很明显,测试的时候并不存在与$\hat{y}_{(t+1)}$的角标相匹配的ϵ_{t+1},在MA模型当中测试时的公式与训练时的公式有所不同。以y_1的公式为例:

$$y_1 = \mu + \epsilon_1 + \theta_1\epsilon_0$$

而根据ϵ的定义,有

$$\epsilon_1 = y_{-}\hat{y}_1$$

将ϵ_1的计算方式代入y_1的式子后,不难发现:

$$\begin{cases} y_1 = \mu + \epsilon_1 + \theta_1\epsilon_0 \\ y_1 = \mu + (y_1 - \hat{y}_1) + \theta_1\epsilon_0 \\ \hat{y}_1 = \mu + \theta_1\epsilon_0 \end{cases}$$

因此,在MA模型中,预测值$\hat{y}$和真实值y的计算公式是不相同的。这一点也符合对ϵ的定义,身为当日的“白噪声”,即模型无法捕捉到、无法预测的偶然影响,我们只能记录历史的影响,而无法知晓今天的影响。因此,在使用历史数据进行训练时可以使用历史的ϵ,但在对未来进行预测时我们却无法使用未知的“未来偶然影响”。这一点可以推广到q阶MA模型中。

3) MA(q)模型

MA(q)模型在时间区间[0, t]上进行训练,在时间区间[t+1, t+m]上进行预测,t为现在的时间点,则有训练求解θ:

$$\begin{cases} y_1 = \mu + \epsilon_1 + \theta_1\epsilon_0 + \theta_2\epsilon_{-1} + \cdots + \theta_q\epsilon_{(1-q)} \\ y_2 = \mu + \epsilon_2 + \theta_1\epsilon_1 + \theta_2\epsilon_0 + \cdots + \theta_q\epsilon_{(2-q)} \\ y_3 = \mu + \epsilon_3 + \theta_1\epsilon_2 + \theta_2\epsilon_1 + \cdots + \theta_q\epsilon_{(3-q)} \\ \qquad\qquad\cdots \\ y_t = \mu + \epsilon_t + \theta_1\epsilon_{(t-1)} + \theta_2\epsilon_{(t-2)} + \cdots + \theta_q\epsilon_{(t-q)} \end{cases}$$

测试求解 $[y_{(t+1)}, y_{(t+2)}, \cdots, y_{(t+m)}]$：

$$\begin{cases} \hat{y}_{(t+1)} = \mu + \theta_1\epsilon_t + \theta_2\epsilon_{t-1} + \cdots + \theta_q\epsilon(t+1-q) \\ \hat{y}_{(t+2)} = \mu + \theta_1\epsilon_{t+1} + \theta_2\epsilon_t + \cdots + \theta_q\epsilon(t+2-q) \\ \hat{y}_{(t+3)} = \mu + \theta_1\epsilon_{t+2} + \theta_2\epsilon_{t+1} + \cdots + \theta_q\epsilon(t+3-q) \\ \qquad\qquad\cdots \\ \hat{y}_{(t+m)} = \mu + \theta_1\epsilon_{(t+m-1)} + \theta_2\epsilon_{(t+m-2)} + \cdots + \theta_q\epsilon(t+m-q) \end{cases}$$

5.4　时间序列分析——ARMA 模型

5.4.1　时间序列与 ARMA 模型

ARMA 模型是研究时间序列的重要方法，由自回归（AR）模型与滑动平均（MA）模型为基础“混合”而成，具有适用范围广、预测误差小的特点。

自回归移动平均过程具有随机性的特点，它包括两个不同的部分，即自回归、移动平均。如果前 p 代表一部分的阶数值的上限值，用 q 代表后一部分的阶数值的上限值，那么自回归移动平均过程就可以表示为 ARMA(p, q)。具体表达式如下：

$$x_t = \varphi_1 x_{t-1} + \varphi_2 x_{t-2} + \cdots + \varphi_p x_{t-p} + \varepsilon_t - \theta_1\varepsilon_{t-1} - \theta_2\varepsilon_{t-2} - \cdots - \theta_q\varepsilon_{t-q}$$

式中，$\{\varepsilon_t\}$ 为白噪声；$\varphi_1, \varphi_2, \cdots, \varphi_p$ 为自回归模型的参数；$\theta_1, \theta_2, \cdots, \theta_q$ 为滑动平均模型的参数。

5.4.2　ARMA 模型的建立

1. ARMA 建模步骤

（1）对输入的数据进行判断，判断其是否为平稳非纯随机序列，若平稳则直接进入步骤（2）；若不平稳则进行数据处理，处理后才能进入步骤（2）。

（2）通过自相关和偏自相关函数，并结合 AIC① 或 BIC② 对建立的模型进行模型识别和定阶。

（3）完成模型识别和定阶后，进入模型的参数估计阶段。

（4）完成参数估计后，对拟合的模型进行适应性检验。如果拟合模型通过检验，则开始进行预测阶段。若模型检验不通过，则重新进行模型识别和检验，即重复步骤（2），重

① AIC 表示赤池信息准则（Akaike information criterion）。
② BIC 表示贝叶斯信息准则（Bayesian information criterion）。

新选择模型。

(5) 最后,利用适应性高的拟合模型,来预测序列的未来变化趋势(图 5-6)。

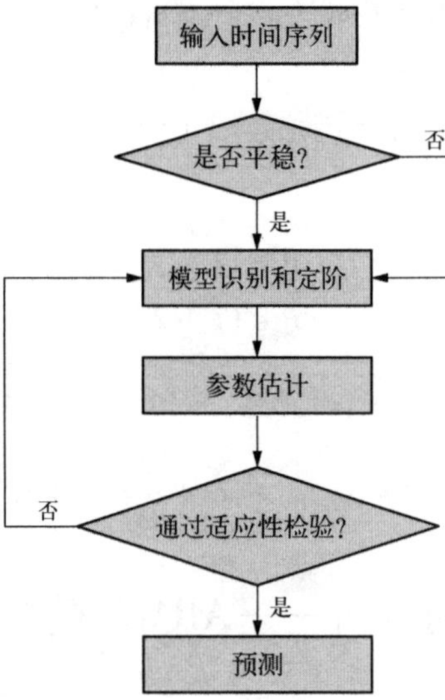

图 5-6　ARMA 模型建模流程

2. 数据的平稳性检验与处理

假如时间序列符合下列要求:对任意时间 t,其均值恒为常数;对于任意的时间 t 与 s,此时间序列的相关系数是由两个时间点之间的时间段决定的,两个时间点的起始点不会造成任何影响,这样的时间序列就是平稳时间序列。

若一个 AR 过程是一个平稳过程,则其特征方程的根绝对值应在单位圆之外;而 MA 过程包含一组有限的、平稳的白噪声的线性组合,因此 MA 过程是“天生”平稳的。ARMA 模型可以看作 AR 模型和 MA 模型的组合,而 MA 过程必定是平稳的。因此,验证 ARMA 模型的平稳性只需检验 AR 部分的平稳性。

平稳性检验的方法有数据图、逆序检验、游程检验、单位根检验、DF(Dickey-Fuller)检验、ADF(augmented Dickey-Fuller)检验等。

在实际中,常常会遇到输入的时间序列经检验是非平稳的,这样就无法采用 ARMA 模型,通常的处理方法是采用差分的方法将其变换为平稳的。经差分后,如果时间序列检验为平稳,就对差分后的时间序列进行处理,便可建立对应的平稳随机过程或模型。一个非平稳时间序列接受了 d 次差分处理并成为平稳序列时,就能够用一个平稳的 ARMA(p, q)模型当作其对应的模型,则称该原始时间序列是一个自回归积分滑动平均时间序列,表示成 ARIMA(p, d, q)。

3. 模型识别和定阶

模型的识别方法一般有两种,一种是自相关函数(autocorrelation function, ACF),另一种是偏自相关函数(partial autocorrelation function, PACF),这两种方法是识别 ARMA 模型最有效的方法。可以采用两种函数的截尾性质来判断该模型的类型,模型的识别方法与截尾性质如表 5-2 所示。

表 5-2 模型的识别方法与截尾性质

模型	ACF	PACF
AR(p)	衰减趋于零	p 阶后截尾
MA(q)	q 阶后截尾	衰减趋于零
ARMA(p, q)	q 阶后衰减趋于零	p 阶后衰减趋于零

使用自相关函数和偏自相关函数的截尾来判断模型为 ARMA 模型时,并不能确定 p 和 q 的阶数,为了比较精确地确定 p 和 q 的阶数,就必须与常用的定阶准则联合起来应用,如今应用最为广泛的是小信息量准则(AIC)和 BIC。

AIC 是拟合精度和参数个数的加权函数,使 AIC 函数达到最小值的模型认为是最优模型。设 $\{X_t, 1 \leqslant t \leqslant N\}$ 为一时间序列的样本,用 AR(n)模型来对其进行描述。$\hat{\sigma}_\varepsilon^2$ 是拟合残差方差,定义 AIC 函数如下:

$$\mathrm{AIC}(n) = N\ln\hat{\sigma}_\varepsilon^2(n) + 2(n+1)$$
$$\mathrm{AIC}(p_0) = \min_{1 \leqslant n \leqslant M(N)} \mathrm{AIC}(n)$$

式中,$M(N)$ 等于 $[\sqrt{N}]$ 或 $\left[\frac{N}{10}\right]$,取 p_0 为最佳自回归模型阶数。

BIC 定义如下:

$$\mathrm{BIC}(n) = \ln\hat{\sigma}_\varepsilon^2(n) + \frac{n}{N}\ln N$$

式中,n 为参数个数。若某一阶数 n_0' 满足:

$$\mathrm{BIC}(n'_0) = \min_{1 \leqslant n \leqslant M(N)} \mathrm{BIC}(n)$$

式中,$M(N)$ 等于 $[\sqrt{N}]$ 或 $\left[\frac{N}{10}\right]$,则 n_0' 为最佳系数。

4. 模型参数估计和适应性检验

任何 ARMA 或 MA 过程都可以用一个无限阶的 AR 过程表示,所以如果选择了一个不合适的模型,但只要模型的阶数足够高,它仍然能够比较好地逼近被建模的随机过程。在这三种参数模型中,AR 模型得到了普遍应用,其原因是 AR 模型的参数计算过程是线性方程,比较简便。MA 模型一般需要数量很多的参数;ARMA 模型虽然所需的参数数量最少,但参数估计的算法是非线性方程组,其运算远比 AR 模型复杂。再考虑到任意 ARMA 或 MA 信号模型可以用无限阶或阶数足够大的 AR 模型来表示,就将 ARMA 模型转换为 AR 模型,并用 Bury 递推算法求解参数。

5.5 信号去噪

5.5.1 噪声概念和分类

噪声是信息信号在传输过程中所受到的各种各样干扰信号的总成,其直接影响信号的传输质量,甚至破坏正常的信号。通俗地,噪声定义为信号中的无用信号成分,噪声信号混杂在原始信号中,引起信号的失真。

噪声也可以指包含很多频率的信号,即信号的频谱呈现随机性。噪声无处不在,在一些场合,噪声可以被利用,进而分析和观察系统的输出特性。

为了排除噪声的影响,数字信号处理(digital signal processing, DSP)最重要的应用之一是消除信号中的噪声。

1. 按照噪声对信号的干扰形式分:可分为加性噪声和乘性噪声

加性噪声:噪声和信道内传输的信号之间存在着相互叠加的关系,其特点是噪声是独立存在的,与信道信号的有无无关,其对信号传输质量影响较大。加性噪声在实际应用中只能设法减小,无法被彻底清除。

乘性噪声:噪声和信道内传输的信号之间存在相乘的关系,随着信号的存在而存在,当信号消失后,乘性噪声也将湮没。

2. 按照噪声的功率谱分:可分为白噪声和有色噪声

白噪声:功率谱密度在整个频域内是常数的噪声。所有频率具有相同能量密度的随机噪声称为白噪声。若噪声的概率密度函数同时服从高斯分布,则称为高斯白噪声。

有色噪声:功率谱密度函数不平坦的噪声,包括红噪声、粉噪声和蓝噪声等。

红噪声:红噪声也称为布朗噪声,为随机移动噪声。红噪声的功率谱密度与其频率成反比,即该类噪声在低频时有较大的能量。根据“布朗运动瞬时速度为零均值不相关白噪声”的布朗运动规律,布朗运动是对白噪声进行积分而来的。

粉噪声:粉噪声介于白噪声和红噪声之间,在很宽频率范围内用等比例频带宽度测量时,频谱连续而均匀。在给定频率范围内(不含直流成分),随着频率的增加,其功率密度每倍频程下降 3 dB(密度与频率成反比)。

蓝噪声:在有限频率范围内,功率密度随频率的增加而每倍频增长 3 dB(密度正比于频率)。蓝噪声与粉噪声相对,与粉噪声正好相反,低频声音变得更弱,高频声音变得更强。一般地,将白噪声的低频部分加以抑制,高频部分增强,即可得到蓝噪声。

紫噪声:在有限频率范围内,功率密度随频率的增加而每倍频增长 6 dB(密度正比于频率的平方值)。其与红噪声相对,该类噪声在高频处有较大能量。

灰噪声:灰噪声是一种介于白噪声和粉红噪声之间的噪声,其频谱能量在不同频率上略有变化。

黑噪声:黑噪声又称为静止噪声,它是一种具有危害性的噪声。其频率在 20 000 Hz 以上,在一定程度上类似于超声波的噪声,这种黑噪声就像“黑光”一样,由于频率太高而使人们无法感知,但它仍然会对周围的环境构成影响,是一种有危害的噪声。在信号处理中,我们经常会提及狄拉克(Dirac)函数或单位脉冲,这种脉冲是指具有零宽度和无限高电平的信号。

总体而言,噪声是一个随机过程,而随机过程有其功率谱密度,功率谱密度函数的形状决定了噪声的“颜色”。

5.5.2　时域降噪方法

1. 噪声评价指标

1）信噪比

信噪比(signal-to-noise ratio, SNR)，指信号功率与噪声功率的比，也是幅度平方的比。信噪比是衡量降噪程度最直观的量，信噪比越大，信号中包含的噪声越少，降噪效果越明显。对于信号 X,SNR 可表示为

$$SNR = 10 * \lg(P\_signal/P\_noise)$$

式中，P_signal 是信号的功率；P_noise 是噪声的功率。

一般地，用分贝对信噪比进行度量，可表示为

$$SNR(dB) = 10 * \lg(SNR)$$

注：① 上述 X 指准备求信噪比的有用信号，有用信号通常指的是纯净信号；② 上述 N 指纯噪声，指的是滤波后的信号减去纯净信号，并不是滤波后的信号减去滤波前的信号。

2）波形相似参数

波形相似系数(normalized correlation coefficient, NCC)反映去噪前后信号波形的整体相似度，不能表征波形振荡变化的细节，NCC 越接近 1，信号之间的相关性越高，其可表示为

$$NCC = (X * Y)/(||X|| * ||Y||)$$

式中，X 和 Y 是去噪前后信号向量；$||X||$ 和 $||Y||$ 是信号向量的欧几里得范数。

3）均方误差

均方误差(mean-square error, MSE)是衡量“平均误差”的较为方便的方法，可以评价数据的变化程度，均方误差可反映去噪前后信号的差异程度，MSE 越小，说明降噪效果越好，其计算公式为

$$MSE = (1/n) * \Sigma(X_i - Y_i)^2$$

式中，X_i 是去噪前的信号；Y_i 是去噪后的信号；n 是信号的长度。

4）均方根误差

均方根误差(root mean square error, RMSE)也称方均根偏移，是一种常用的测量数值之间差异的量度，RMES 越小，降噪效果越好。

2. 平滑降噪

1）滑动平均的基本原理

滑动平均(moving average)是一种时域滤波方法，其基本原理是设定一个滑动窗口，该滑动窗口沿着原始数据时序方向移动，每次移动时计算当前窗口的平均值作为滤波值，最终得到滑动平均序列，其过程可表示为图 5-7。

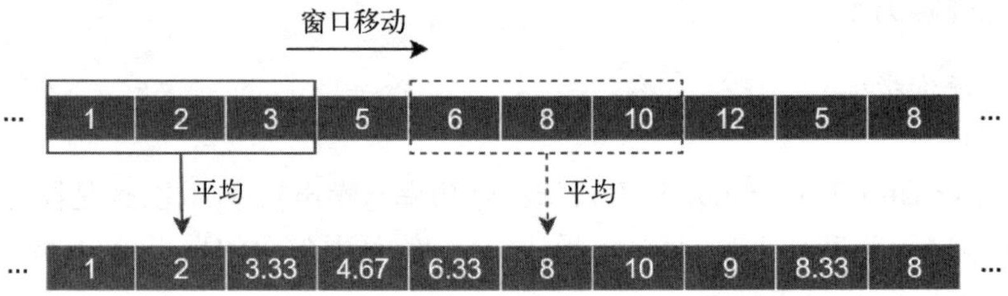

图 5－7　滑动平均滤波

滑动窗口为对称窗口，防止出现相位偏差，窗口长度一般为奇数。特别地，滑动平均的滤波效果取决于滑动窗的长度，一般情况下，长度越大，平滑效果越好，但窗口选择过大时可能出现过平滑，湮没有效信号，且滑动平均滤波对边缘数据的处理效果不佳。

2）SG 滤波基本原理

SG(Savitzky-Golay)滤波是一种广泛使用的数据平滑滤波降噪方法，其基于曲线局部特征进行多项式拟合，应用最小二乘法确定加权系数进行移动窗口加权平均，重构的数据能够较好地保留局部特征，不受时间及空间尺度的影响。

不难发现，在使用 SG 滤波进行降噪时，窗口长度、多项式拟合阶次对降噪结果起着至关重要的作用。窗口长度越长，单次参与拟合的数据量越多；多项式拟合阶次越高，单次拟合的结果越接近原始信号，保留的细节越多。但是过高的阶次可能出现过拟合，产生新的噪声。

3. 奇异值分解降噪

奇异值分解(singular value decomposition, SVD)是一种用于对矩阵进行分解的数学技术，它能够将矩阵分解为三个部分：左奇异矩阵 U、奇异值矩阵 Σ 和右奇异矩阵 V^{T}。SVD 被广泛应用于信号处理领域，尤其是噪声处理和数据降维。在处理含有噪声的时间序列时，SVD 可以帮助去除随机噪声，恢复较为准确的信号。具体来说，SVD 降噪的基本步骤如下。

1）构造 Hankel 矩阵

设 X 为一个含噪声的时间序列，由理想信号 S 和噪声信号 N 组成，即：$X=S+N$。将矩阵 X 转化为 Hankel 矩阵形式，表示如下。

当行索引是偶数时：

$$X_{e} = X\_\{i + j - 1\}$$

当行索引是奇数时：

$$X_{h} = X\_\{i + j - 1\}$$

2）奇异值分解(SVD)

对含噪矩阵 X 进行奇异值分解，得到三部分：$X = U\Sigma V^{T}$，其中：U 是左奇异矩阵，大小为 $m\times m$；Σ 是奇异值矩阵，大小为 $m\times n$，对角线上的元素为奇异值，其他元素为零；V 是右奇异矩阵，大小为 $n\times n$。

3）降噪处理

从奇异值矩阵 Σ 中选择较大的奇异值，忽略较小的奇异值（通常是噪声成分），即保留前 k 个较大的奇异值，将其余奇异值置为零，得到一个新的对角矩阵：

$$\Sigma' = \mathrm{diag}(\sigma_1, \sigma_2, \cdots, \sigma_k, 0, \cdots, 0)$$

式中，$\sigma_1, \sigma_2, \cdots, \sigma_k$ 是较大的奇异值，通常是代表信号的主要变化成分，其余的零奇异值代表噪声。

4）重构信号

最后，通过修复后的 Σ'，以及左、右正交矩阵 U 和 V^{T}，重构新的信号矩阵 X'：

$$X' = U\Sigma' V^{\mathrm{T}}$$

重新恢复为一维信号的形式，即为去噪后的理想信号。

5.6　机器学习方法

当应用机器学习方法，如支持向量机（support vector machine, SVM）和神经网络（neural network, NN）来处理时间序列数据时，通常涉及预测（回归）或分类两种主要任务。这些方法可以有效地捕捉时间序列中的复杂模式和趋势，从而提高预测准确性或分类精度。

5.6.1　基于支持向量机的时间序列预测

1. 概念

SVM 是一种常用于分类和回归问题的机器学习算法。尽管 SVM 最初设计用于处理分类问题，但也可以在一定程度上应用于时间序列预测。

基于支持向量机的时间序列预测步骤如下。

（1）数据准备：将时间序列数据转化为监督学习问题的形式。这涉及将时间序列数据转化为具有输入和输出的训练样本。一种常见的方法是使用滞后观察的方式，例如使用前几个时间点的观察值作为输入特征，将下一个时间点的观察值作为输出标签。

（2）特征工程：在时间序列预测中，通常需要进行特征工程来提取合适的特征。这可能包括滑动窗口统计特征、自回归特征、移动平均特征等，这些特征的选择取决于特定时间序列的性质和领域知识。

（3）模型训练：使用支持向量机算法对训练数据进行拟合。在 SVM 中，常用的核函数有线性核、多项式核和径向基函数（radial basis function, RBF）核。选择合适的核函数和调整相应的超参数，如正则化参数 C 和核函数参数，以获得较好的拟合效果。

（4）模型评估：使用测试数据评估训练好的 SVM 模型的性能，可以使用一些指标，如均方根误差（RMSE）、平均绝对误差（MAE）等来度量预测结果与实际值之间的差异。

（5）预测结果：使用训练好的 SVM 模型对未来的时间序列数据进行预测。

需要注意的是，SVM 在时间序列预测中可能受到序列相关性的影响，特别是如果时间序列存在较强的序列相关性时,SVM 可能无法捕捉到序列内在的动态特性。因此,在应用 SVM 进行时间序列预测时,建议先进行序列平稳性分析,并结合适当的特征工程方法来提取有意义的特征,以帮助提高预测性能。此外,还可以尝试其他专门针对时间序列的机器学习算法,如循环神经网络(recurrent neural network, RNN)和长短期记忆网络(long short-term memory, LSTM),以获得更好的预测结果。

2. 应用

SVM 在时间序列中的应用: SVM 是一种监督学习算法,主要用于分类和回归任务。在时间序列数据的应用中,SVM 通常用来解决以下问题。

(1) 时序预测: SVM 可以用于时间序列预测问题,其中输入是过去的时间序列数据,输出是未来的值或趋势。对于回归任务,SVM 通过构建一个能够最大化间隔的超平面来进行预测,使得预测值与实际值之间的误差最小化。

(2) 异常检测: SVM 在时间序列中可以用来检测异常点或异常行为。通过训练一个 SVM 模型,可以识别与正常模式不同的模式,从而捕捉异常情况。

(3) 分类: SVM 也可以用于时间序列数据的分类任务,例如基于时间序列数据的特征来对不同的类别进行分类。

在实际应用中,SVM 需要注意的一些问题包括选择合适的核函数(如线性核、多项式核、径向基函数核等)及优化超参数(如惩罚参数 C 和核函数参数)来提高空模拟型的性能和泛化能力。

5.6.2 神经网络在时间序列中的应用

1. 概述

神经网络是一种强大的模型,能够处理复杂的非线性关系和时序数据。在时间序列数据中,神经网络的应用包括如下。

1) 时序预测

RNN 和其变种(如 LSTM)是处理时间序列预测任务最常见的神经网络架构。RNN 和 LSTM 能够记忆和利用之前时间步的信息,从而更好地预测未来的序列值。

2) 特征学习

神经网络能够从时间序列数据中自动学习特征表示,这些特征可以帮助提高预测或分类的准确性。通过堆叠多层神经网络(深度神经网络),可以学习复杂的时序数据的抽象表示。

3) 异常检测和分类

类似于 SVM,神经网络也可以用于检测时间序列中的异常或执行分类任务。

2. 神经网络模型

1) RNN

RNN 是一种神经网络结构,它们具有循环连接的神经元,使得网络具有内存功能。这种内存功能使得 RNN 能够处理时间序列数据,因为它可以在时间步骤之间传递信息。

RNN 的基本结构包括输入层、隐藏层和输出层。输入层接收时间序列的输入,隐藏层进行信息处理,输出层产生预测。在RNN的每个时间步骤,隐藏层的神经元会接收当前时间步骤的输入,并与之前时间步骤的隐藏层状态进行相加。这种操作称为“更新隐藏状态”。然后,这个更新后的隐藏状态被传递到下一个时间步骤,直到预测完成。

2）LSTM

LSTM是RNN的一种变体,它们具有更强的长期记忆能力。LSTM的核心组件是“门”(gate),控制信息在时间步骤之间的流动。LSTM的三个主要门是输入门(input gate)、遗忘门(forget gate)和输出门(output gate),这些门决定了哪些信息被保留、更新或丢弃。

LSTM的另一个关键组件是“细胞状态”(cell state),用于存储长期信息。细胞状态在时间步骤之间保持不变,这使得LSTM能够捕捉序列中的长期依赖关系。

3）gates

gates是LSTM中的关键组件,它们控制信息在时间步骤之间的流动。gates是sigmoid函数的输出,范围在0~1。gates的作用是选择哪些信息被保留、更新或丢弃。

3. 核心算法原理和具体操作步骤,以及数学模型公式详细讲解

1）RNN的基本结构和算法

RNN的算法步骤如下。

(1) 初始化隐藏状态为零向量。

(2) 对于每个时间步骤：① 计算当前时间步骤的输入与隐藏状态的和;② 通过隐藏层的激活函数得到隐藏层的输出;③ 更新隐藏状态;④ 通过输出层的激活函数得到输出。

(3) 返回输出。

2）LSTM的基本结构和算法

LSTM的基本结构包括输入层、隐藏层和输出层。隐藏层包含三个主要门：输入门、遗忘门和输出门。隐藏层还包含一个细胞状态,用于存储长期信息。

LSTM的算法步骤如下。

(1) 初始化隐藏状态为零向量。

(2) 对于每个时间步骤：① 计算当前时间步骤的输入与隐藏状态的和;② 通过隐藏层的激活函数得到隐藏层的输出;③ 更新隐藏状态;④ 通过输出层的激活函数得到输出。

(3) 返回输出。

3）数学模型公式详细讲解

RNN和LSTM的数学模型可以用以下公式表示。

RNN：

$$h_t = \tanh(W_{hh}h_{t-1} + W_{xh}x_t + b_h)$$
$$\hat{y}_t = W_{hy}h_t + b_y$$

式中,h_t是隐藏层的状态;x_t是输入;W_{hh}、W_{xh}、W_{hy}是权重矩阵;b_h和b_y是偏置向量。

LSTM：

$$\begin{cases} f_t = \sigma(W_{xf}x_t + W_{hf}h_{t-1} + b_f) \\ i_t = \sigma(W_{xi}x_t + W_{hi}h_{t-1} + b_i) \\ o_t = \sigma(W_{xo}x_t + W_{ho}h_{t-1} + b_o) \\ g_t = \tanh(W_{xg}x_t + W_{hg}h_{t-1} + b_g) \\ C_t = f_t \circ C_{t-1} + i_t \circ g_t \\ h_t = o_t \circ \tanh(C_t) \end{cases}$$

式中,f_t、i_t、o_t和 g_t分别是输入门、遗忘门、输出门和激活门;C_t是细胞状态;W_{xf}、W_{hf}、W_{xi}、W_{hi}、W_{xo}、W_{ho}、W_{xg}、W_{hg}是权重矩阵;b_f、b_i、b_o、b_g是偏置向量;○表示元素级别的乘法。通过这些公式,LSTM 能够有效地处理长序列依赖性的问题,因为它能根据每个时间步的输入和状态进行门控制和记忆调整。

习　题

5.1 时间序列数据的种类都有哪些?

5.2 常规的数据处理方法中,对比分析 FFT、IFFT 及 STFT 的差异所在,分析各处理方法的应用场景。

5.3 简述几种信号去噪的方法。

第 6 章

图像类数据的智能分析

随着数字化时代的到来，图像数据的生成和存储大幅增加，涵盖了从个人生活到工业制造的各个领域。传感器技术的进步使得摄像头和图像采集设备普及化，同时计算能力的提升和机器学习算法的发展，推动了图像数据智能分析技术的快速发展。随着计算机视觉的突破：深度学习算法，如卷积神经网络(convolutional neural network，CNN)、生成对抗网络(generative adversarial network，GAN)等，使得图像分类、目标检测、语义分割等任务取得了显著进展。本章首先介绍目前常用的一些图像处理技术，在此基础上，针对几种不同类型的图像，重点介绍基于机器视觉的图像处理方法、表面检测技术、基于光谱数据的图像处理、三位重构技术。

6.1 图像处理方法

6.1.1 图像处理方法概述

图像是对视觉信息的一种表达形式，数字图像作为传统图像的数字化表达，其通过扫描、拍摄或直接生成的方式从物理介质转换而来，或者直接以电子文件形式存在。相较于传统图像，数字图像摆脱了对纸张、胶片等物理介质的依赖，可以通过计算机、手机等设备存储。

图像处理则是指通过对数字图像进行计算机处理，来改善图像质量、增强特定特征或提取有用信息的技术和方法。早期的图像处理主要是利用模拟技术，如光学和电子方法，用于图像的增强和分析。随着计算机技术的进步，图像处理能力大幅提升，使人们对图像的处理可以从简单的像素操作到复杂的算法应用，如数字滤波、变换和压缩等。

图像处理常用的方法包括图像预处理、特征提取和图像分析。预处理通常用于提升图像质量或适配后续操作，常见步骤有去噪、灰度化、二值化及几何变换；特征提取则通过边缘检测、纹理分析或颜色分析等手段，获取图像中重要的特征信息，为分类或目标识别提供支持；图像分析则进一步实现分割、匹配或目标检测等功能，从图像中提取有价值的信息。近年来，随着计算机领域的发展，基于深度学习的图像处理技术(如卷积神经网络)发展迅速，大幅提升了处理复杂图像任务的效率和准确性。

通过图像处理，增强图像质量、提取关键信息和压缩数据，可以显著提升图像的可用性和效率，在医疗成像、安防监控、自动驾驶等领域可实现自动化分析和识别，推动了科技发展。一些智能应用采用图像处理技术结合机器学习,如面部识别和虚拟现实,同时节省了存储空间和带宽资源。可以说图像处理的广泛应用促进了各行业的创新和进步。

6.1.2 图像处理的主要技术

图像处理的主要技术包括图像预处理、图像特征提取、图像分割、图像匹配、目标检测与识别,以及基于深度学习的图像处理方法。

(1) 图像预处理:图像预处理是图像处理的第一步,目的是提升图像质量或为后续操作做好准备。常见的预处理操作包括去噪、灰度化、二值化和几何变换。去噪是指通过滤波方法减少图像中的噪声干扰,常用的技术有均值滤波和高斯滤波;灰度化则是将彩色图像转换为灰度图像,减少计算复杂度,简化处理流程;二值化通过将像素值划分为两类,突出目标区域的轮廓和细节;几何变换则用于调整图像的尺寸和形态,例如旋转和缩放。

(2) 图像特征提取:特征提取是从图像中获取描述性信息的关键步骤,其准确与否会直接影响到后续分类、识别和分割等关键图像处理步骤的准度,主要包含边缘检测、纹理分析和颜色特征提取。边缘检测是特征提取的重要方法,用于识别目标的轮廓并分析其形状,常用技术包括 Sobel 算子和 Canny 算子。纹理分析通过统计特征或频域特征捕捉图像的局部模式,揭示图像的结构特征。颜色特征提取则主要用于分析图像在不同颜色空间中的分布,该技术被广泛应用于图像分类、检索等任务。对建筑模型的特征提取如图 6-1 所示。

(a) 原始图片　　(b) 轮廓特征

图 6-1　对建筑模型的特征提取

(3) 图像分割技术:图像分割是将图像划分为具有特定意义的区域,其目的是提取目标对象或所要研究的区域,以便进一步分析和处理。阈值分割作为其中一种简单且高效的方法,通过像素值的差异来区分图片的前景和背景;区域生长方法从初始点开始,根据像素之间的相似性逐步扩展区域;边缘分割则基于边缘检测技术来分离区域,其能够突出目标的边界特征。同时,随着近些年计算机领域的发展,现代的图像分割技术则更倾向于使用机器学习和深度学习算法,例如 U-Net 和 Mask R-CNN,它们能够高效处理复杂场景中的多目标分割任务,尤其在医疗影像分析和自动驾驶领域应用广泛。

(4) 图像匹配技术:图像匹配技术用来对齐、比较和识别不同图像中的相似内容,是图像拼接、目标检测和视频分析的重要工具。特征点匹配作为一种主流方法,通过提取图像中的关键点并计算相似度来实现匹配,常用算法包括尺度不变特征变换(scale-invariant feature transform, SIFT)算法和定向快速特征检测与旋转描述(oriented fast and rotated

brief, ORB)算法。模板匹配则通过滑动模板在图像中寻找最佳匹配区域,适用于模式识别任务。光流法则主要用于分析图像中像素的动态变化,常用于视频跟踪和运动轨迹分析,为动态场景的研究提供支持。

(5) 目标检测与识别技术:目标检测与识别技术旨在从图像中定位目标并确定其类别。这项技术经历了从传统方法到深度学习模型的快速发展。早期的方法如 Haar 级联分类器和基于方向梯度直方图(histogram of oriented gradient, HOG)特征的支持向量机可以用于一些简单检测场景,但在复杂环境中,其存在多目标检测能力弱、对噪声和环境变化非常敏感及特征表达能力有限等缺陷,导致其无法满足复杂环境的实际检测需求。因此,深度学习模型,如 YOLO 和 SSD(single shot multibox detector)等逐渐成为主流。现代深度学习模型,如 YOLO、SSD 和 Faster R-CNN,通过卷积神经网络学习图像特征,不仅实现了高精度,还具备实时检测能力。这些方法在自动驾驶、安防监控和人脸识别等领域得到了广泛应用,不仅能精准识别目标类别,还能准确标定目标位置。

(6) 基于深度学习的图像处理技术:深度学习作为图像处理领域的核心技术,通过卷积神经网络和生成对抗网络等模型,显著提升了图像分析的能力。在图像分类任务中,模型(如 ResNet 和 EfficientNet)可以对大规模数据进行高效分类;分割任务中,U-Net 等模型能够精确提取像素级目标区域;超分辨率技术则通过深度学习将低分辨率图像还原为高清图像,广泛应用于影像增强和修复。生成对抗网络在图像生成、风格迁移和缺损修复中表现出色,为图像处理带来了创造性的解决方案。深度学习技术的引入,不仅提升了传统任务的表现,也为图像处理的创新打开了新的大门。

6.1.3 图像处理技术未来发展趋势与挑战

未来,图像处理技术将围绕着深度学习的应用、图像生成技术的突破、物联网与大数据的融合及算法优化等多个方面展开。这些趋势不仅代表了技术的前沿方向,也反映了图像处理在各行各业中的广泛应用潜力。

首先,深度学习技术的广泛应用将继续推动图像处理技术的革命。特别是 CNN 在图像分类、检测、分割和识别等方面的强大能力,使其在视觉任务中的表现越来越突出。随着深度学习模型的不断优化和训练数据的增加,图像处理将变得更加精准和高效。例如,CNN 不仅能够在传统的视觉任务中取得优秀成绩,还能用于更复杂的任务,如医学影像分析、自动驾驶中的目标检测等。深度学习的持续进步将进一步推动图像处理技术的智能化,使得其在自动化、实时性和准确性方面取得更大突破。

其次,图像生成技术的兴起,尤其是 GAN 等技术的快速发展,已经成为图像处理领域的一个重要研究热点。GAN 通过对抗训练方式,可以生成逼真且高质量的图像,甚至可以根据特定需求进行图像增强、风格迁移、图像修复等。随着生成模型的不断进步,图像生成技术不仅将带来创意产业的革新,还可能在虚拟现实(virtual reality, VR)、增强现实(augmented reality, AR)等领域开辟新的应用空间。例如,GAN 可用于虚拟人物或场景的快速生成,甚至可以在医疗影像领域用于生成合成数据,帮助训练更强大的模型。

物联网和大数据的结合也将极大促进图像分析技术的应用。随着传感器技术的发展,越来越多的图像数据通过物联网设备进行采集,这为图像处理技术提供了丰富的数据源。结合大数据技术,图像分析将在智能城市、智能医疗等领域发挥巨大的作用。在智能城市中,通过视频监控和图像识别,可以实现实时的交通监控、公共安全预警等功能;在智能医疗中,图像处理技术可以辅助医生进行疾病诊断、病灶定位等,提高医疗服务的效率和精度。

此外,算法优化将是图像处理技术发展的另一个关键因素。随着计算能力的提升,图像处理算法将更加高效,能够在更短的时间内处理更大规模的图像数据。这一趋势不仅有助于提高图像处理的速度,还将推动实时图像处理应用的发展,如无人驾驶、实时监控等领域。然而,尽管计算资源不断提升,如何在保障计算效率的同时降低能耗和资源消耗,仍然是一个亟待解决的难题。

尽管图像处理技术前景广阔,但仍面临一些挑战。数据不均衡问题是影响模型性能的一大瓶颈,尤其是在特定领域中,样本不平衡可能导致模型识别效果不佳;模型解释性问题使得深度学习模型的"黑盒"性质限制了其在一些关键领域的应用;计算能力限制仍然是图像处理大规模应用的瓶颈,尤其是在边缘计算和实时处理需求日益增加的背景下;此外,随着大数据时代的到来,尤其是在医疗、监控等领域,数据隐私和安全问题变得愈发重要。

总之,图像处理技术的未来将充满机遇与挑战。随着技术的不断进步,图像处理不仅将在传统领域中发挥作用,还将在新的应用场景中得到广泛应用,推动各行各业的智能化发展。同时,如何应对数据隐私、计算复杂度等挑战,将是技术可持续发展的关键。

6.2 颗粒与液滴类图像处理

6.2.1 图像处理背景

固体火箭发动机中,为了提高推进剂的能量密度和比冲,抑制燃烧不稳定的发生,会在固体推进剂中添加金属铝粉。但是伴随着推进剂比冲的提高,铝粉的加入也会对发动机产生一些不利的影响。铝颗粒燃烧产生的凝相粒子产物,会在火箭发动机的燃烧室中发生堆积,高温的燃烧产物与发动机的绝热层接触加剧了绝热层的烧蚀。

铝颗粒的团聚过程可以总结为:聚集、烧结、分离、团聚。推进剂燃烧时,黏结剂受热分解产生的中间产物和其熔化物在推进剂的表面上形成一个薄薄的液态表面反应层,温度为675~975 K,此时,铝被加热熔化,同时与氧化性气体接触的表面的铝被氧化成氧化铝。由于氧化铝的熔点为2 323 K,其附着在表面并不发生熔解,因此会将铝包裹住,呈现颗粒态。在表面反应层表面张力和黏附力的作用下,该铝颗粒滞留在表面反应层内。若铝的尺寸小于表面反应层的厚度并随着其以等燃速的速度后退时,留在其中的铝颗粒相遇,形成铝的积聚。当积聚的铝颗粒的温度升高到铝的熔点时,铝颗粒受热膨胀,由于氧化铝的热胀系数小于铝的热胀系数,表面的固态氧化铝膜破裂,液态的铝从裂缝中流出,紧密接触部分的铝连接成块,形成不规则形状的团聚体。推进剂中铝的燃烧如图6-2所示。

随着推进剂的分解,燃烧表面持续热反馈,以及由于迅速在表面产生固相产物而产生拉力,较小的铝颗粒在垂直于燃烧表面的方向上逐渐粘连,形成类珊瑚状的产物。当珊瑚

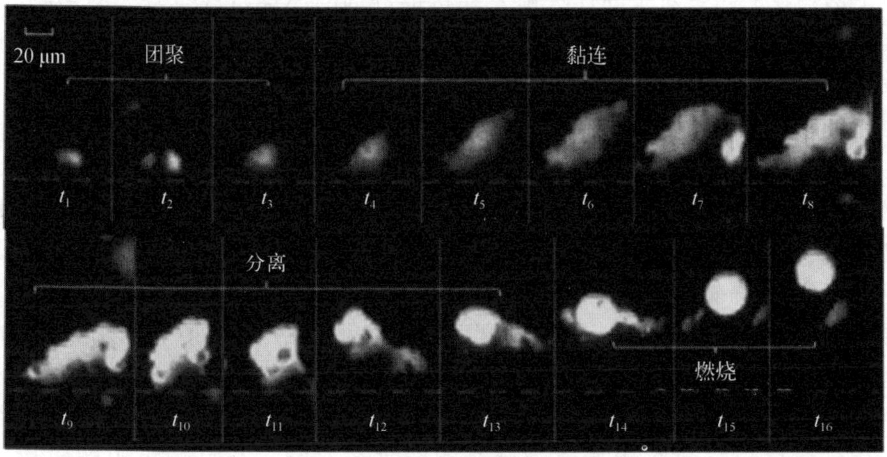

图 6-2　推进剂中铝的燃烧

状产物离开燃烧表面时，其温度进一步增加，熔融部分彻底融合，然后在表面张力的作用下坍缩成一个球形液滴。熔融氧化铝通过张力在液滴一侧团聚，形成氧化帽结构。最终，当固相产物和扩散火焰接触时，推进剂中的铝被点燃。推进剂中的铝颗粒主要经历暴露、团聚和在表面上粘连的过程，形成珊瑚状的初始固相产物。然后，团聚体逐渐转变为一个带有氧化帽的球形。

初始燃烧产物离开燃烧表面，进入气流中，形成带有氧化帽的固相产物，固相产物在气流中燃烧。由于气流中有大量的粒子，固相产物之间频繁发生碰撞，产生瞬间的融合和分离现象。铝团聚，离开推进剂燃烧表面后在气相区发生燃烧，随着气流喷出喷管。气流中的铝颗粒变化如图 6-3 所示。

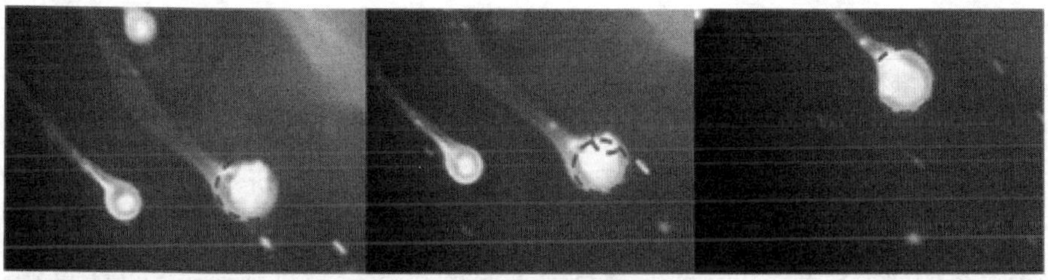

(a) 气流中铝颗粒的二次聚变

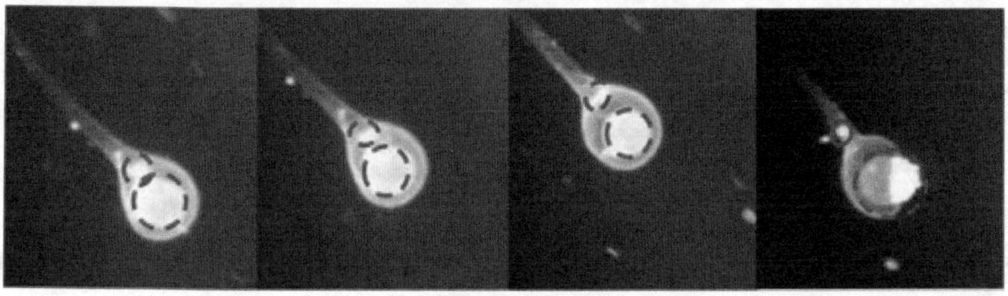

(b) 气流中发生分离

图 6-3　气流中的铝颗粒变化

由于铝颗粒的团聚对于固体火箭发动机推进剂的燃烧特性有较大的影响。同时,对真实流场下铝团聚的研究,可以让研究人员更好地了解推进剂燃烧时铝颗粒的形成与团聚过程,研究铝颗粒在发动机中的生长,从而进一步开展更深入的试验研究,因此需要对流场中铝颗粒的形成过程中的一些关键参数进行获取,如颗粒粒径、颗粒速度等。

然而,在推进剂燃烧过程中,受燃烧压强、燃气流动及声场振荡等因素的影响,铝在推进剂燃烧场中的燃烧过程十分复杂,并且其反应速度快、反应区域厚度薄、燃烧颗粒运动速度较快,使得铝颗粒瞬时动态燃烧过程及颗粒粒径的精细化测量对于时间和空间的要求较高,仅获得少量在焦平面上的颗粒信息已无法满足研究需求,需要光测系统具有较大景深的能力,获取整个燃烧场宽空间范围内的颗粒信息,这使得传统的光学测量方法较难实现。因此,有研究者开发了新的方法,将激光数字全息技术及多种技术应用到燃烧颗粒动态测量中对燃烧颗粒进行研究。全息拍摄铝颗粒运动如图6-4所示。

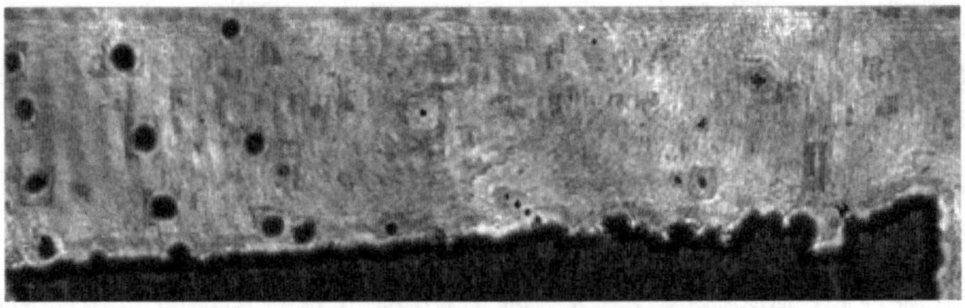

图6-4 全息拍摄铝颗粒运动

由于激光全息能在更大的视场中同时记录下多个粒子的位置,激光全息技术具有非接触式测量,不会对被测流场产生干扰的优点。同时,激光光源的引入,能够分辨燃烧铝颗粒的气相火焰区与凝相颗粒区,避免火焰辐射发光对铝颗粒粒径的测量干扰,从而可以准确获得燃烧颗粒的真实粒径及粒径的变化。研究者在获得全息图片后,通过所开发出的图片处理算法对图片内容进行处理,便可以得到燃烧过程中的粒径变化,获得燃烧颗粒的速度及燃烧过程的时间,可以更好地研究推进剂中铝燃烧的行为。

基于上述的研究背景,本节首先对目前主流的目标检测算法——YOLO算法进行介绍,其中包含该算法的发展过程及检测原理,并且基于YOLO算法对一些典型的铝颗粒发展图片进行识别与处理,希望读者进一步了解YOLO算法在对图片进行目标检测时的操作方法与过程。

6.2.2 YOLO目标检测算法

1. YOLO目标检测算法发展过程

最初的YOLO模型是Joseph Redmon等在2016年提出的,并在随后的几年中不断得到改进优化。这一算法一提出就以快速著称,基础的模型检测速度可达每秒45帧,并且具有很好的准确度。2017年Redmon等又提出YOLOv2,这一代的YOLO检测与分类联合训练，并在特征提取阶段采用了计算量和参数量小的 DarkNet-19，在预测阶段改进了损失函数，在特征图及训练方法上也进行了改进。2018 年，Redmon 等提出了新的、速度和精度均衡的 YOLOv3。YOLOv3 的特征提取网络加深，在主干网络和预测层之间增加了 Neck 层，来融合主干网络提取到的特征，通过多尺度预测模型的建立，使得网络在同一时间可以检测 3 个不同尺度的目标。YOLOv3 保持了高检测速度，并且准确率明显提升。2020 年，Bochkovskiy 等在原有 YOLOv3 的基础上结合深度学习领域的新工作建立了 YOLOv4。该方法在输入阶段引入 Mosaic、跨小批量归一化(cross mini-batch normal, CmBN)及自对抗训练(self-adversarial-training, SAT)数据增强方式；在特征提取阶段将主干网络替换为具有跨阶段部分连接(cross-stage partial connections, CSP)模块的 CSPDarknet53，并加入了 Mish 激活函数和 Dropblock 正则化，解决了其梯度信息重复问题；在 Neck 层加入空间金字塔池化(spatial pyramid pooling, SPP)模块，并采用特征金字塔网络(feature pyramid network, FPN)+路径聚合网络(path aggregation network, PAN)的模块取代原有的 FPN 模块；在预测层优化了训练时的损失函数，使得预测框回归的速度和精度更高一些。

同年，继 YOLOv4，YOLOv5 被提出。该方法在输入阶段引入 Mosaic 数据增强、自适应锚框计算及自适应图像缩放；在主干网络中融合 Focus、CSP 模块，在 Neck 层也引入了 CSP 模块；在预测层改进了训练时的损失函数，其检测效率比先前工作得到了明显提升。2022 年，Li 等提出了不再使用锚框辅助的 YOLOv6，该算法在输入阶段通过数据增强将图像转换成统一尺寸；在特征提取阶段基于 RepVGGstyle 设计了可重参数化、更高效的主干网络 EfficientRep 和 Neck 层 Rep-PAN；对检测阶段进行了解耦，设计了更简洁有效的检测头，并且采用 SimOTA 标签分配策略及 SIOU 边界框回归损失来进一步提高检测精度。YOLOv1-v7 系列网络结构简略图如图 6-5 所示。

2. YOLO 目标检测算法原理

基于深度学习的算法主要有如下两类。

(1) Two Stage 目标检测算法：通过区域提取网络候选框，然后用传统的机器学习算法或另一个卷积神经网络对候选框作分类和回归，如 R-CNN、Fast R-CNN、Faster R-CNN、Mask R-CNN。

(2) One Satge 目标检测算法：不需要预先提取候选区域，通过网络直接回归出检测目标的类别和位置，极大减少了计算资源的消耗，提高了检测的速度，主要有 YOLO 系列和基于深度学习目标检测的 SSD 算法等。

与其他基于深度学习的 R-CNN、Fast R-CNN、Faster R-CNN、Mask R-CNN 检测算法不同，YOLO 不需要预先提取图片中目标可能存在的区域，而是直接将整张图片作为输入，把目标检测问题看成了一个回归的问题，直接由完整的图片得到图片中目标的位置框及其不同的分类结果。这个过程如图 6-6 所示，从这张图可以看出，YOLO 进行目标检测的过程很简单直接，首先将图片调整到适合网络输入的大小，第二步就是在图片上运行一个卷积网络，然后通过网络的置信度给出预测的阈值，是一个端到端的过程。

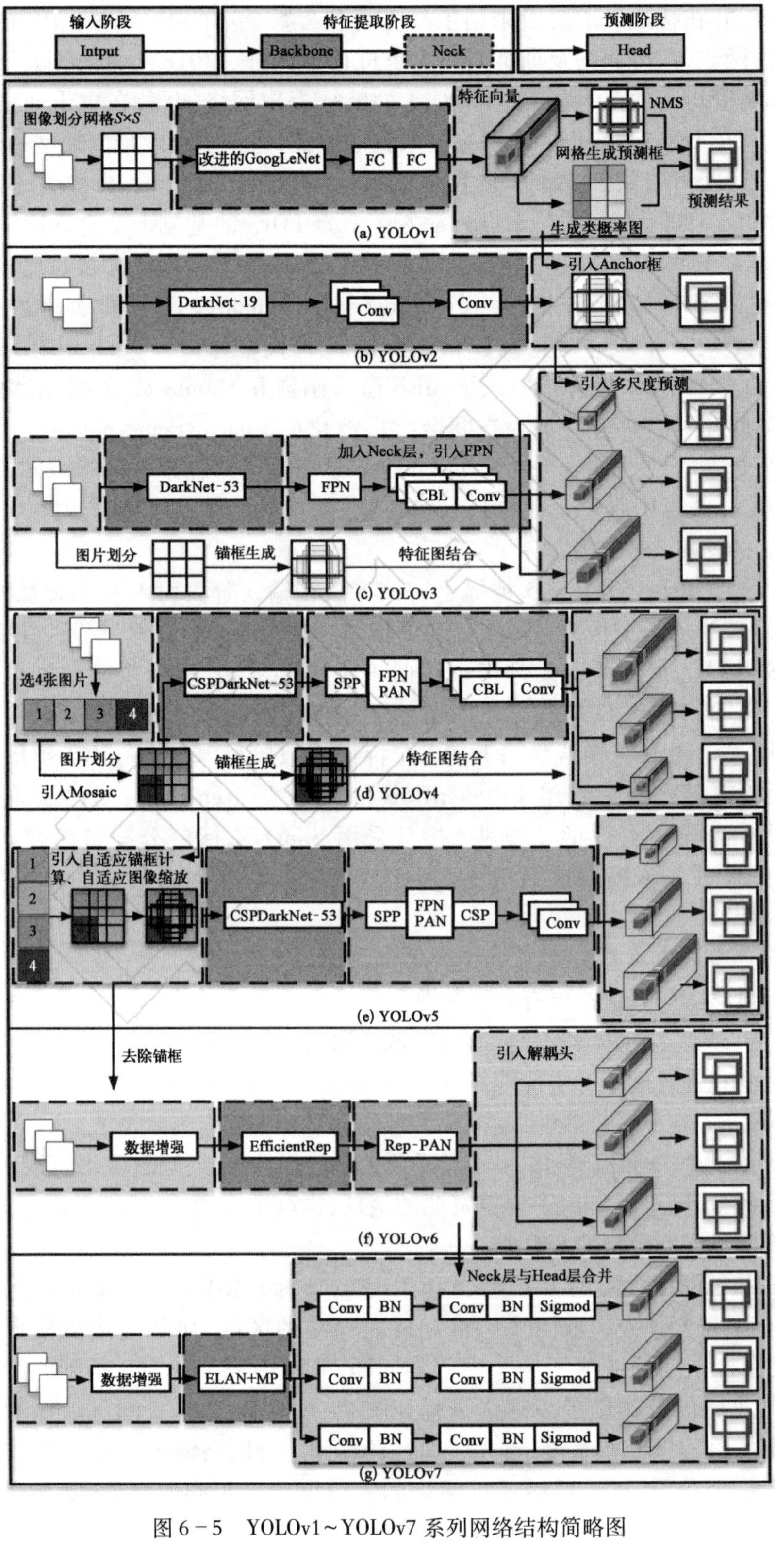

图 6-5　YOLOv1~YOLOv7 系列网络结构简略图

图 6－6　YOLO 检测系统工作过程

输入一张图片，YOLO 将图片分割成 $S\times S$ 的网格，过程如图 6－7 所示，但是，YOLO 并不是对每一个网格范围内的图片进行单独的检测，网格的作用不是简单将图片划分成几部分，网格的划分是为了找到更好的预测目标的边界框中心，边界框是可以超出网格的。划分的网格数量 S 关系着最终网络的输出维度，每一个网格可以预测 B 个长宽比不同的边界框，可以负责 C 个种类的分类，每一个边界框都有一个置信度，并且四个参数表明了边界框的位置与大小，置信度的定义是

$$Pr(\text{Object}) \times \text{IoU}_{\text{pred}}^{\text{truth}}$$

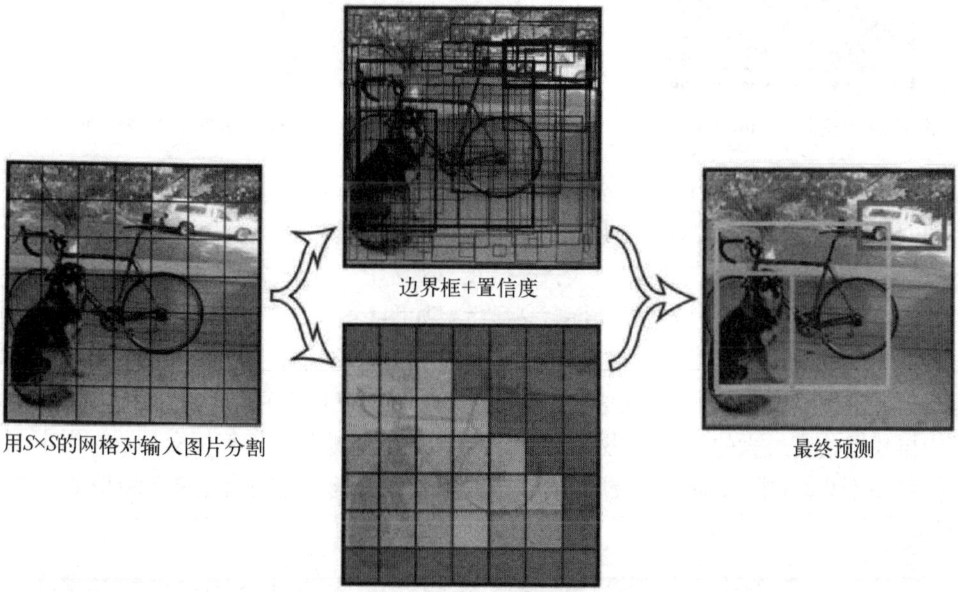

图 6－7　YOLO 模型预测的过程

$Pr(\text{Object})$表示该边界框中检测到有目标的可能性，而 $\text{IoU}_{\text{pred}}^{\text{truth}}$ 是预测边界框和实际边界框，也就是人为标定的边界框交集面积和并集面积的比，即交并比（intersection over union, IoU），如图 6－8 所示，公式如下：

$$\text{IoU} = \frac{S_2}{S_1 + S_2 + S_3}$$

从上式可以看到，当边界框中没有物体出现时，置信度正是我们期望的零。此外，还希望使用真实检测框和预测框的交并比来表示置信度。

表明边界框位置与大小需要四个参数 x、y、w、h,例如,(x, y) 为检测的中心相对于其对应的网格的位置,w、h 则分别代表了边界框的宽度与高度相对于图片的宽度和高度。可见,每一个边界框包含了 5 个参数,而每一个网格要包含 B 个边界框的参数和 C 个种类的分类结果,所以对应的输出就是一个 $S \times S \times (B \times 5 + C)$ 的张量。YOLO 检测框中边界框参数说明如图 6-9 所示。

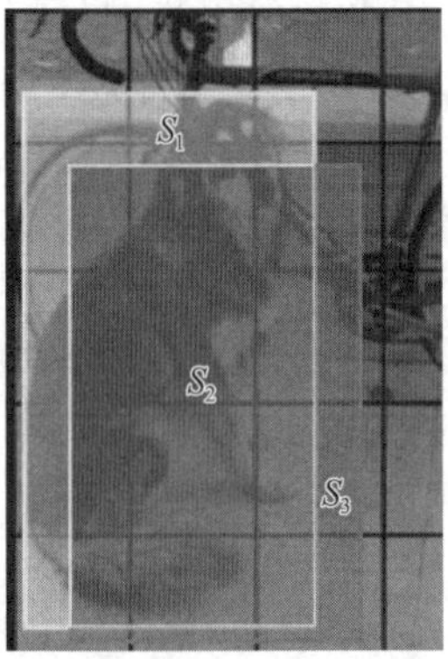

图 6-8 交并比(IoU)示意图

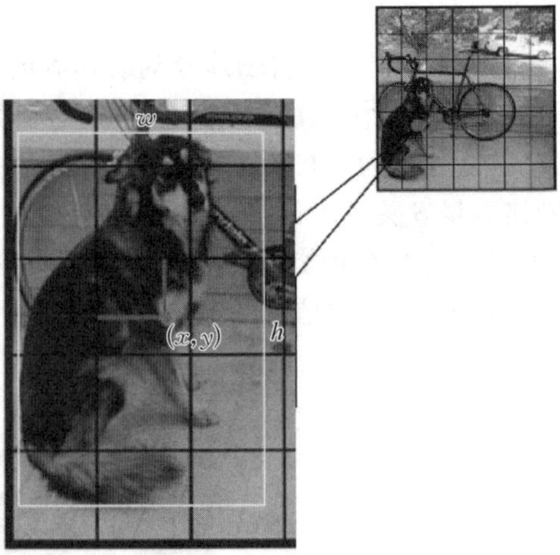

图 6-9 YOLO 检测框中边界框参数说明

对于一个目标,可能有许多个格子都给出了检测结果,但其中有一个是最为合适的,网络是如何得到这个最终的输出的呢?答案是非极大值抑制(non-maximum suppression, NMS)。各个格子的检测结果各有一个置信度,取其中一个最大值,认为是基准,例如图 6-10(a)中置信度 0.9 的边界框,进行高亮显示。如图 6-10(b),分别计算其他框与这个高亮框的 IoU,IoU 大的将被抑制,如图 6-10(c)中 0.7 和 0.6 的框,实际上就是与 0.9 置信度的框有交集并且置信度比 0.9 小的检测框(同一类,如汽车或行人)被抑制。然后从其他剩下的框中再找置信度最大的一个,如图 6-10(d)中 0.8 的框,同样,与其相交的、检测同一汽车且置信度小于 0.8 的框被抑制。最后,被抑制的框在结果将不被显示,输出结果如图 6-10(f)所示。

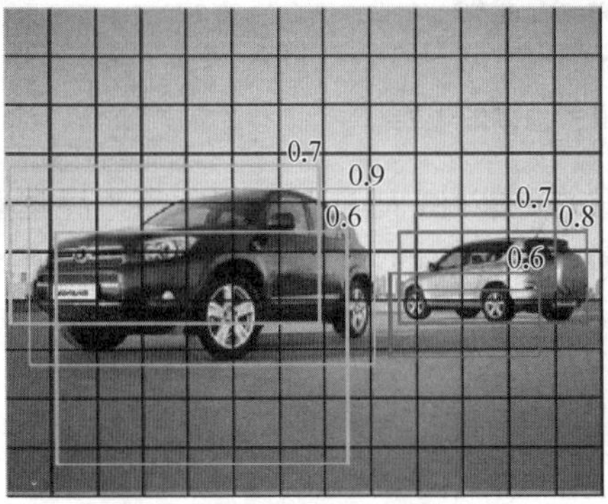

(a)

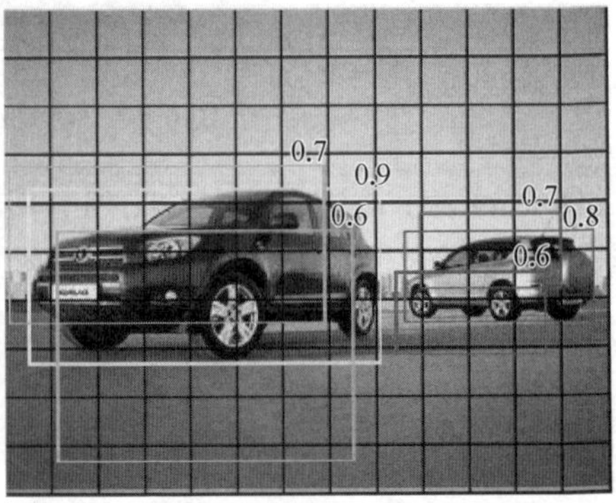

(b)

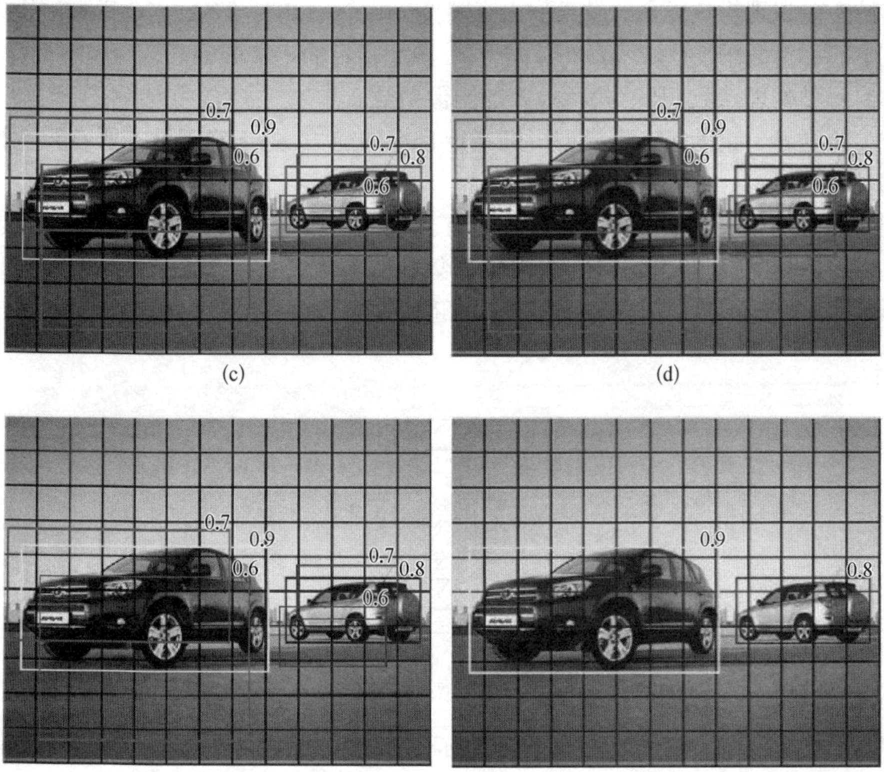

(c)　(d)

(e)　(f)

图 6－10　非极大值抑制

以上非极大值抑制的过程，有几点需要说明：非极大值抑制每一次只对一个分类运行，例如图 6－10 中的汽车类；若图片中有其他类别目标，需要对检测结果类别分别运行非极大值抑制，例如，对狗和自行车的检测框有重叠，如图 6－11 所示；若非极大值不是对一个种类单独运行，则不同的类别之间的检测将会相互影响，非极大值可能会导致其中一个类别不会被检测出来。

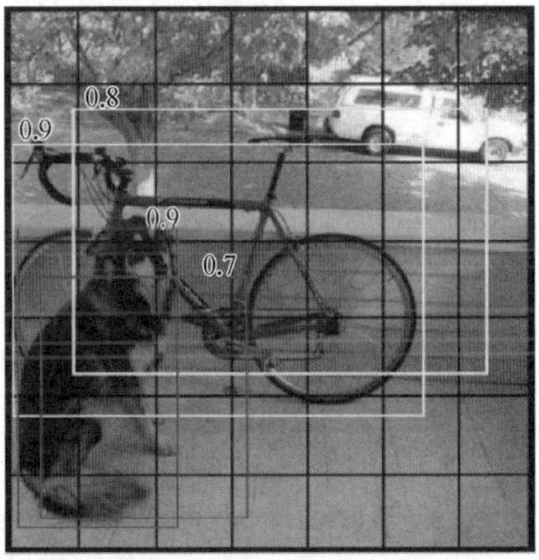

图 6－11　目标重叠，非极大值抑制

3. 算法评价指标

开发检测算法的研究人员总是希望算法的性能好、精度高、检测速度快，那么就需要在目标检测领域建立一整套评价指标，评价目标检测的速度和精度，包括每秒处理帧数（frame per second, FPS）、精确度（precision, P）、召回率（recall rate, R）、平均精度（average precision, AP）、平均精度均值（mean average precision, mAP）、交并比（intersection over union, IoU），这些指标通常适用于基于边界框的目标检测算法。为方便定义各个指标，将检测目标分为正样本和负样本，正确识别出正样本的结果称为真阳性（true positive, TP），正样本被错误识别成负样本的结果称为假阴性（false negative, FN），负样本被正确识别为负样本的结果称为真阴性(true negative, TN),当负样本被错误识别为正样本时称为假阳性(false positive, FP)。各个指标的定义如下。

(1) 每秒处理帧数 FPS:每秒检测的图像帧数。

(2) 精度 Pr:精度是一个模型识别指定目标的能力,是正确阳性占所有阳性检测的百分比。

(3) 召回率 Rc:召回率是模型找到所有真实存在目标的能力,是正确的阳性检测所占所有给定的真实检测的百分比,假设数据集中有 G 个真实存在的目标,模型输出了 N 个检测结果,其中 $S(S\leqslant G)$ 个检测结果是正确的,那么很容易给出精度和召回率的计算公式:

$$Pr = \frac{\sum_{n=1}^{S} \mathrm{TP}_n}{\sum_{n=1}^{S} \mathrm{TP}_n + \sum_{n=1}^{S} \mathrm{FP}_n}$$

$$Rc = \frac{\sum_{n=1}^{S} \mathrm{TP}_n}{\sum_{n=1}^{S} \mathrm{TP}_n + \sum_{n=1}^{G-S} \mathrm{FP}_n}$$

(4) 平均精度 AP:是 PR 曲线下面的面积,也是预测类别的概率。前面已经提到,目标检测器的输出包含检测框信息、分类信息和置信度信息。当置信度高于某一阈值 τ 时,才认为检测为阳性;而当置信度低于阈值 τ 时,就认为检测为阴性。这样,在精度和召回率的计算中就可以考虑置信度的影响,那么上述两式就可以重新写成:

$$Pr = \frac{\sum_{n=1}^{S} \mathrm{TP}_n(\tau)}{\sum_{n=1}^{S} \mathrm{TP}_n(\tau) + \sum_{n=1}^{S} \mathrm{FP}_n(\tau)}$$

$$Rc = \frac{\sum_{n=1}^{S} \mathrm{TP}_n(\tau)}{\sum_{n=1}^{S} \mathrm{TP}_n(\tau) + \sum_{n=1}^{G-S} \mathrm{FP}_n(\tau)}$$

τ 取不同的值时,可以得到一系列的 Pr 和 Rc,从而可以绘制出 $Pr-\tau$,$Rc-\tau$ 曲线及 $Pr-Rc$ 曲线。$\mathrm{TP}_n(\tau)$ 是 τ 的单调递减函数,真实的目标数量一定,召回率 Rc 是 τ 的单调递减函数,而 Pr 曲线的单调性则不能轻易判断。

对于一个理想的模型,它应该能够找到所有的真实存在的目标,也就是说,其漏检(false negative, FN)应该为 0,有高的召回率(recall);同时,理想的模型也应该准确地识别所需目标,也就是要做到误检(false positive, FP)为 0,相应的精度(percision)很高。对于一个模型,可以说,当置信度阈值越大,召回率越高,而在置信度减小时,精度保持很高的模型是一个好的模型。好的模型通过 $Pr-\tau$,$Rc-\tau$ 曲线及 $Pr-Rc$ 曲线表现出来的则是曲线与坐标轴所包围的面积更大。

平均精度(AP)是一个基于处理过的 *Pr*-*Rc* 曲线下面积的评价指标,比较全面反映了检测框置信度阈值 τ 对精度 *Pr* 和召回率 *Rc* 的影响。mAP,即平均 AP 值,是对多个预测类别的 AP 值求平均。

6.2.3　铝颗粒的追踪识别

1. 目标识别模型训练

固体推进剂燃烧颗粒识别视频

YOLO 模型具有多个系列,并且还有许多在 YOLO 模型的基础上改进得到的模型,这些模型在很多邻域中都得到了应用。目前,YOLOv5 和为了移动端应用而开发的 YOLOv7 是性能较好并且得到大量应用的系列。相比 YOLOv5,YOLOv7 在同样的模型系列中(*s*、*l*、*x* 等,参数数量不同)模型体量更小,并且平均精度更高,表现更好。

在训练的过程中,计算三类损失:分类损失(cls_loss)、置信度损失(obj_loss)和边界框损失(box_loss),这三类损失的具体含义如下。

(1) 分类损失:该损失用于判断模型是否能够准确地识别出图像中的对象,并将其分类到正确的类别中。

(2) 置信度损失:该损失用于衡量模型预测的框(即包含对象的矩形)与真实框之间的差异。

(3) 边界框损失:该损失用于衡量模型预测的边界框与真实边界框之间的差异,这有助于确保模型能够准确地定位对象。

首先需要对模型的边界框损失计算进行说明。YOLOv5 模型使用 CIoU loss 来衡量边界框损失,CIoU 是在 DIoU 上提出来的损失优化,下面是 DIoU 和 CIoU loss 的计算公式:

DIoU 的计算方法为

$$\mathrm{DIoU} = \mathrm{IoU} - \frac{\rho^2}{c^2}$$

$$\rho^2 = (x_p - x_l)^2 + (y_p - y_l)^2$$

$$c^2 = [\max(x_{p2}, x_{l2}) - \min(x_{p1} - x_{l1})]^2 + [\max(y_{p2}, y_{l2}) - \min(y_{p1} - y_{l1})]^2$$

CIoU 的计算方法为

$$\mathrm{CIoU} = \mathrm{IoU} - \frac{\rho^2}{c^2} = \mathrm{DIoU} - \alpha v$$

式中,v 按照如下公式计算:

$$v = \frac{4}{\pi^2}\left(\mathrm{acrtan}\,\frac{w_l}{h_l} - \arctan\frac{w_p}{h_p}\right)^2 = \frac{4}{\pi^2}\left(\mathrm{acrtan}\,\frac{x_{l2} - x_{l1}}{y_{l2} - y_{l1}} - \arctan\frac{x_{p2} - x_{p1}}{y_{p2} - y_{p1}}\right)^2$$

α 的计算方法为

$$\alpha = \frac{v}{1 - \mathrm{IoU} + v}$$

式中，ρ 为框 A 和框 B 的中心点距离；c 为框 A 和框 B 的最小包围矩形的对角线长度；v 为框 A、框 B 的宽高比相似度；α 为 v 的影响因子。反正切 arctan 函数的取值范围是 0~π/2，那么 v 的取值范围为 0~1，当框 A、框 B 的宽高比相等时，v 取 0，当框 A、框 B 的宽高比相差无限大时，v 取 1。图 6-12 为检测框交叉示意图，图 6-13 为 ρ、c 的概念示意图。

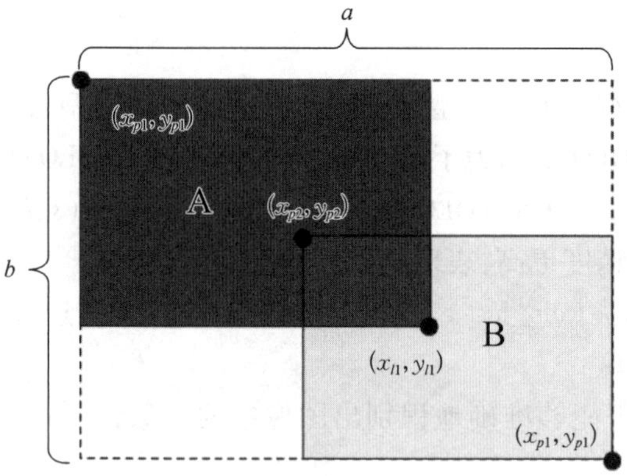

图 6-12 检测框交叉示意图

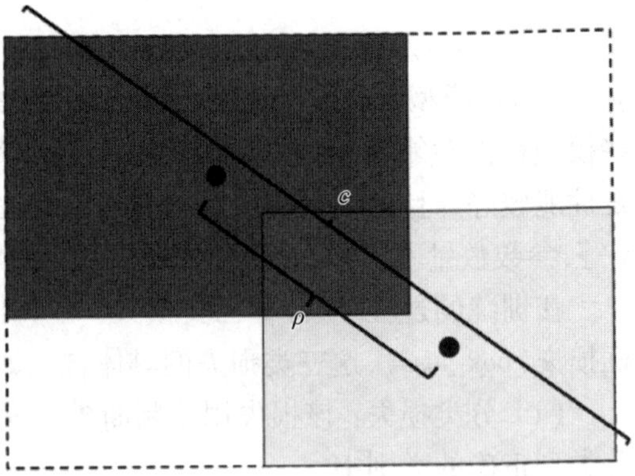

图 6-13 ρ、c 的概念示意图

当框 A、框 B 的距离无限远，且宽高比差别无限大时，DIoU 取-1，v 取 1，α 取 0.5，此时 CIoU 取-1.5；当框 A、框 B 完全重叠时，DIoU 取 1，v 取 0，α 取 0，则 CIoU 取 1。因此，CIoU 取值范围是-1.5~1。

IoU 越大，也即 A、B 的重叠区域越大，则 α 越大，从而 v 的影响越大；反之 IoU 越小，也即 A、B 的重叠区域越小，则 α 越小，从而 v 的影响越小。因此，在优化过程中：如果 A、B 的重叠区域较小，则宽高比 v 在损失函数中的影响较小，此时着重优化 A、B 的距离；如果 A、B 的重叠区域较大，则宽高比 v 在损失函数中的影响也较大，此时着重优化 A、B 的宽高比。当某一因素的影响更大时，它对损失的贡献越大，发挥的调节作用也就越大，从而达到加速优化训练的收敛速度和稳定性的目的。

$\text{loss}_{\text{CIoU}}$ 的计算公式为

$$\text{loss}_{\text{CIoU}} = 1 - \text{CIoU}$$

YOLOv5 模型使用 BCE Loss 计算分类损失和置信度损失。神经网络在运行中会将图片分成若干个格子，以 80×80 的格子数量为例，说明模型计算分类损失和置信度损失的方法。每一个格子负责预测三个预测框，每一个预测框都需要用中心点坐标、高度宽度和置信度来表征，所以对于 3×80×80 个预测框，有 3×80×80 个置信度与之一一对应。标签的维度与神经网络的输出维度保持一致，因此置信度的标签也是维度为 3×80×80 的矩阵，网络以维度同样为 3×80×80 的 mask 矩阵为标记，对置信度标签矩阵进行赋值。YOLO 之前的版本直接对 mask 矩阵为真(true)的地方赋值 1，mask 矩阵为假(false)的地方赋值 0，认为只要 mask 为 true 就表示对应预测框完美包围了目标。这样就太绝对了，因为 mask 为 true 只是表示该预测框在目标附近而已，并不一定完美包围了目标。因此，YOLOv5 改变了做法：对 mask 为 true 的位置不直接赋 1，而是计算对应预测框与目标框的 CIoU，使用 CIoU 作为该预测框的置信度标签，当然对 mask 为 false 的位置还是直接赋 0。这样一来，标签值的大小与预测框、目标框的重合度有关，两框的重合度越高，则标签值越大。前面提到 CIoU 的取值范围是-1.5~1，而置信度标签的取值范围是 0~1，所以需要对 CIoU 作一个截断处理：当 CIoU 小于 0 时，直接取 0 值作为标签。

置信度标签为矩阵 L，预测置信度为矩阵 P，那么矩阵中每个数值的 loss_{BCE} 的计算公式如下：

$$\underset{\substack{0 \leqslant z < 3 \\ 0 \leqslant x \leqslant 80 \\ 0 \leqslant y < 80}}{\text{loss}_{\text{BCE}}(z, x, y)} = -L(z, x, y)\ln P(z, x, y) - [1 - L(z, x, y)]\ln[1 - P(z, x, y)]$$

loss_{BCE} 要求输入数据的取值范围必须在 0~1，然后可以得到 80×80 网格置信度的损失值：

$$\begin{cases} l_{\text{obj}} = \dfrac{1}{\text{num}(\text{mask} = \text{true})} \sum\limits_{\substack{\text{mask} = \text{true} \\ 0 \leqslant z < 3 \\ 0 \leqslant x \leqslant 80 \\ 0 \leqslant y < 80}} \text{loss}_{\text{BCE}}(z, x, y) \\ l_{\text{noobj}} = \dfrac{1}{\text{num}(\text{mask} = \text{false})} \sum\limits_{\substack{\text{mask} = \text{false} \\ 0 \leqslant z < 3 \\ 0 \leqslant x \leqslant 80 \\ 0 \leqslant y < 80}} \text{loss}_{\text{BCE}}(z, x, y) \\ l_{\text{obj80}} = a \cdot l_{\text{obj}} + (1 - a) \cdot l_{\text{noobj}} \end{cases}$$

同样以 80×80 网格为例说明网络分类损失的计算。神经网络对 80×80 网格的每个格子都预测三个预测框，每个预测框的预测信息都包含了 N 个分类概率。其中，N 为总类别数，例如 COCO（Common Objects in Context）数据集有 80 个类别，那么 N 取 80。因此，对于 COCO 数据集，每个预测框有 80 个 0~1 的分类概率，那么神经网络总共预测 3×80×80×80 个分类概率，组成预测概率矩阵。80×80 网格的标签概率矩阵与预测概率矩阵的维度一样，也是 3×80×80×80。每个预测框的标签，由解析 JSON 标签文件得到，是一个 0~79 的数值，需要将 0~79 的数值转换成 80 个数的独热码，如下所示：

$$\begin{bmatrix} 0 & - & 1 & 0 & 0 & 0 & 0 & 0 & \cdots \\ 1 & - & 0 & 1 & 0 & 0 & 0 & 0 & \cdots \\ 2 & - & 0 & 0 & 1 & 0 & 0 & 0 & \cdots \\ 3 & - & 0 & 0 & 0 & 1 & 0 & 0 & \cdots \\ 4 & - & 0 & 0 & 0 & 0 & 1 & 0 & \cdots \\ \cdot & & & & & & & & \\ \cdot & & & & & & & & \\ \cdot & & & & & & & & \end{bmatrix}$$

为了减少过拟合，并且提高训练的稳定性，通常对独热码标签进行平滑操作。label

为独热码中的所有数值,α 为平滑系数,取值范围 0~1,通常取 0.1:

$$\text{label}_{\text{smooth}} = \text{label}(1 - \alpha) + \frac{\alpha}{N}$$

同样假设标签概率为矩阵 L_{smooth},预测概率为矩阵 P,计算矩阵中每个数值的 loss_{BCE}:

$$\begin{aligned}\underset{\substack{0 \leqslant z < 3 \\ 0 \leqslant x \leqslant 80 \\ 0 \leqslant y < 80 \\ 0 \leqslant t < 80}}{\text{loss}_{\text{BCE}}(z, x, y)} = & - L_{\text{smooth}}(z, x, y, t) \ln P(z, x, y, t) \\ & - [1 - L_{\text{smooth}}(z, x, y, t)] \ln[1 - P(z, x, y, t)]\end{aligned}$$

那么,80×80 网格的分类损失函数值按照如下公式计算:

$$\text{loss}_{\text{clc80}} = \frac{1}{80 \cdot \text{num}(\text{mask} = \text{true})} \sum_{\substack{\text{mask} = \text{true} \\ 0 \leqslant z < 3 \\ 0 \leqslant x < 80 \\ 0 \leqslant y < 80 \\ 0 \leqslant t < 80}} \text{loss}_{\text{BCE}}(z, x, y, t)$$

在模型的训练过程中,这三种损失帮助模型更快地学习,也是模型训练过程重要的参考。

2. 铝颗粒识别

模型训练完成后,对铝团聚颗粒的激光全息图像进行识别,识别的原始图片和输出的结果如图 6-14 所示。从图中可以看出,对于图片中存在的粒子,模型都能很好地识别出来,对燃面上的一些团聚颗粒也可以进行识别。在试验结果中,图 6-14 是背景比较干净的结果。还有背景更加复杂的图像数据,如图 6-15,在背景复杂、干扰更大的情况下,训练出来的模型对于铝团聚颗粒的识别效果也很好,图片中存在的颗粒基本上全部识别出

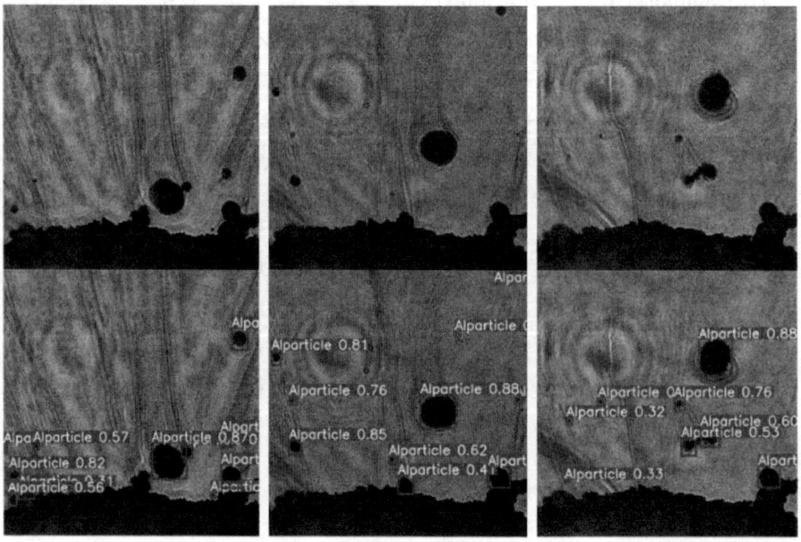

图 6-14 背景干净全息图像识别结果

来，对于仍留在燃面上的铝团聚颗粒也具备较好的识别能力；对于图片中的 100 μm 以下的颗粒，模型也可以识别出来。

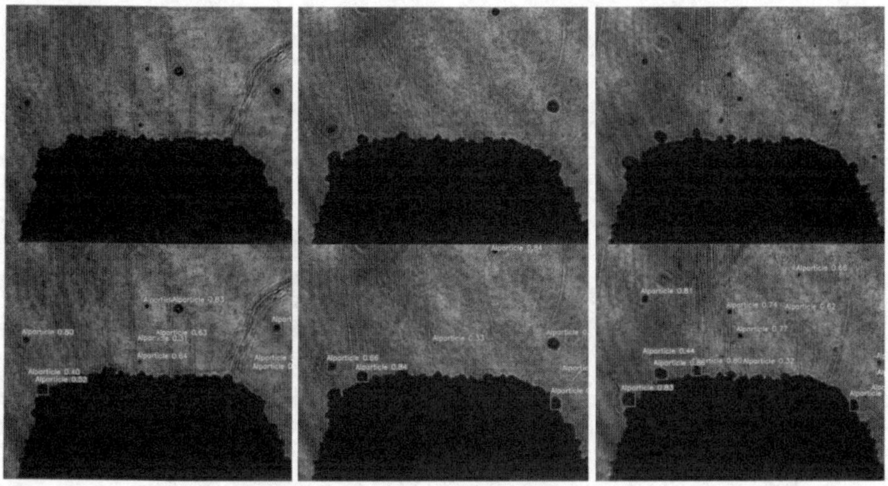

图 6－15 背景复杂的全息图像识别结果

3. 铝颗粒追踪

YOLO 具备了对全息图像中铝团聚颗粒的识别能力，与追踪网络 DeepSORT 结合就可以对图片中运动的铝团聚颗粒进行追踪，并在追踪运动的过程中获取所追踪的颗粒的信息，如颗粒的位置信息、二维的平均速度及颗粒的粒径。对铝团聚颗粒全息图像的识别追踪结果如图 6－16～图 6－18 所示。图中，检测框将团聚颗粒检测出来，检测框上的四种信息分别是颗粒的 ID、检测置信度、颗粒二维速度（cm/s）和颗粒的粒径（μm）。在检测框中心点开始的箭头表示的是颗粒二维速度的方向。

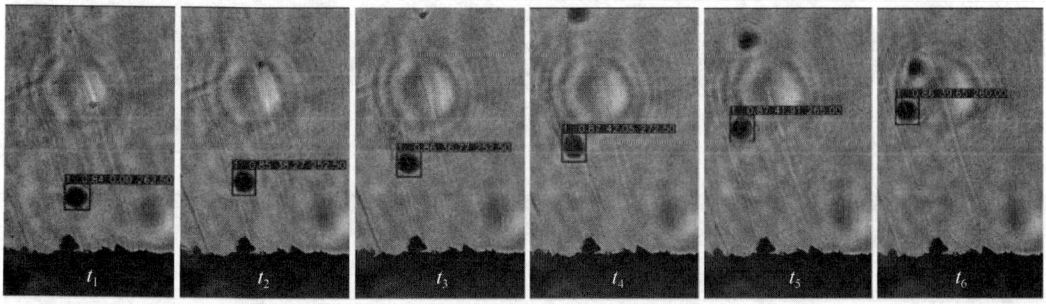

图 6－16 对铝团聚颗粒的追踪结果

不论是从图 6－16、图 6－17 还是从图 6－18 看，代表速度方向箭头的改变在一定的程度上代表了颗粒的摆动，尤其是图 6－16 中 ID 为 2 的粒子，它并没有离开燃面的凝聚颗粒，而是在燃面上不断摆动。从对这几个粒子的追踪情况来看，DeepSORT 追踪网络与 YOLO 目标检测器结合是可以完成对激光全息拍摄的铝团聚颗粒的识别与追踪任务的，并可在这个过程中获取颗粒的运动信息及粒径。

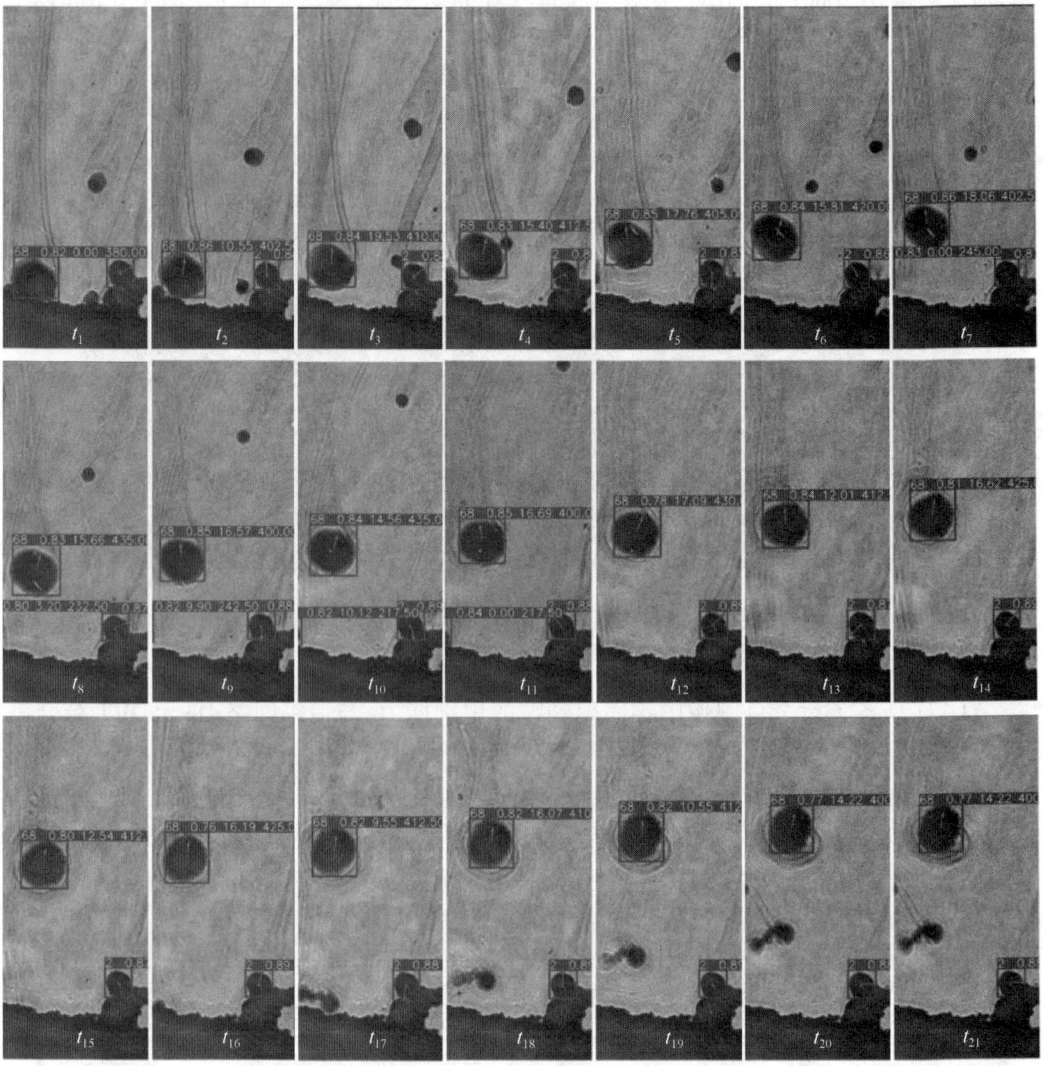

图 6-17　多个粒子的追踪结果

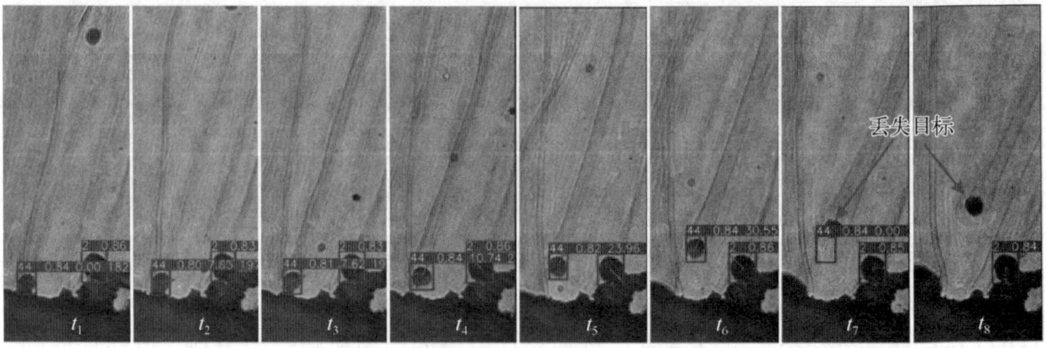

图 6-18　追踪过程中 DeepSORT 丢失目标的情况

但是DeepSORT并不是总能对目标的运动保持很好的跟随，仍然会发生丢失目标的情况，例如图6-18。对此，还对比了另一种追踪算法StrongSORT的追踪结果，StrongSORT是DeepSORT的改进，追踪的稳定性更好，追踪结果如图6-19所示，图中展示的追踪目标(ID为2)是DeepSORT在图6-18中ID为44的目标，对于这同一运动颗粒，DeepSORT在颗粒离开燃烧表面后不久失去对目标的追踪，并在之后也没有恢复追踪；而在StrongSORT的输出结果中可以看出，StrongSORT几乎在一开始就对颗粒开始追踪，并且在颗粒运动过程中一直保持追踪，直到这一运动颗粒运动出画面。

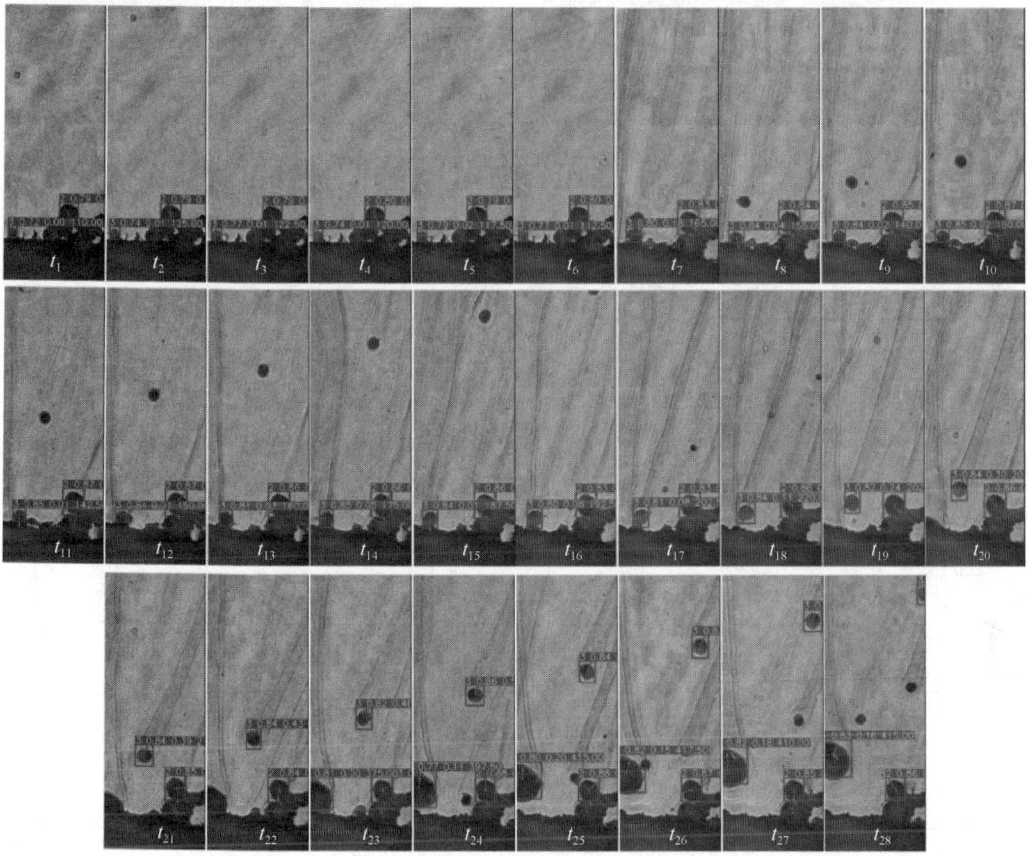

图6-19　StrongSORT的追踪结果

模型获取的粒子的粒径误差比较大，这与检测框是否能较为完美地框住目标有关系，也就是说，训练模型的数据集在制作的时候就需要较好地使检测框和颗粒的边缘相贴合，即便是这样，模型对图片进行预测的时候仍然会有很大的检测框误差(可能会达到50%)，颗粒粒径的获取还有待进一步进行校核。

对颗粒的追踪结果进一步进行可视化，得到颗粒运动轨迹，如图6-20中的蓝色线条所示，得到颗粒的速度的矢量图如图6-21所示，箭头表示的是速度的方向。

对这两个被追踪的颗粒的速度和粒径随着时间的变化进行可视化，结果如图6-22和图6-23所示，速度与粒径随着时间的变化有利于研究铝颗粒的动态燃烧。

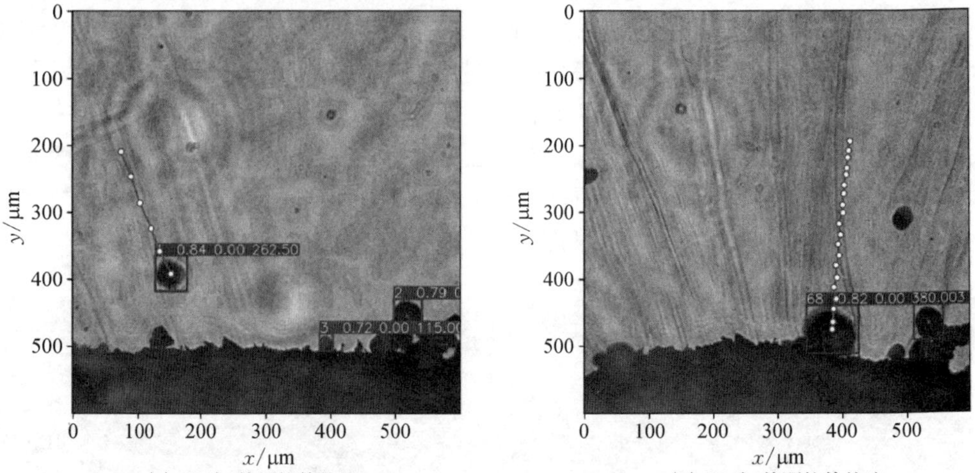

(a) ID为1的颗粒的轨迹　(b) ID为2的颗粒的轨迹

图 6-20　被追踪的颗粒的轨迹

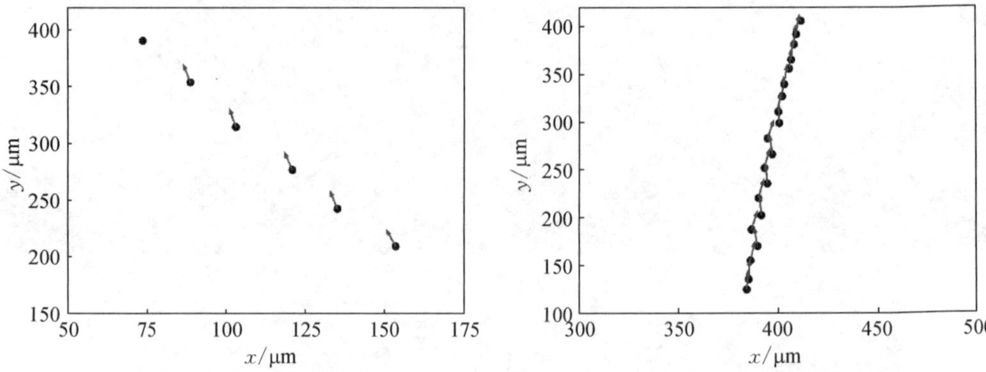

(a) ID为1的颗粒的速度　(b) ID为2的颗粒的速度

图 6-21　被追踪颗粒的速度矢量

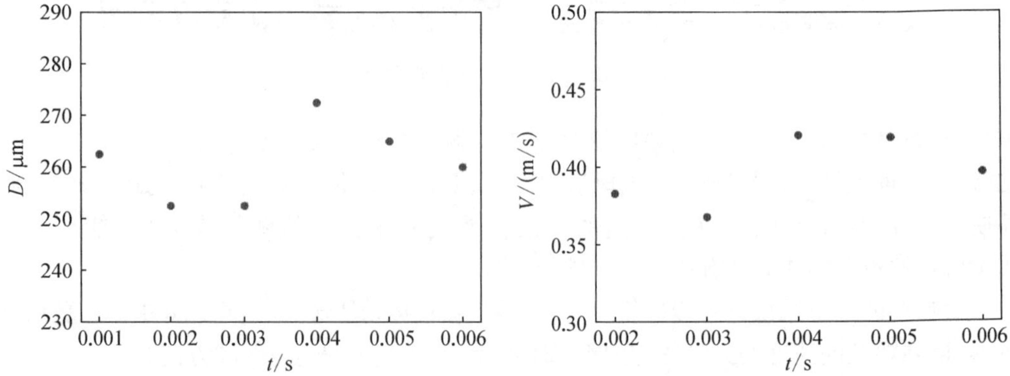

(a) 颗粒的粒径-时间图像　(b) 颗粒的速度-时间图像

图 6-22　ID 为 1 颗粒的粒径和速度

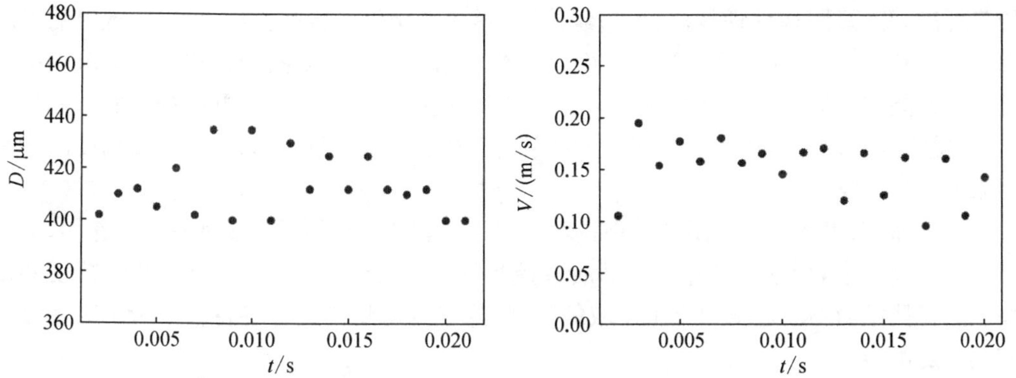

(a) 颗粒的粒径-时间图像 (b) 颗粒的速度-时间图像

图 6-23 ID 为 68 颗粒的粒径和速度

通过 YOLOv5x 对试验获得的全息图像进行识别,获取颗粒的粒径,并进行统计颗粒的粒径,画出粒径分布图,如图 6-24 所示,从图中可以发现在 100 μm 以下的颗粒占比几乎 50%,大部分的颗粒粒径分布在 0~100 μm。

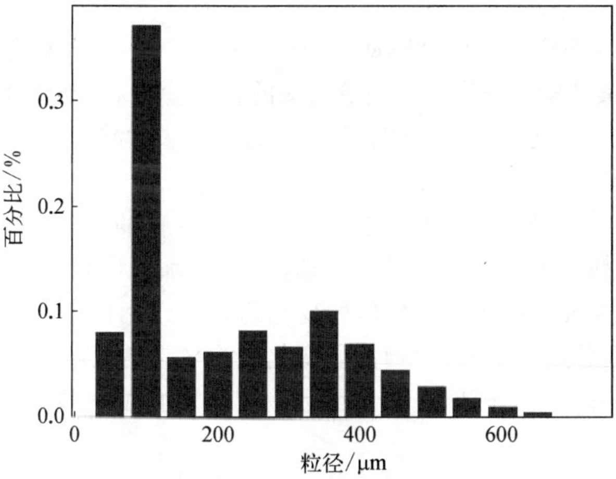

图 6-24 颗粒的粒径分布情况

6.3 表面检测类图像处理

6.3.1 表面检测技术概述

表面检测类图像处理技术是指用于分析和评估物体表面特征的一系列技术和方法。这些技术广泛应用于工业制造、质量控制、医疗影像等领域,旨在检测表面缺陷、评估质量和提升生产效率。

在工业制造中,可以通过高分辨率的数字图像处理系统对产品表面进行扫描和分析。这些系统能够检测并记录诸如裂缝、凹坑、颜色不均或其他表面瑕疵,从而确保产品符合质量标准。通过图像处理算法,如边缘检测、形态学操作和特征提取,可以实现对缺陷的自动识别和分类。在医疗影像中,表面检测技术用于皮肤病变的分析和评估。医疗图像处理系统能够捕捉到皮肤表面的微小细节,帮助医生识别和区分不同的皮肤病变,如黑色素瘤、湿疹或烧伤等。这些系统依赖于复杂的算法和模式识别技术,以提供高精度的诊断结果和治疗建议。

总体而言,表面检测类图像处理技术在现代工业和医疗领域中发挥着关键作用,通过自动化和高效率的方式,提升了产品质量控制的水平,同时改善了医疗诊断的精度和效率。随着技术的不断进步和应用领域的扩展,这些技术将继续为各行各业带来更多创新和改进的可能性。

6.3.2 尺寸与形态检测

1. 形态检测方法

形态检测方法是一种用于图像处理和计算机视觉的技术,旨在识别和分析图像中特定形状或结构的方法。这些方法通常用于检测和描述目标的几何形状、大小、方向等特征,以下是几种常见的形态检测方法。

1)边缘检测

边缘检测是图像处理与计算机视觉中的重要技术之一,其目的是检测识别出图像中亮度变化剧烈的像素点构成的集合。图像边缘的正确检测对于分析图像中的内容、实现图像中物体的分割、定位等具有重要的作用。边缘检测大大减少了源图像的数据量,剔除了与目标不相干的信息,保留了图像重要的结构属性。

图像的边缘指的是图像中像素灰度值突然发生变化的区域,如果将图像的每一行像素和每一列像素都描述成一个关于灰度值的函数,那么图像的边缘对应在灰度值函数中是函数值突然变大的区域。函数值的变化趋势可以用函数的导数描述:当函数值突然变大时,导数也必然会变大;而函数值变化较为平缓的区域,导数值也比较小,因此可以通过寻找导数值较大的区域去寻找函数中突然变化的区域,进而确定图像中的边缘位置。

2)典型的算法

(1)Canny 算法。Canny 算法是一种经典的边缘检测算法,它在图像中寻找梯度的极大值来检测边缘,并通过非极大值抑制和双阈值处理来提高检测结果的准确性和稳定性,通常能够较好地检测出图像中的边缘。Canny 算法对噪声有较好的抑制效果,在实际应用中,可以根据具体场景和要求调整高斯平滑的标准差及高低阈值的设定,以获得最佳的边缘检测结果。

(2)Sobel 算法。Sobel 算法是一种经典的图像边缘检测算法,用于在图像中检测边缘。它是一种基于离散的差分算子,通过计算图像像素灰度值的梯度来识别边缘。Sobel 算子分为水平方向和垂直方向两个部分,分别用 Sx 和 Sy 表示。这两个算子都是 3×3 的矩阵,用于对图像进行卷积运算。但是对噪声比较明敏感。

(3)Prewitt 算法。Prewitt 算法与 Sobel 算法类似,都是基于差分算子进行边缘检测。同时,该算法易受到噪声的影响。

3）边缘检测的作用

在很多图像处理任务中，边缘检测是第一步，其结果对后续的处理和分析起着至关重要的作用，举例如下。

物体检测：边缘检测可以帮助识别图像中物体的轮廓和形状，从而实现物体检测和分割。在目标检测任务中，边缘检测可以用于提取目标的边界，帮助识别和定位目标。

特征提取：边缘是图像中最重要的特征之一，包含图像中的纹理、形状和结构信息。通过边缘检测，可以提取出图像中的主要特征，用于图像分类、识别和匹配等任务。

图像增强：边缘检测可以用于图像增强，突出图像中物体的边缘和轮廓，使图像更加清晰和易于理解。

目标跟踪：在视频分析中，边缘检测可以用于目标的跟踪和运动分析，通过不断检测目标的边缘变化来实现目标的跟踪。

图像分割：边缘检测可以用于图像分割，将图像分成不同的区域和对象，从而方便进一步的图像分析和处理。

2. 形态学图像处理

1）形态学基础概念

形态学图像处理（简称形态学）是指一系列处理图像形状特征的图像处理技术，该方法由 Serra 于 1964 年提出。形态学方法以集合论为基础，基本思想是利用一种特殊的结构元来测量或提取输入图像中相应的形状或特征，以便进一步进行图像分析和目标识别。

结构元（structuring elements, SE）可以是任意形状，结构元中的值可以是 0 或 1（不作特殊说明，输入图像为二值图像。图像中 1 是前景，0 是背景）。常见的结构元有矩形和十字形，结构元有一个锚点 O，O 一般定义为结构元的中心（也可以自由定义位置）。如图 6－25 所示是几个不同形状的结构元，深色区域为锚点 O。

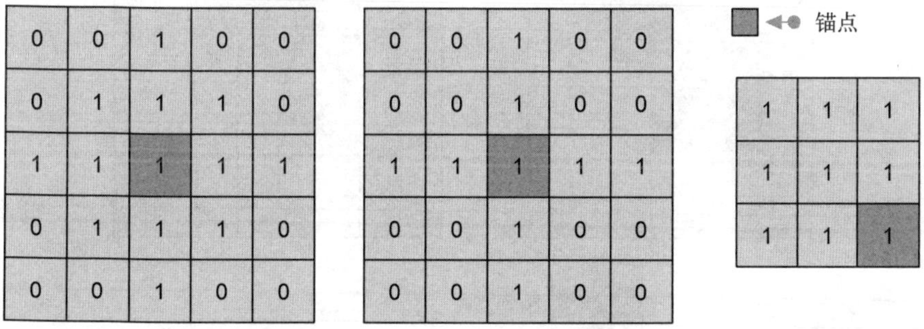

图 6－25　三种简单结构元

2）膨胀运算

记 f 为原图像，s 为结构元。将结构元 s 在图像 f 上滑动，把结构元锚点位置的图像像素点的灰度值设置为结构元值为 1 的区域对应图像区域像素的最大值。膨胀运算示意图如图 6－26 所示，从视觉上看图像中的前景仿佛“膨胀”了一样，其主要作用是增加前景区域的大小，填补小孔、连接断裂部分，同时平滑图像的边界。

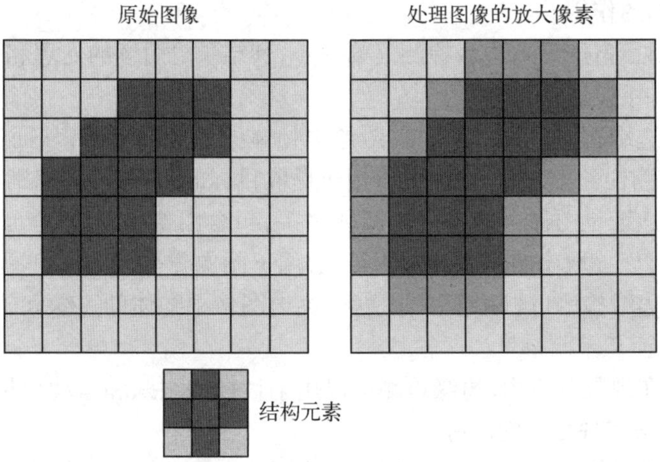

图 6-26　膨胀运算示意图

膨胀运算是将图像中的像素点赋值为其局部邻域中灰度的最大值,经过膨胀处理后,图像整体灰度值增大,图像中亮的区域扩大,较暗的小区域消失。

3) 腐蚀运算

将结构元 s 在图像 f 上滑动,把结构元锚点位置的图像像素点的灰度值设置为结构元值为 1 的区域对应图像区域像素的最小值。腐蚀运算示意图如图 6-27 所示,从视觉上看图像中的前景仿佛被"腐蚀"了一样,其主要作用是移除前景边界的像素,使物体变小,同时去除孤立的噪点。

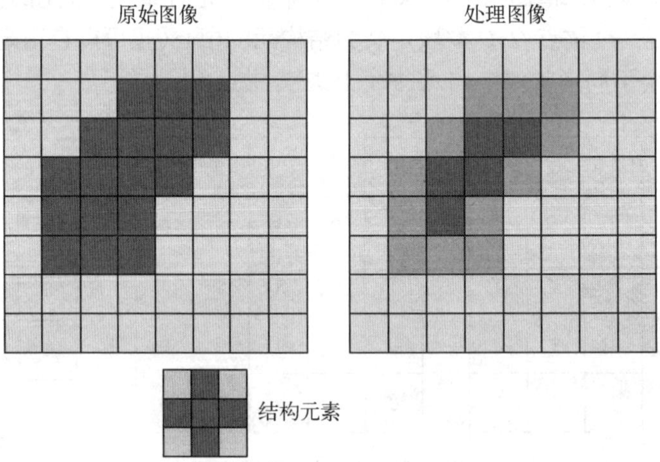

图 6-27　腐蚀运算示意图

腐蚀操作时取每一个位置的矩形邻域内值的最小值作为该位置的输出灰度值。腐蚀后的输出图像总体亮度比原图有所降低,图像中比较亮的区域面积会变小,比较暗的区域面积增大。

腐蚀操作是一种对所选区域进行"收缩"的操作,可以用于消除边缘和杂点。经过腐蚀操作,图像区域的边缘可能会变得平滑,区域的像素将会减少,相连的部分可能会断开。

即使如此,各部分仍然属于同一个区域。腐蚀运算是将图像中的像素点赋值为其局部邻域中灰度的最小值,因此图像整体灰度值减小,图像中暗的区域变得更暗,较亮的小区域被抑制。

4）开运算

对图像 f 用同一结构元 s 先腐蚀再膨胀,称为开运算。开运算示意图如图 6－28 所示,从视觉上看仿佛将原本连接的物体“分开”了一样,开运算可以消除亮度较高的细小区域,而且不会明显改变其他物体区域的面积。

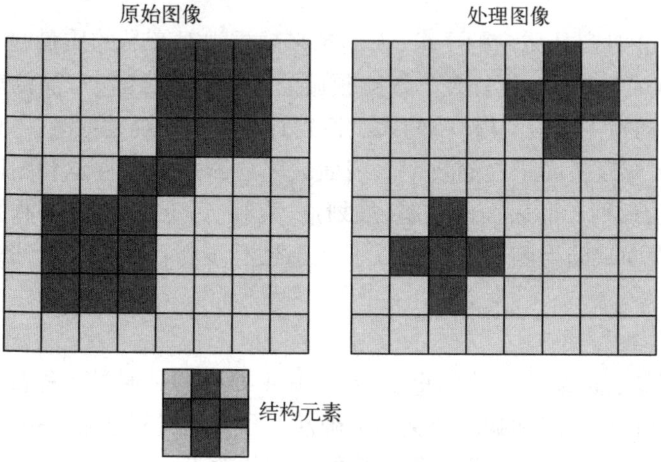

图 6－28　开运算示意图

通过腐蚀运算,可去除小的非关键区域,也可以把离得很近的元素分隔开,再通过膨胀填补过度腐蚀留下的空隙。因此,通过开运算能去除孤立、细小的点,平滑毛糙的边缘线,同时原区域面积也不会有明显的改变,类似于一种“去毛刺”的效果。

5）闭运算

对图像 f 用同一结构元 s 先膨胀再腐蚀,称为闭运算。闭运算示意图如图 6－29 所

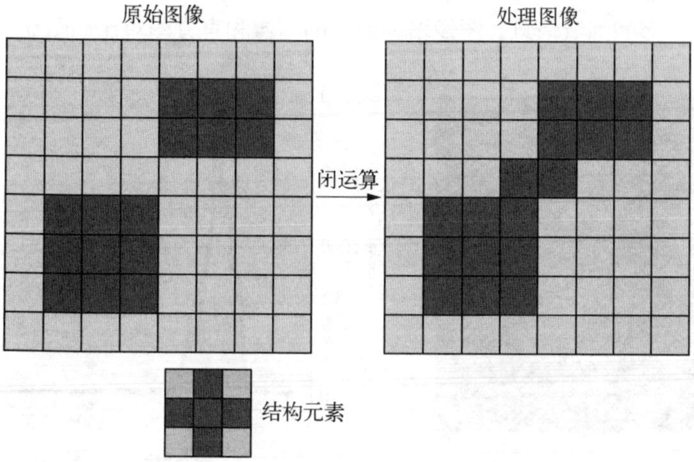

图 6　29　闭运算示意图

示,从视觉上看仿佛将原本分开的部分"闭合"了一样,闭运算可以消除细小黑色空洞,也不会明显改变其他物体区域面积。

闭运算的计算步骤与开运算正好相反,为先膨胀,后腐蚀。这两步操作能将看起来很接近的元素,如区域内部的空洞或外部孤立的点连接成一体,区域的外观和面积也不会有明显的改变。通俗地说,就是类似于"填空隙"的效果。与单独的膨胀操作不同的是,闭运算在填空隙的同时,不会使图像边缘轮廓加粗。

6.3.3 表面缺陷检测

为了满足社会对产品质量的要求,人们越来越重视对产品的质量起着至关重要的作用的表面缺陷检测工作。伴随着人工智能领域的飞速发展,工业产品的表面缺陷检测逐渐迈入智能化自动检测阶段,从传统的人工检测升级成机器视觉检测,不仅极大地降低了人力成本,而且大幅度提高了检测效率。表面缺陷检测是机器视觉和图像处理的重要应用领域,旨在自动识别产品表面的缺陷,如划痕、裂纹、污点、凹坑等。根据不同的应用场景和技术方法,表面缺陷检测通常包含以下几个核心步骤:图像获取、图像预处理、特征提取和缺陷分类。

1. 图像预处理

图像预处理是表面缺陷检测的重要步骤,其主要目的是通过各种技术来增强图像质量,从而提高后续特征提取和缺陷分类的准确性。预处理过程通常包括去噪、增强和二值化三个主要部分,每一步骤都有助于提升后续处理的效果。

图像增强则旨在改善图像的对比度和细节,帮助缺陷更加显著地展现出来。直方图均衡化可以通过调整灰度分布,使图像的对比度更加均匀,从而提升缺陷区域的可见性;而对比度拉伸则通过增强高频信息,使边缘和细节更加清晰,有助于后续的特征提取。如图6-30所示,采用限制对比度直方图均衡算法,能够抑制噪声的放大,在增强缺陷目标与背景对比度的同时突出图像内部细节信息。原图中整体的亮度较低,像素值多集中在[50,100]px,图像内的缺陷特征与背景像素值差距较小。经过图像增强处理后的图像整体亮度得到有效提升,使得图像中的缺陷特征信息更加突出,且与背景的像素点区分较为明显,相比均衡化之前的图像能展现出更多的细节信息。图像增强前后的图像和直方图对比如图6-30所示。

(a) 原图

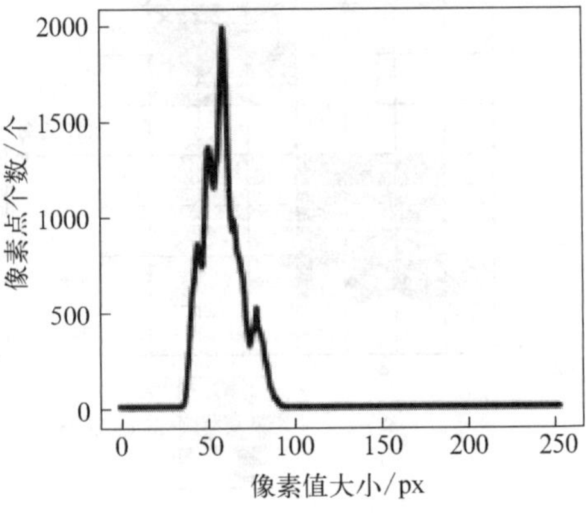

(b) 原图直方图

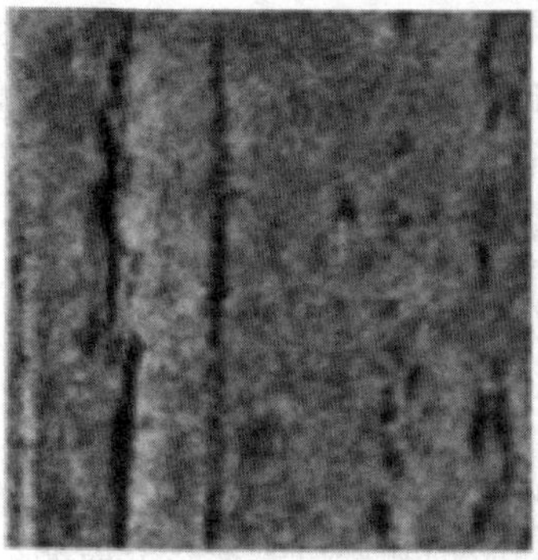

(c) 均衡后的图像

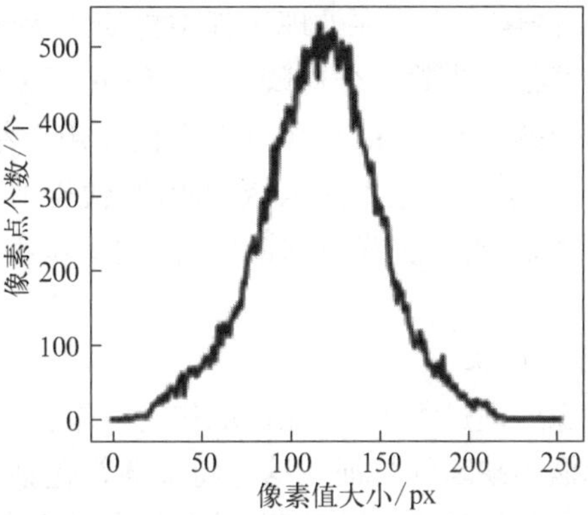

(d) 均衡后的直方图

图 6-30　图像增强前后的图像和直方图对比

在去噪阶段,通过高斯滤波和中值滤波等技术来减少图像中的噪声干扰,确保缺陷特征更加明显。高斯滤波通过加权平均的方法平滑图像,去除均匀分布的随机噪声;而中值滤波则通过提取局部区域的中位数来消除突出的噪声点,特别适用于去除椒盐噪声。图 6-31 分别为对原图像经过图像增强处理获得的均衡后的图像,处理后添加椒盐噪声的图像及分别采用四种滤波方式进行滤波处理的结果。四种滤波方法的处理结果如图 6-31(c)~(f) 所示。

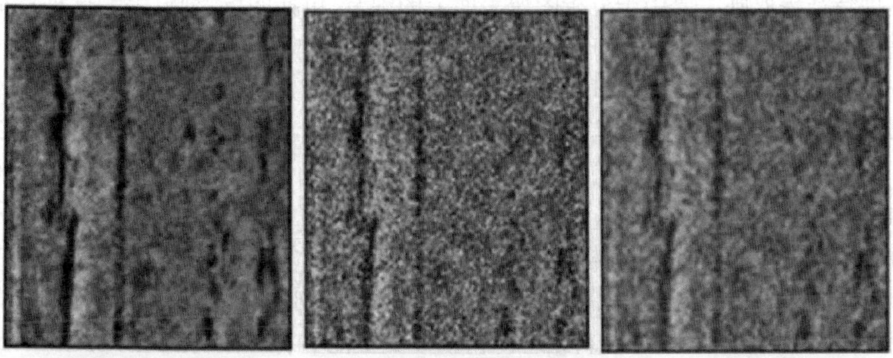

(a) 均衡后的图像　(b) 加入椒盐噪声　(c) 均值滤波

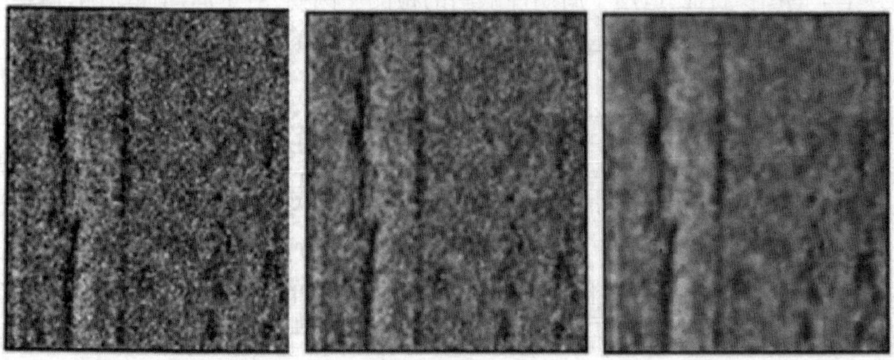

(d) 中值滤波　(e) 高斯滤波　(f) 双边滤波

图 6-31　四种滤波方法的处理结果

此外,图像二值化在处理过程中扮演了关键角色,帮助将图像分割为前景与背景,从而简化后续处理步骤。全局阈值(如 Otsu 算法)通过自动迭代调整阈值,确保图像在前景和背景之间的分割最优,从而有效降低噪声对结果的影响。自适应阈值则适用于光照不均匀的图像,动态调整不同区域的阈值,使得前景和背景区分更清晰。

整体来说,通过去噪、增强和二值化等步骤,可以显著提升表面缺陷检测的准确性和可靠性。

2. 特征提取

在图像处理过程中,特征提取作为一个极为关键的步骤,其主要目的是从图像中提取能够有效描述缺陷的特征。这些特征通常包括形状、纹理和颜色等多个方面的信息,通过这些特征,可以更准确地识别和分类图像中的缺陷,从而提升自动化检测和分析的能力。特征提取的方法非常丰富,涵盖边缘检测、纹理分析和频域分析等多种技术,每种方法针对不同类型的图像特征有着独特的优势。

边缘特征提取是图像处理中最常见的方法,主要用于检测图像中前景和背景的边界。边缘信息对于许多视觉任务来说都是至关重要的,因为它能够帮助定位图像中的目标区域。例如,Canny 算子和 Sobel 算子是两种常用的边缘检测方法。Canny 算子通过多阶段滤波和边缘检测来生成低噪声、高精度的边缘图像,适用于复杂图像中的边缘提取。相比之下,Sobel 算子适用于简单图像处理任务,可以检测水平方向或垂直方向上的边缘变化。这种边缘特征提取方法非常适用于提取图像中边界信息,如裂纹、孔洞或其他突出的缺陷区域。

纹理特征提取则主要用于分析图像表面上的细节,包括凹坑、划痕等。这种特征在表面缺陷检测中尤其重要,因为纹理变化能够揭示细微的差异。例如,灰度共生矩阵(gray-level co-occurrence matrix, GLCM)是一种常见的纹理分析方法,它能够提取图像中不同方向上邻域像素之间的灰度统计信息,从而描述图像的局部纹理特征。局部二值模式(local binary patterns, LBP)也是一种有效的纹理提取方法,它通过将局部区域二值化来提取小区域的纹理变化,适用于处理噪声较大的图像。纹理特征对于分析表面不均匀性和细节变化有着重要的应用,尤其是在检测复杂和含有较多噪声的图像时表现出更高的鲁棒性。

频域特征提取则主要用于识别周期性缺陷,如周期性划痕、裂缝等。这种方法通常涉及傅里叶变换或小波变换等频域分析技术。傅里叶变换能够将图像转换到频域空间,从而分析不同频率下的图像特征,适用于周期性缺陷的检测。例如,对于周期性缺陷,傅里叶变换可以帮助分离不同频率下的缺陷信息,从而更准确地提取缺陷区域。小波变换则更加灵活,适用于处理具有多尺度变化的图像。通过小波变换,可以更有效地提取复杂的多尺度特征,例如裂缝、纹理变化等,这对于处理具有复杂结构或时间频域变化大的图像任务尤为重要。

总的来说,无论是边缘特征、纹理特征还是频域特征,都在不同场景下发挥着重要作用。通过不同的特征提取方法,可以更全面和准确地描述图像中的缺陷,从而提升图像处理系统在自动检测和分类任务中的表现。同时,不同的方法也可以根据具体需求进行组合,以增强检测的全面性和鲁棒性。因此,特征提取技术的不断发展和优化,将为图像处理领域提供更加高效和智能的解决方案。

3. 缺陷分类

缺陷分类主要目标是基于提取的特征对不同类型的缺陷进行分类,以准确区分和识别各类缺陷,从而提升检测系统的自动化水平和可靠性。缺陷分类的方法主要包括传统机器学习方法和深度学习方法。

传统机器学习方法,如支持向量机(support vector machine, SVM)和 k-近邻(k-nearest neighbors, KNN),在简单缺陷分类任务中表现良好。SVM 通过将高维特征空间映射到一个分类边界上,通过优化边界来提升分类精度,适用于在特征空间较大的情况下进行分类。KNN 则基于样本的相似度进行分类,主要适用于特征空间较小、问题较简单的分类任务。然而,随着图像处理领域对复杂缺陷的检测需求不断增加,传统方法在处理大规模、高维数据集和复杂缺陷时将面临挑战。

在这样的背景下,深度学习方法,如卷积神经网络(CNN),逐渐成为处理复杂缺陷检测的主流技术。CNN 能够自动提取图像中的多层次特征,通过大量标注数据进行训练,从而有效提升对复杂缺陷的分类能力。例如,对于小裂纹、细微划痕等难以通过传统方法准确识别的缺陷,CNN 可以通过自动学习特征表示,从而显著提高分类的准确性和效率。深度学习的方法不仅能处理大规模的图像数据集,还能在不同复杂程度的缺陷分类中表现出较高的鲁棒性。通过训练更加深层次的网络模型,CNN 能够捕捉到图像中细微的模式变化,从而在处理复杂结构、光照变化或噪声较多的缺陷时表现出更强的适应能力。

此外,深度学习方法还能够与传统机器学习方法结合使用,以弥补各自的不足。例如,使用 CNN 提取特征后,可以结合 SVM 或其他分类算法进行进一步分类,从而进一步提升分类的准确性和泛化能力。这种融合的方法在实际应用中得到了广泛采用,因为它能够利用深度学习的特征提取能力及传统算法在分类上的稳定性。因此,无论是单独使用深度学习方法还是与传统方法相结合,图像分类系统都能够在复杂、动态的环境中更准确地识别缺陷类型,从而推动图像处理技术的发展和应用。

图 6-32 展示了某试验中检测出的钢材表面缺陷结果分类,其采用钢材表面缺陷数

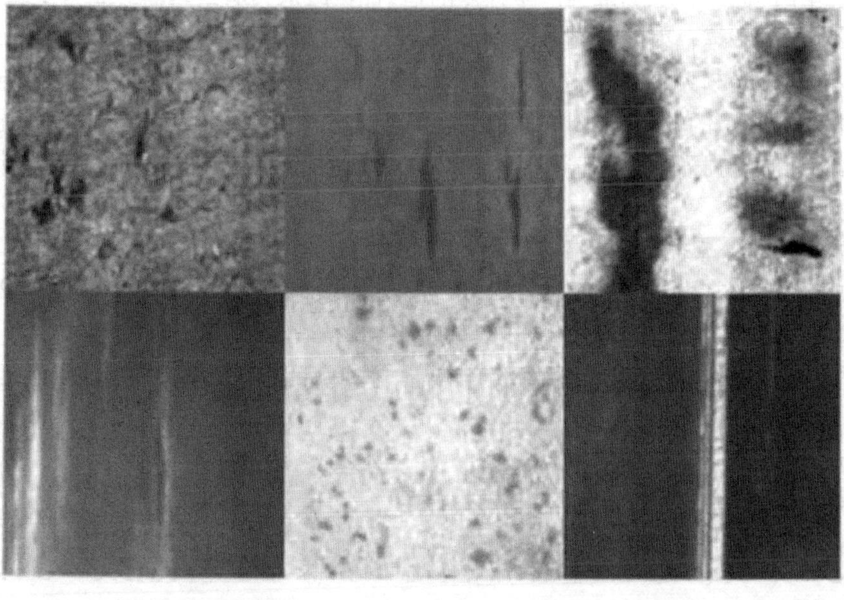

图 6-32 各类钢材表面缺陷图片

据集 NEU-DET 训练并验证,其中包含 1 800 张图片,每类有 300 张图片,一共有六类,分别为 Cr(裂纹)、In(夹杂)、Pa(斑块)、Sc(划痕)、Ps(麻点)、Rs(压入氧化铁皮)。

6.4 光谱图像处理

6.4.1 光谱图像测量概述

辐射是电磁波能量传递的现象,不同频率的电磁波是由产生电磁波原因的不同而造成的,包括紫外线、可见光、红外线、X 射线、γ 射线等各种电磁波,如图 6-33 所示,而因为热的原因而产生的电磁波辐射称为热辐射(thermal radiation)。

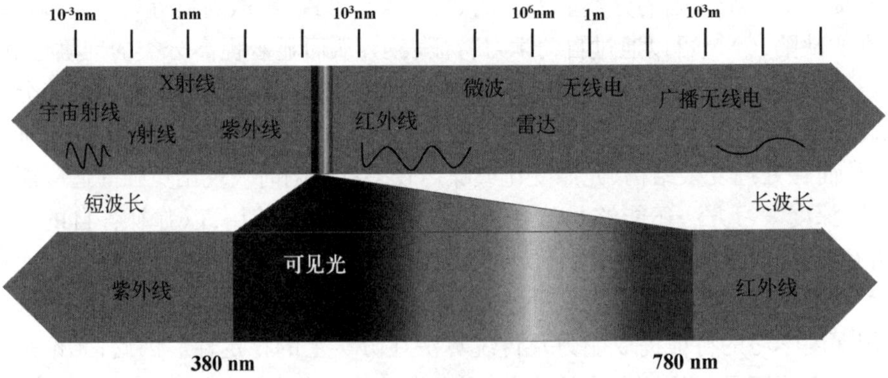

图 6-33 电磁波波谱

当物体大于"绝对零度"时,物体总是不断将自身热能转化为辐射能,向外界发出热辐射。火焰中的固相颗粒燃烧会产生强烈的辐射信号,是火焰中热辐射能力主要来源,在不同波段范围内火焰辐射信号有着不同的辐射特性。从热辐射角度看待燃烧问题,一般是在 0.1~100 μm 波段内进行研究。不同相态的燃料燃烧在光谱维度表现出不同的辐射特性,固相颗粒燃烧的辐射在光谱维度上呈现连续的谱线特,辐射率随波长变化相对稳定。气体辐射具有强烈的光谱选择性与容积性(延程性),在固定波长范围内呈带状辐射与吸收特性。

1. 单波长测温原理

单波长测温的基本原理满足普朗克(Planck)热辐射定律,它描述了不同温度下黑体的光谱辐射强度与波长之间的关系,其具体关系如图 6-34 所示。

根据 Planck 黑体辐射定律,黑体的光谱辐射强度可以表示为

$$E_{\mathrm{b}}(\lambda,\ T) = C_1 \lambda^{-5}\left[\exp\left(\frac{C_2}{\lambda T}\right) - 1\right]^{-1}$$

式中,E_{b} 为黑体辐射强度,$\mathrm{W \cdot m^{-3}}$;C_1 和 C_2 分别为第一辐射常量和第二辐射常量,$C_1 = 3.741\,9 \times 10^{-16}\ \mathrm{W \cdot m^2}$,$C_2 = 1.438\,8 \times 10^{-2}\ \mathrm{m \cdot K}$;$\lambda$ 为波长,m;T 为温度,K。

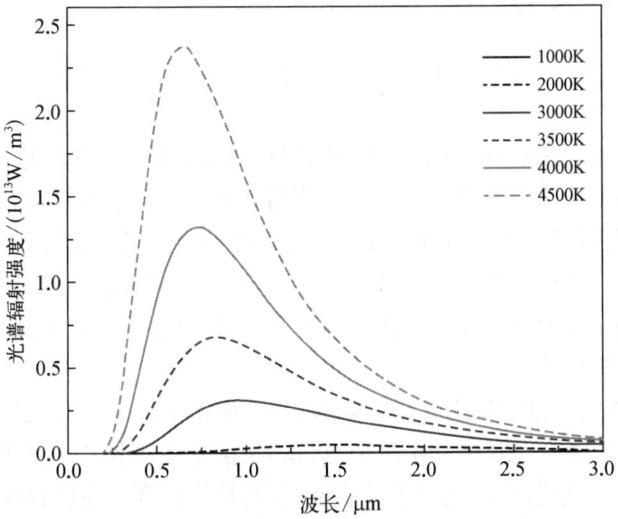

图 6 - 34　光谱辐射强度与波长关系(Planck 定律)

然而,实际物体的辐射强度总是小于黑体的辐射强度。实际物体在不同波长下的光谱辐射强度可以表示为

$$E(\lambda,\ T) = C_1\varepsilon(\lambda,\ T)\lambda^{-5}\left[\exp\left(\frac{C_2}{\lambda T}\right) - 1\right]^{-1}$$

式中, $\varepsilon(\lambda,\ T)$ 为实际物体的辐射率,当 $\lambda T \leqslant 3\,000\ \mu m \cdot K$ 时, $\exp[C_2/(\lambda T)] \gg 1$。因此,对于可见或近红外高温物体光谱测量,可将 Planck 定律简化为 Wien 定律,如图 6 - 35 所示。Wien 定律描述了物体的最大光谱辐射强度对应的波长 λ_{max} 与温度 T 的乘积恒等于 $2\,897.8\ \mu m \cdot K$。

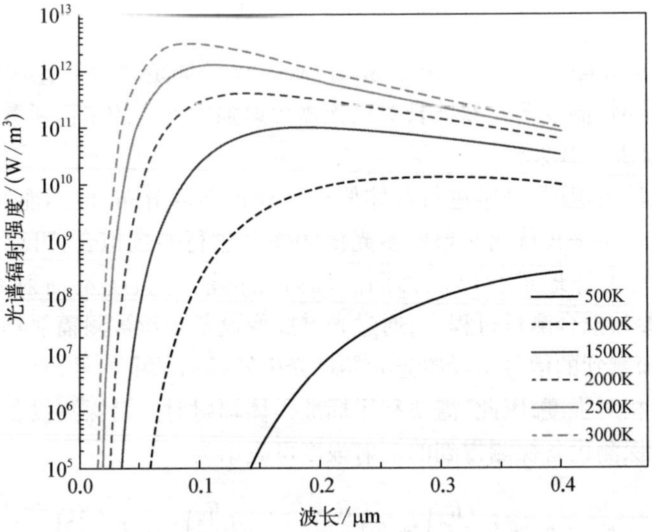

图 6 - 35　光谱辐射强度与波长关系(Wien 定律)

因此,根据 Wien 定律,可将 Planck 定律简化为

$$E(\lambda,\ T)=\varepsilon(\lambda,\ T)C_1\lambda^{-5}\exp\left(\frac{-C_2}{\lambda T}\right)$$

单波长测温通过在黑白相机或者 RGB 彩色相机前加装窄带滤光片来获得待测物体的光谱辐射强度 $E(\lambda,\ T)$,其中 λ 是选择的窄带滤光片的中心波长,所以只需要确定待测物体的辐射率 ε 即可反演出温度参数 T。由于窄带滤光片有一定的带宽,获得的辐射强度其实是波长的积分值,这会给测量带来一定误差,但影响单波长测温的关键是被测对象的辐射率难以确定,这会极大地影响测量精度,因此仅仅使用单波长测温应用并不广泛。

2. 双波长测温原理

由于单波长测温精度受辐射率的影响很大,进而衍生出了双波长测温法,双波长法通过彩色相机 R、G 通道的比值或者在两个黑白相机前加装不同中心波长窄带滤光片的方式获得不同波长下的辐射强度比值来反演温度,其具体温度反演过程如下所示。

双波长测温的基本原理同样满足 Wien 位移定律,假设温度为 T 时,两波长所对应的光谱辐射强度为 $E_1(\lambda_1,\ T)$、$E_2(\lambda_2,\ T)$,两者的比值为

$$\frac{E_1(\lambda_1,\ T)}{E_2(\lambda_2,\ T)}=\frac{\varepsilon_1}{\varepsilon_2}\left(\frac{\lambda_2}{\lambda_1}\right)^5\exp\left[\frac{C_2}{T}\left(\frac{1}{\lambda_2}-\frac{1}{\lambda_1}\right)\right]$$

考虑到实际物体的辐射率难以确定,所以采用经典的双波长辐射测温法,在选取两波长时,尽量选取靠近的两波长来消除辐射率对测量精度的影响,即认为两波长相近时,$\varepsilon_1=\varepsilon_2$,满足灰体特性,由此可得双波长辐射测温方法温度计算式:

$$T=\frac{C_2\left(\frac{1}{\lambda_2}-\frac{1}{\lambda_1}\right)}{\ln\frac{E_1}{E_2}-5\ln\frac{\lambda_2}{\lambda_1}}$$

式中,E_1、E_2 通过光电探测设备并修正获得;λ_1、λ_2 是选定窄带滤光片的中心波长。因此,当双波长选定时,温度 T 是双波长对应光谱辐射强度比值的单值函数。

3. 辐射光谱法测温原理

利用双波长法测温时,通常进行灰体假设来获得温度分布,但不能获得辐射率信息,利用多光谱成像设备采集待测对象的多光谱图像并进行参数拟合,可以同时获得温度与辐射率信息,以便更好地进行燃烧诊断。辐射光谱法的温度及辐射率测量原理基于 Planck 定律,在参数拟合测量过程中,通过光谱成像设备测量被测辐射物体在不同波长下的辐射强度,但探测到的信号是经感光元器件光电转换后的电信号,是与光谱探测设备的响应特性有关的相对强度,因此,需要利用标准黑体辐射对光谱探测设备进行绝对辐射强度的标定。光谱探测设备探测得到的辐射强度可表示为

$$E_m=b_0+b_1\left(\frac{R_\lambda}{t}\right)+b_2\left(\frac{R_\lambda}{t}\right)^2+b_3\left(\frac{R_\lambda}{t}\right)^3+b_4\left(\frac{R_\lambda}{t}\right)^4$$

式中，E_m 为多光谱成像设备在 λ 波段下经标准高温辐射源标定后的绝对辐射强度；R_λ 为多光谱成像设备在这一波段的响应值；t 为曝光时间；$b_i(i = 1 \sim 4)$ 为假定多项式关系的各阶测量系统响应系数，由黑体炉标定试验得到。

因此，参数拟合问题变为了如何通过采集修正得到的 m 个绝对辐射强度 $E_m(R_{\lambda_1})$，$E_m(R_{\lambda_2})$，…，$E_m(R_{\lambda_m})$ 来求解 ε 和 T。需要求解的方程如下所示：

$$\begin{cases} E_m(R_{\lambda 1}) = \varepsilon C_1 \lambda_1^{-5} \exp\left(\dfrac{-C_2}{\lambda_1 T}\right) \\ \cdots \\ E_m(R_{\lambda j}) = \varepsilon C_1 \lambda_j^{-5} \exp\left(\dfrac{-C_2}{\lambda_j T}\right) \\ \cdots \\ E_m(R_{m\lambda}) = \varepsilon C_1 \lambda_m^{-5} \exp\left(\dfrac{-C_2}{\lambda_m T}\right) \end{cases}$$

首先采用双色法求解初值，双色法可表示为

$$T = c_2\left(\frac{1}{\lambda_2} - \frac{1}{\lambda_1}\right) / \ln\left[\frac{E(\lambda_1)}{E(\lambda_2)}\left(\frac{\lambda_1}{\lambda_2}\right)^5\right]$$

$$\varepsilon = E(\lambda_1) / \left(\frac{c_1}{\lambda_1^5 e^{c_2/\lambda_1 T}}\right)$$

式中，λ_1 和 λ_2 代表多光谱成像设备的两个不同波长；$E(\lambda_1)$、$E(\lambda_2)$ 为该波长下修正过后的绝对辐射强度。

在双色法求得初值后，使用非线性最小二乘法进一步优化 ε 和 T。通过非线性最小二乘迭代寻优进行参数拟合，即测量修正得到的绝对辐射强度 $E_m(R_\lambda)$ 与理论辐射强度 $E(\lambda, T)$ 之间拟合误差最小时的 ε 和 T。建立的参数拟合模型如下：

$$\begin{aligned} f(\varepsilon, T) &= \min \sum_{\lambda=1}^{n} \left[\ln E_\lambda - \ln E_m(R_\lambda)\right]^2 \\ &= \min \sum_{\lambda=1}^{n} \left[\ln\varepsilon + \ln C_1 - 5\ln\lambda - \frac{C_2}{\lambda T} - \ln E_m(R_\lambda)\right]^2 \end{aligned}$$

式中，C_1、C_2 和 λ 为已知量；E_m 为经高温辐射源标定后的绝对辐射强度。当辐射率 ε 与温度 T 使 $f(\varepsilon, t)$ 取得最小值时，这时方程求解达到收敛，对应的待求参数为最优解。

6.4.2　光谱测量标定

1. 单波长辐射测温相机光电响应标定

由于单波长相机采集得到响应值是通过光电转换后的相对强度，需要通过高温黑体辐射源进行响应标定修正得到绝对辐射强度，采集得到的部分温度下的单波（850 nm）长图像如图 6－36 所示。

(a) 1100℃　(b) 1200℃　(c) 1400℃

图 6 - 36　部分温度下的 850 nm 单波长图像

通过建立采集得到的各温度下单波长图像的最大响应值与该温度下黑体理论辐射强度之间的关系即可得到 850 nm 单波长相机的光电响应关系,具体如图 6 - 37 所示。

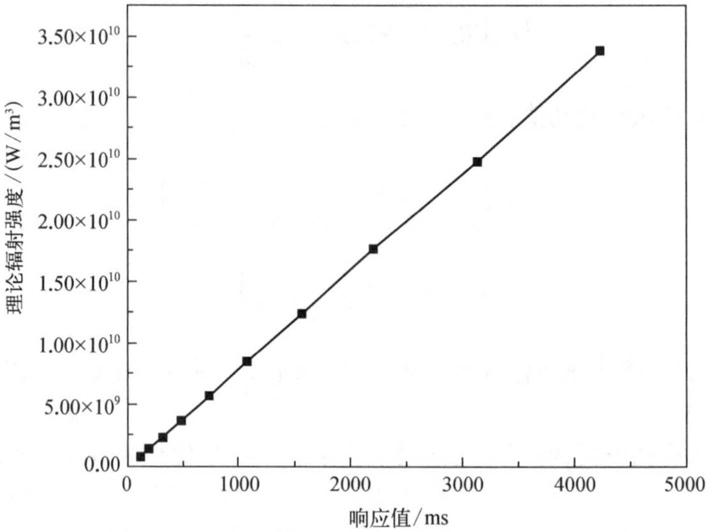

图 6 - 37　850 nm 单波长相机光电响应关系

2. 光谱图像测温相机光电响应标定及其影响因素研究

光谱相机的响应标定实际上是分别建立光谱相机全响应波段与理论辐射强度之间的关系,标定实物同样采用高温黑体辐射源,采集得到的部分温度下的光谱图像重建 RGB 伪彩图如图 6 - 38 所示。

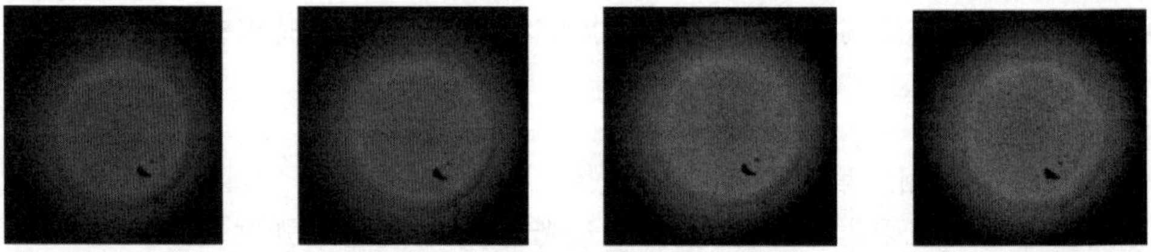

(a) 800℃(28.5 ms)　(b) 1000℃(3.2 ms)　(c) 1200℃(0.63 ms)　(d) 1400℃(0.16 ms)

图 6 - 38　部分温度下的重建伪彩图

通过建立光谱相机各相应波段下黑体辐射强度与各波段响应值之间的关系，即可获得各波段下的响应关系，各波段下的光电响应关系如图 6-39 所示。

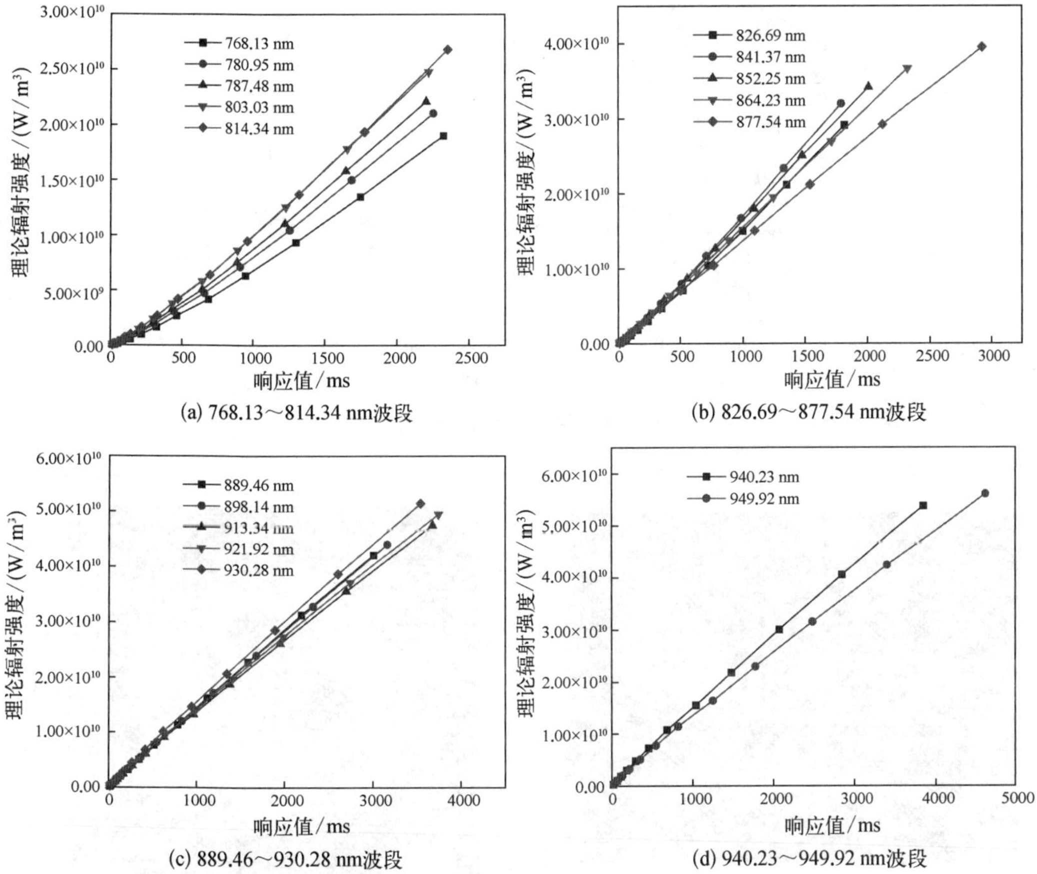

(a) 768.13～814.34 nm波段

(b) 826.69～877.54 nm波段

(c) 889.46～930.28 nm波段

(d) 940.23～949.92 nm波段

图 6-39　17 个波段下的光电响应关系

6.4.3　光谱数据处理

1. 单波长辐射测温结果与分析

对钢板表面加热，使其表面加热变红，用热电偶进行测温，采集得到的温度变化如图 6-40 所示，根据 K 型热电偶分度表换算，钢板温度稳定时的温度为 1 402.9 K，利用单波长相机与光谱相机进行同步图像采集，采集得到的 850 nm 单波长图像如图 6-41(a)所示，可见 850 nm 单波长相机可以清晰成像；利用标定试验得到的光电响应关系进行响应强度修正，再结合 Planck 定律进行温度反演，即可得到加热钢板的温度分布，如图 6-41(b)所示，可以发现加热钢板中心区域温度分布均匀，其平均温度为 1 368.3 K，最高温度为 1 372.0 K，与热电偶测温的相对偏差为 2.47%。

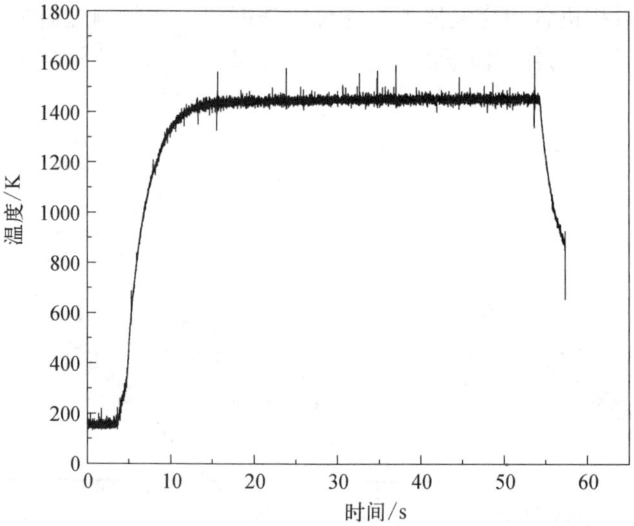

图 6-40　K 型热电偶测温曲线

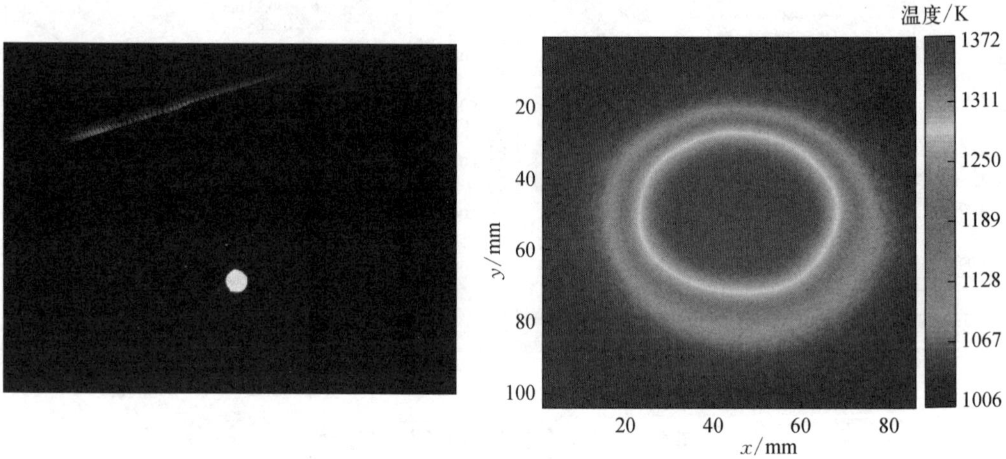

(a) 850 nm单波长图像　　(b) 钢板温度分布

图 6-41　单波长图像处理结果

图 6-42　加热钢板的伪彩色图

2. 光谱图像辐射测温结果与分析

光谱相机采集得到的光谱图像依据 RGB 三波段构造彩色图像的方式建立的加热钢板伪彩色辐射图像如图 6-42 所示,该光谱图像包含 17 个波段下的光谱信息。依据 17 个波段下的光电响应关系进行辐射强度修正并结合各参数拟合方法即可得到加热钢板的温度分布与辐射率分布信息,如图 6-43 所示。光谱相机测温的加热钢板平均温度为 1 394.1 K,其最高温度为 1 400.0 K,与热电偶测温相比,其相对偏差为0.63%,加热钢板的辐射率约为 0.99。

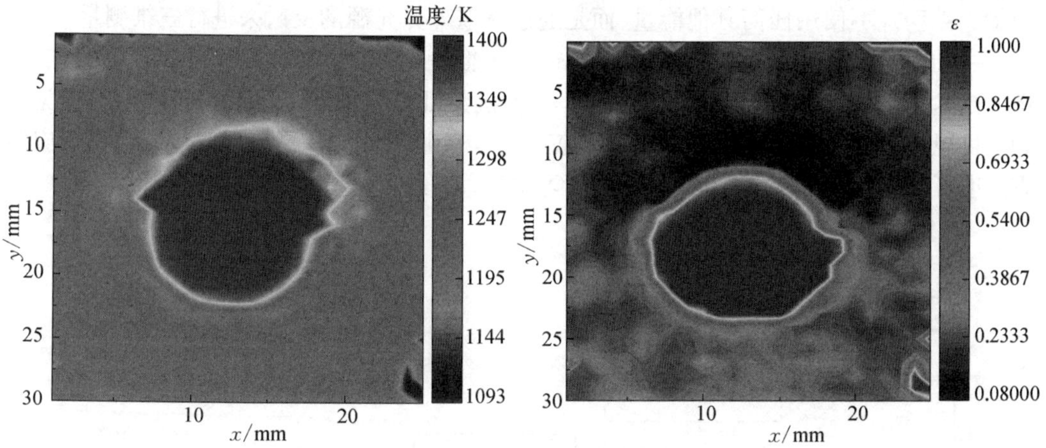

(a) 温度分布 (b) 辐射率分布

图 6-43 加热钢板的温度分布与辐射率分布结果

6.5 三维重构技术

6.5.1 三维重构技术概述

三维重建技术属于计算机视觉领域的一个主要分支，其关键研究内容为如何运用计算机科学和光学手段从二维图像内提取物体的深度信息，从而获取待测目标或场景的三维数据，并以点云或三维曲面的形式表示出来。该技术运用到了计算机视觉、计算机图形学、数字图像处理及机器学习等相关领域的知识。随着传感器技术、计算能力和算法的进步，三维重构方法在工业、医学、虚拟现实、文化遗产保护等领域展示了巨大的潜力和广泛的应用。

三维重建经过数十年的发展，已经取得巨大的成功。基于视觉的三维重建在计算机领域是一个重要的研究内容，主要通过使用相关仪器来获取物体的二维图像数据信息，然后，再对获取的数据信息进行分析处理，最后，利用三维重建的相关理论重建出真实环境中物体表面的轮廓信息。基于视觉的三维重建具有速度快、实时性好等优点，能够广泛应用于人工智能、机器人、无人驾驶、即时定位与地图构建（simultaneous localization and mapping, SLAM）、虚拟现实和 3D 打印等领域，具有重要的研究价值，也是未来发展的重要研究方向。

1. 三维重建的分类

从整体上来看，三维重建技术主要通过视觉传感器来获取外界的真实信息，然后，再通过信息处理技术或者投影模型得到物体的三维信息，也就是说，三维重建是一种利用二维投影恢复三维信息的计算机技术。

从数据获取方法上来划分，可以划分为接触式和非接触式两种。接触式方法其实就是利用某些仪器能够快速直接测量场景的三维信息，主要包括触发式测量、连续式测量、CMMs 和 RA 等。虽然，接触式方法有其独特的优点，但是该方法只能应用于仪器能够接触到测量场景的场合。非接触式主要包括主动视觉法和被动视觉法，主动式需要向场景中发射结构光源，然后通过计算和提取光源在场景中的投影信息来检测目标位置并进行测量。被动式不使用任何其他能量,而是通过获取外界光源的反射来进行三维测量。

主动视觉法又包括激光扫描法、结构光法、阴影法、飞行时间(time of flight, TOF)技术、雷达技术、Kinect 技术等。被动视觉法根据摄像机数目的不同分为单目视觉法、双目视觉法和多目视觉法;根据原理(匹配方法)不同又可以分为区域视觉法、特征视觉法等;根据应用方法也可以分为运动恢复结构法和机器学习法等。三维重建技术分类如图 6-44 所示。

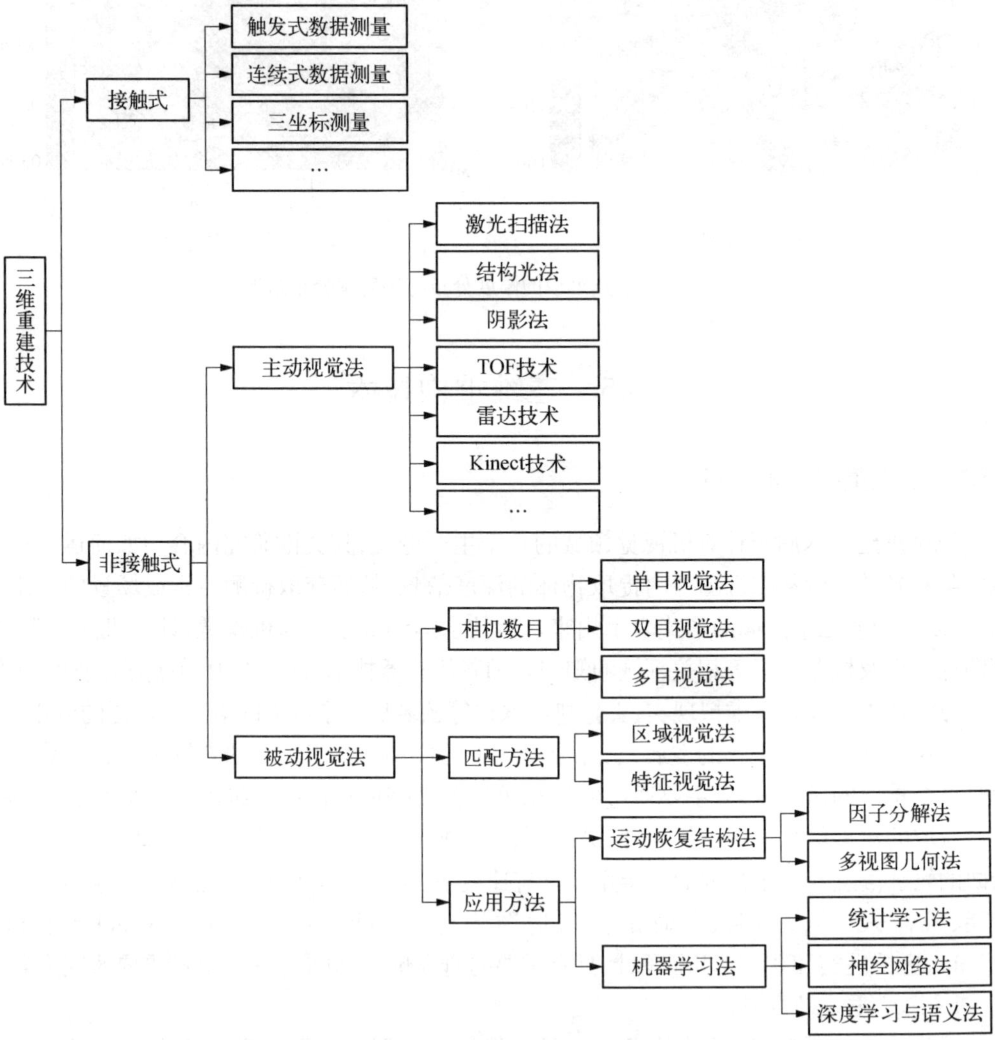

图 6-44　三维重建技术分类

2. 主流重建方法

基于图像的三维重建技术的实质就是利用照相设备或者录像设备采集的、对显示三维场景或者物体离散的二维图像作为基础数据,经过处理得到场景或者物体的三维数据信息,从而生成真实的场景或者物体,然后通过合适的空间模型把全景图像组织为虚拟的实景空间,用户在这个空间中可以实现前进、后退、环视、近看、远看等操作,实现用户全方位观察三维场景的效果,采用这种建模技术可以实现普通计算机上的真实感图形绘制。

当前三维重建技术主要分成两大技术方向,简述如下。

1) 基于视觉几何的传统三维重建

这种三维重建方法研究时间较久远,技术相对成熟。主要通过多视角图像对采集数据的相机位姿进行估计,再通过图像提取特征后进行比对拼接,完成二维图像到三维模型的转换。

(1) 单目三维重建方法。单目三维重建方法只使用一个相机重建三维物体,为了获取三维的信息,需要改变相机的位置或物体的角度,从而获取多个角度的图像来实现重建。

该方法整体的流程如下。

第一步: 对每张图片检测特征点(feature point)并提取特征点的特征描述子(如SIFT)。

第二步: 对每张图片中的特征点进行匹配,建立特征点在所有图像中的轨迹,并且去除不满足几何约束的匹配,例如通过八点法和随机抽样一致性(random sample consensus, RANSAC)方法估计基本矩阵、移除异常点。

第三步: 求取摄像机的内部参数(intrinsic parameter),包括焦距、像素长宽、相机主点坐标、畸变参数;以及每张图的外部参数(extrinsic parameter),包括相机的旋转、平移参数。

第四步: 通过特征点的坐标和相机的内、外部参数,通过三角化计算得到点的三维坐标,得到稀疏的重构。

第五步: 进行结果的优化,通过调整相机参数的估计值和三维点的坐标,使三维点反向投影回图像时的误差最小化。

(2) 基于双目/多目视觉三维重建。双目视觉主要利用左右相机得到的两幅校正图像找到左右图片的匹配点,然后根据几何原理恢复出环境的三维信息。但该方法的难点在于左右相机图片的匹配,匹配地不精确都会影响最后算法成像的效果。多目视觉采用三个或三个以上摄像机来提高匹配的精度,缺点也很明显,需要消耗更多的时间,实时性也更差。

这两种方法理论上都可较精确地恢复深度信息,但实际上受拍摄条件的影响,其精度往往无法得到保证。常见的有半局匹配(semi-global matching, SGM)和半局块匹配(semi-global block matching, SGBM)算法等,其中自动驾驶数据集KITTI中,排名前50的算法几乎有一半都是对SGM的改进。

2) 基于深度学习的三维重建

这种方法主要使用了深度神经网络超级强大的学习和拟合能力,可以对RGB或RGBD等图像进行三维重建。这种方法多为监督学习方法,对数据集依赖程度很高。由于数据集的收集和标注问题,目前多在体积较小的物体重建方向上研究较多。

基于深度学习的三维重建方法依赖于大规模的标注数据集,而大场景数据的采集和标注工作量非常大,基于深度学习的三维重建方法多采用物体或人体标注数据集来实现。近几年,该方向的一些经典方法包括以下几种。

(1) 基于单张RGB图像的三维重建。基于单张RGB图像的三维重建算法通过两部分实现: 特征提取和Mesh表示。首先,使用全卷积神经网络(fully convolutional neural network, FCN)对输入的单张RGB图像进行特征提取,提取到的高维特征用于三维形状建模;然后,通过图卷积神经网络(graph convolutional network, GCN)对三维Mesh进行表征和处理,使 Mesh 逐步变形,以逼近目标物体的真实三维形状。该方法无须依赖点云、深度图等额外数据,能够直接从 RGB 图片生成物体的三维 Mesh 表示,实现高效的三维重建。

(2) 基于多视图的三维重建。采用深度学习实现二维图像到三维 Voxel 模型的映射,可以通过 Encoder - 3D LSTM - Decoder 的网络结构来完成。首先,使用标准的 CNN 编码器对输入的二维图像进行特征提取,将其编码为高维特征向量;然后,这些特征向量通过 3D LSTM 层进行处理,LSTM 单元按照三维网格结构组织,每个单元接收来自编码器的特征向量并进行时序和空间特征的融合,同时逐步生成三维 Voxel 模型的局部特征;最后,解码器网络通过反卷积(deconvolution)层将处理后的特征向量解码为完整的三维体素模型。通过这种编码-处理-解码的结构,网络能够从二维图像中有效地学习三维空间结构并生成对应的三维表示。

(3) 基于点云数据的三维重建。输入为给定的一张 RGB 或 RGBD 图像数据,通过 PointOutNet 网络实现完整的三维形状重建,并将最终输出的模型通过点云(point cloud)的形式来表示。其中,点云中点的个数为 1 024,对于小物体而言已经足够,但应用于大规模场景或物体三维重建时,该数值需要根据实现场景进行调整。

6.5.2 使用 CTC 技术对工业火焰进行瞬时三维重建

1. CTC 技术概述

化学发光断层扫描与重建(chemiluminescence tomography and reconstruction, CTC)使用绕物体不同视角拍摄的图像直接计算出瞬时 3D 化学发光场。假设一幅图像的总像素个数为 *N*pix,视角个数为 *N*cam。相机像素所检测出的谱密度与穿过目标体积光路所发出光的总和相关。该理论基于基本辐射传递方程,将沿光路辐射强度的变化和局部吸收、体积发射关联起来。CTC 忽略了散射和重吸收,简化了辐射传输方程(radiative transfer equation, RTE)。

以下公式表示了投影过程,其中投影测量 I_{qp} 被近似为穿过 3D 场的有限和;火焰的光学 3D 场被离散为 N_{vox} 个体素;w_{qpv} 表示每个体素 v 在视角 q 下对像素 p 的贡献;$Q_v(x, y, z)$ 为被重建的离散场。

$$I_{qp} = \sum_{v=1}^{N_{\text{vox}}} w_{qpv} Q_v$$

CTC 基于迭代代数重建技术(algebraic reconstruction technique, ART),通过简单的光线追踪对相机光学进行建模,使用非平行光线来解释透视效果。因此,需要直接进行 3D 重建,而不是 2D 堆叠重建。对于整个重建过程,对测量到的投影 I_{qp} 和由当前迭代所重建的场 Q_v^h 的等效投影进行了对比。

2. 火焰的三维瞬时重建

火焰的 24 个视角都用于重建,重建结果如图 6 - 45 所示。一个瞬时不同角度的火焰图像如图 6 - 46 所示。

3. 使用层析法和双色测温法进行火焰三维温度场重建

如果对从 RGB 通道到 RGB 波长的辐射衰减进行校正,就可以由彩色图像获得特定波长的辐照度。作者基于该发现,提出了一种新的基于双色测温法及层析原理进行三维

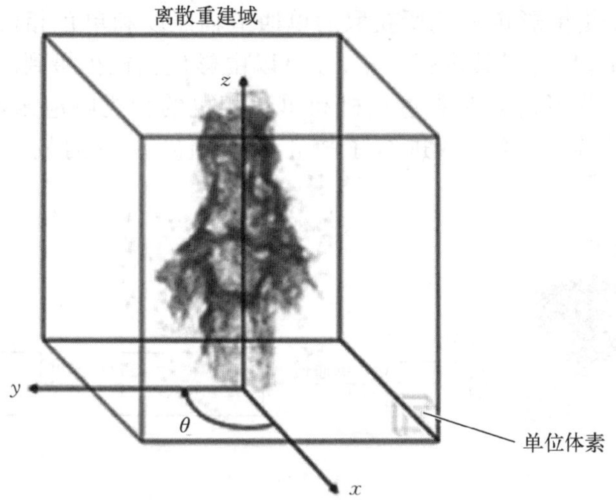

图 6－45　火焰三维重建结果

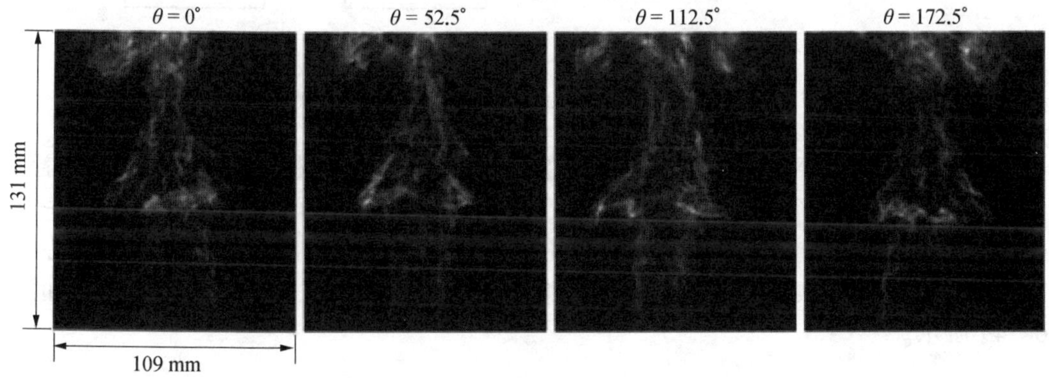

图 6－46　不同角度的火焰图像

温度场重建的方法。

首先分别对彩色相机 RBG 三个通道及获取单波长图像的单色相机的响应函数进行了校正，再对 RGB 三个通道的辐照度到 RGB 三个波长的辐照度衰减系数进行了校正，然后通过由彩色相机所获取的 RGB 三通道的辐照度获取到了 RGB 三波长的辐照度图像，最后使用体层析及双色测温法计算得到了 3D 单色发射功率场，具体的实现步骤如图 6－47 所示。

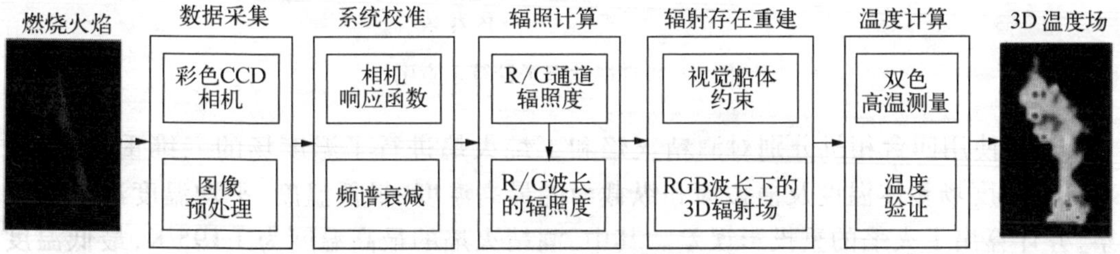

图 6－47　方法流程图

辐照度衰减是指由彩色相机所获取的单通道辐照度和单色相机所获取的单波长辐照度之间的关系,只有对其进行校正,才可以由彩色相机拍摄到的图像中获取到单波长的单色图像。作者首先对彩色相机和单色相机的相机响应函数进行了校正,然后再对彩色相机的辐照度衰减进行了校正。辐照度衰减的校正流程如图 6-48 所示。

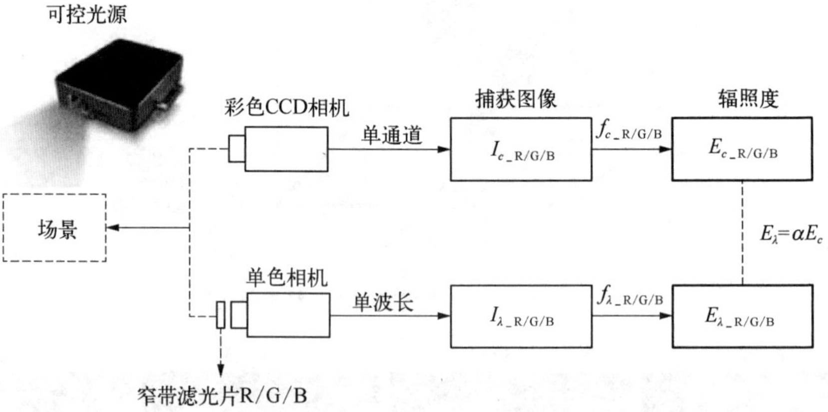

图 6-48　辐照度衰减校正流程

在由彩色相机获取了单色辐照度图像后,作者根据体层析及可视外壳限制得到了火焰的 3D 发射功率场。在计算体素到像素的视觉因子时,作者将体素看作一个个小球,将视觉因子看作由相机光心发出的经过像素的射线所形成的以相机光心为顶点的金字塔和体素相交的能量与体素整体能量的比值。视觉因子计算示意图如图 6-49 所示。

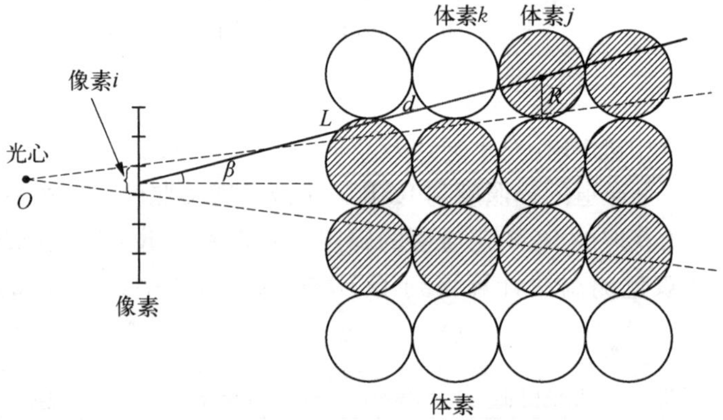

图 6-49　视觉因子计算示意图

试验使用四台相机分别对酒精火焰和丁烷火焰进行了温度场的三维重建,分别对三维温度场整体温度及横截面和纵截面的最高温度、最低温度、平均温度进行了观察,并计算出了火焰的重投影误差。其中,酒精火焰的最高温度为 1 195 K,最低温度为 512 K,最大重投影误差小于 20%;丁烷火焰的最高温度为 1 114 K,最低温度为

502 K,最大重投影误差小于4%。酒精火焰四个视角的投影图像如图6－50所示,横截面温度分布如图6－51所示,纵截面温度分布如图6－52所示,温度场直方图如图6－53所示。

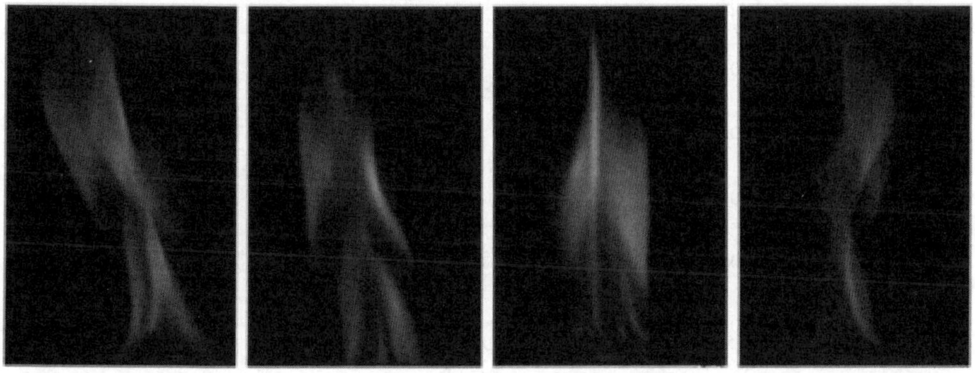

(a) 0°　(b) 45°　(c) 90°　(d) 135°

图6－50　四个视角的酒精火焰彩色图像

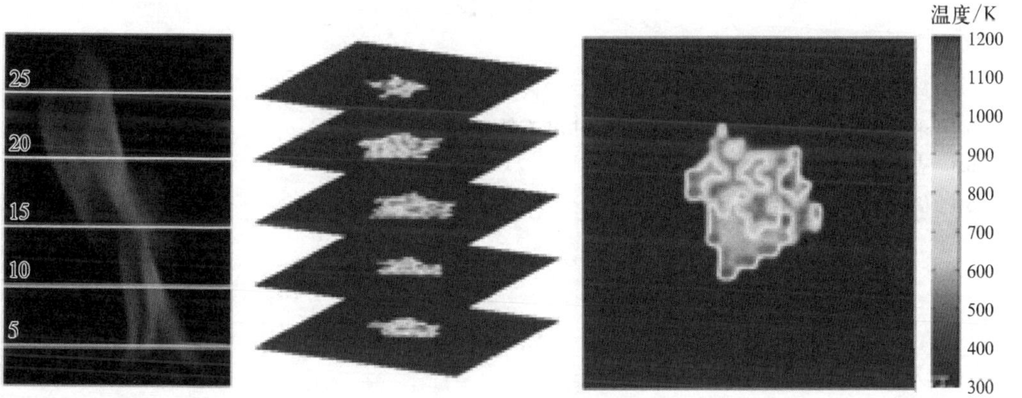

(a) 火焰图像　(b) 横截面　(c) 横截面 15

图6－51　酒精火焰的横截面温度分布

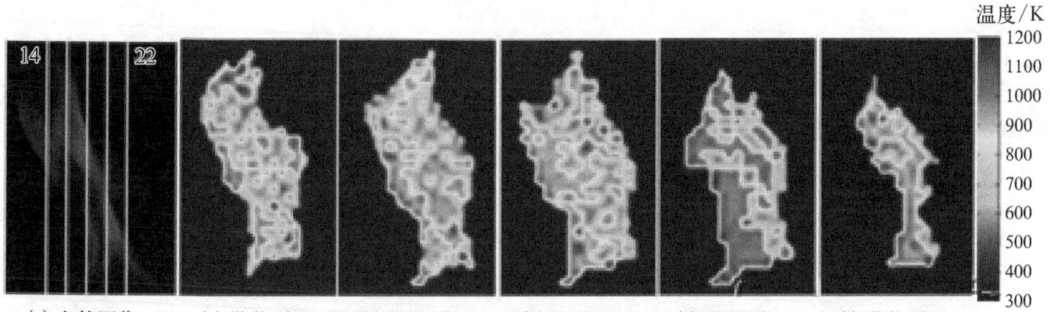

(a) 火焰图像　(b) 纵截面14　(c) 纵截面16　(d) 纵截面18　(e) 纵截面20　(f) 纵截面22

图6－52　酒精火焰的纵截面温度分布

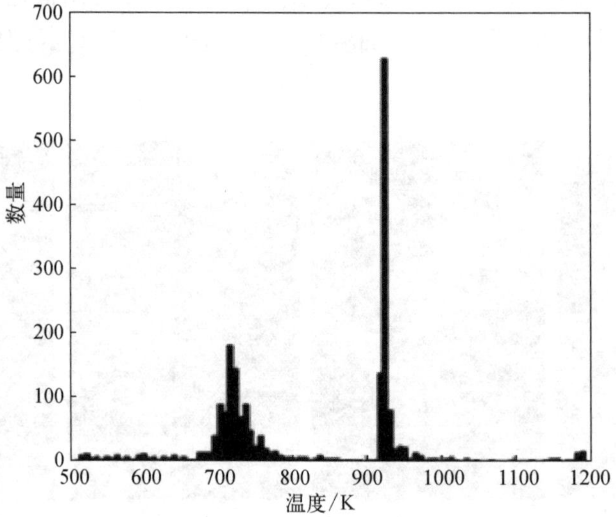

图 6-53 酒精火焰温度场直方图

习 题

6.1 简述目前有哪些主流的图像处理技术。

6.2 采用激光全息技术对推进剂铝颗粒燃烧拍摄有哪些优点?

6.3 表面检测类的图像处理的种类有哪些?

6.4 简述光谱测量温度原理及测温步骤。

第 7 章 典型的智能测试应用

随着科技的发展,超燃冲压发动机已经成为航空航天领域的重要技术之一,为了提高发动机的性能和安全性,智能测试系统成为研究的热点,测试系统不仅要像人的身体一样“感知”发动机的工作状态,还要能够进行判断、处理、反馈,实时进行数据处理并进行控制。本章节将介绍超燃冲压发动机智能传感系统的试验系统与测试方法。

7.1 试验系统与测试方法

智能传感系统由被测量、传感器、预处理器及接口、微型机、输出接口、执行机构等几部分组成,如图 7-1 所示。

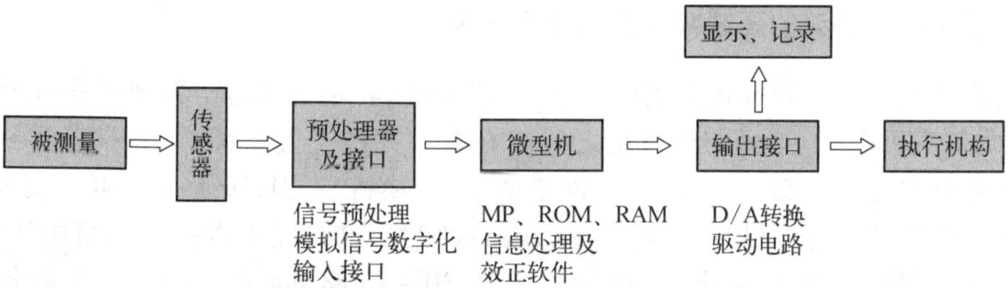

图 7-1 智能传感系统

为了验证燃烧室结构设计,确定不同混合比及不同喷注位置下的燃烧效率,主要测量的参数有:压力、流量、温度。图 7-1 中部分模块的功能如下。

(1) 预处理器及接口:主要完成模拟信号的数字化。主要功能有:① 电压信号处理,将传感器输出的毫伏级或微伏级的模拟信号放大到 A/D 转化器能接收的 0~5 V 或 0~10 V 信号,还要完成滤波、电平转换、电压与电压的转换及隔离等;② 通过输出接口将转换结果送入执行机构进行反馈控制。

(2) 微型机:可以是单片机或者微型处理器。

以图 7-2 中的智能化压阻传感器为例,其工作原理如下:压力或温度信号→放大器变为 0~5 V 电压→多路转换开关,根据单片机发出的指令选择一路信号(压力或温度)→A/D 转换,将模拟信号变为数字信号→单片机根据已知程序进行工作。

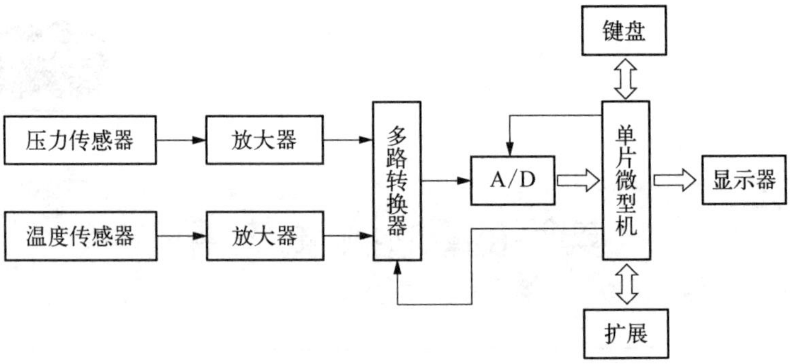

图 7-2 智能化压阻传感器

7.2 智能平台测试系统设计

由于超燃冲压发动机工作包线宽、流道内波系运动复杂、供油及可调作动装置较多且耦合关系庞杂,是典型非线性多变量系统,控制难度大。随着作战需求对导弹提出的高机动性、宽域飞行要求加强,使发动机工况愈加复杂,发动机控制的性能和安全性矛盾进一步增强。超燃冲压发动机对发动机性能参数要求极其苛刻,推力、空气流量等参数控制品质差会造成飞行器失稳、进气道亚临界、发动机喘振甚至熄火等严重后果。为充分发挥超燃冲压发动机的宽速域、高性能优势,设计了基于激波位置估计的超燃冲压发动机智能传感测控系统。

7.2.1 基于网络协议的高速实时数据交互方法

试验测试系统为分布式多主机方案,专机专能,将不同任务分配到不同主机去完成,因此各主机之间、主机与子系统之间存在数据间的交互。图 7-3 是各主机间数据交互的链路总体方案。结合串口、网络协议、交换机、A/D、D/A 模块可以实现单机最高十六路模拟信号 20 kHz 高速采集,八路数字开关信号、十六路模拟量电压信号、十六路模拟量电流信号输出,主机间可保证 30~50 路 double 型 16 字节数据实时互通。

串行通信标准 RSS422 单次通信时间长,数据交互量小,仅适用于任务量小、数据发送情况少的场景中。对于测试频率高、数据量大的系统来说不太适用。

用户数据报协议(user datagram protocol, UDP)是一个无连接协议。在发送端,UDP 传送数据的速度仅仅受应用程序生成数据的速度、计算机的能力和传输带宽的限制。在接收端,UDP 把每个消息段放在队列中,应用程序每次从队列中读一个消息段。UDP 协议省去了建立连接和拆除连接的过程,取消了重发检验机制,能够达到较高的通信速率。

该方案结合两种通信方式的特点,组合使用,由于指令主机的指令变化较少,数据长度较短,选用 RS422 串口方式;其他主机之间数据变化快,数据量大,且除数据交互外,需要运行其他复杂功能,采用“不耗时”的 UDP 方案,同时 UDP 通道可以根据实际需求进行扩展,搭配交换机以简化网络结构。图 7-4 为 UDP Custom 通信协议。

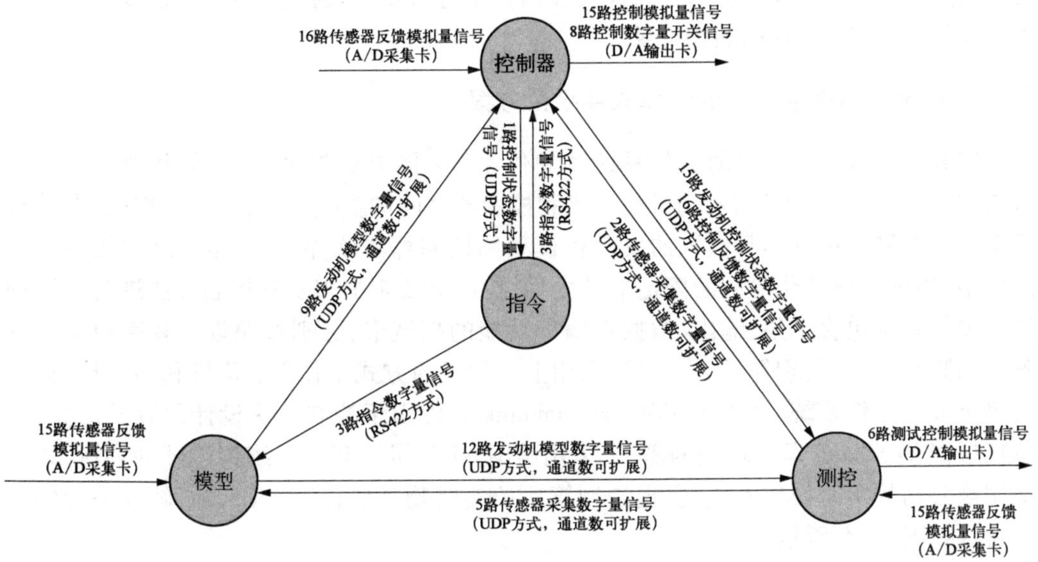

图 7－3　分布式测试系统总体方案

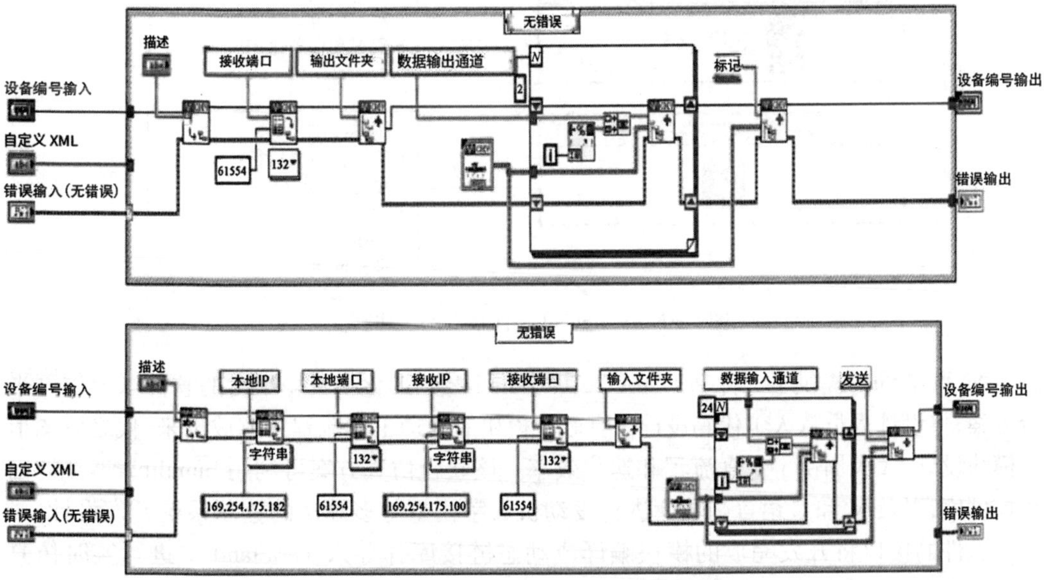

图 7－4　UDP Custom 通信协议

7.2.2　高速测控系统

在仿真平台中,测控系统能够对仿真过程中传感器或系统模型软件模块输出的系统状态随时间的变化情况进行记录与显示。由于是离散的数据帧的记录方式,为了能够完全地反映各系统状态的变化过程,尽量减少采样带来的数据误差和数据失真,这就需要测试系统能够尽快在相同周期内记录更为密集的数据帧。而快速性是与物理硬件相关的,速度越快,则对硬件要求越高,这就需要在两者中进行权衡,通过软件或算法设计在确定的硬件基础上完成高速的测控记录。

7.2.3 基于快速测控原型的仿真软件平台方案

仿真器平台包含众多的软件系统和硬件系统:既有数据采集、通信和数据处理的各类软硬件,完成飞控机、发动机模型机和控制器之间的数据交互;也有飞控机、发动机模型机和控制器硬件本身嵌入的发动机模型和控制算法软件,尤其是超燃冲压发动机随构型、喷油规律变化等的装配适应性模型,控制器要根据多变量控制算法进行参数调试。硬件系统包含采集、输出、数据传输等功能的拓展卡,分别按照设定频率独立完成各自的数据传递、处理等任务。设计采用上下位机的方式工作:上位机利用工控机,运行 Windows 操作系统,使用 MathWorks Simulink 软件用于控制算法设计及数学仿真;下位机根据 VeriStand 运行环境的需求,采用美国 NI 公司的 PXI 系统构建硬件环境,以及应用该公司的实时操作系统,实现控制算法的实时物理验证。VeriStand 软件平台的工作特点如图 7-5 所示。

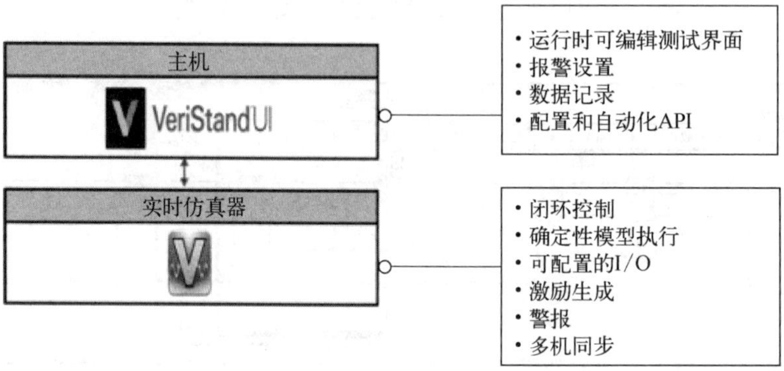

图 7-5 VeriStand 软件平台的工作特点

NI VeriStand 提供了一种基于 MATLAB/Simulink 图形化工具箱平台的软件联合仿真平台方案,将设计人员从人工代码设计仿真软件模块的烦琐工作流程中解放出来,代之以图形化模块设计,大大加快了仿真流程和迭代效率。该联合仿真方案可利用 Simulink 丰富的已有控件库,以及 M 和 C 语言函数库进行发动机数字模型与多算法的控制系统开发设计,可通过软件的接口将开发完成的模块编译成动态链接库并导入 VeriStand 中进行实时仿真运行。

7.3 典型测试数据

本部分进行了基于激波位置估计的燃油闭环控制方案设计。

7.3.1 测试和控制方案设计

双模态超燃冲压发动机工作时,为了匹配来流与燃烧室间的压力,在隔离段位置形成预燃激波,使来流减速增压。预燃激波与边界层的相互作用形成预燃激波串。图 7－6 为双模态超燃冲压发动机中预燃激波串的示意图。

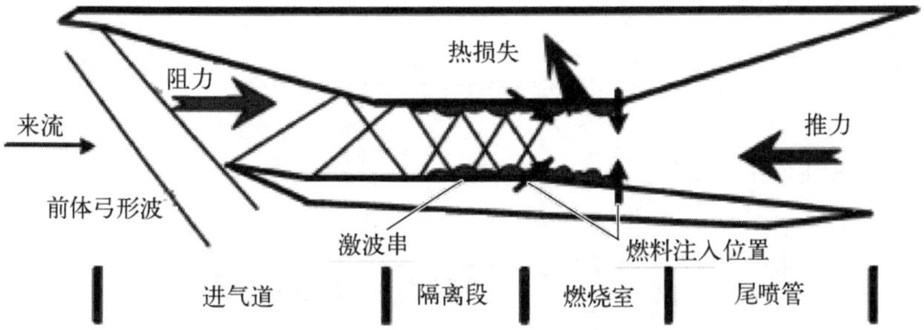

图 7－6　双模态超燃冲压发动机结构简图

超燃冲压发动机预燃激波串的前缘如果太靠近隔离段入口,可能引起进气道不起动,导致推力损失甚至飞行任务失败;如果太靠近燃烧室,则会使激波串的压缩作用减弱,气流马赫数升高,缩短燃料在燃烧室的驻留时间,减慢燃烧反应速率和燃烧效率,降低发动机推力和效率。因此,需要实时检测激波串前缘位置,将其控制在隔离段中的适当位置,保证发动机的安全裕度和最佳性能。本节以超燃冲压发动机的推力需求为牵引,探究基于激波位置精准估计的闭环控制机制,掌握激波位置的在线实时估计方法。基于激波串前缘位置估计的发动机燃油闭环控制方案如图 7－7 所示,首先根据发动机来流条件及相关传感器的测量数据(进气道、隔离段压力测点信息)建立了隔离段的辨识模型,在考虑模型状态含有随机扰动和传感器测量噪声的情况下,通过上述压力测点位置基于插值法对激波串位置进行估计,进而设计了一种智能闭环控制算法,最后通过仿真平台验证了控制算法的合理性和准确性。

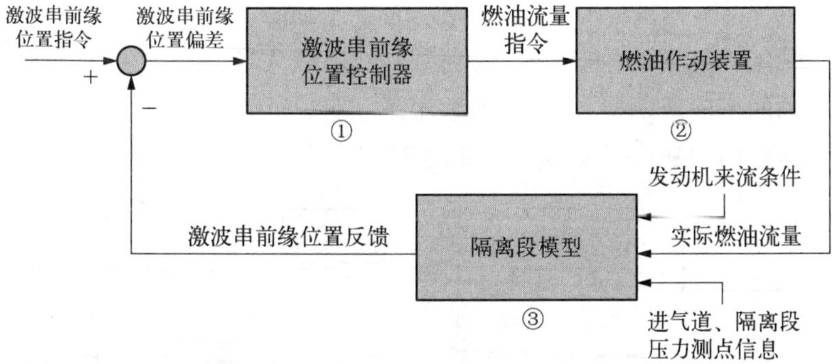

图 7－7　基于激波串前缘位置估计的发动机燃油闭环控制方案

7.3.2　隔离段模型辨识

某型超燃冲压发动机含有两个喷注点,固定当量比,发动机激波串位置 L 与第一个喷注点燃油流量 q_{mf} 之间的关系近似满足:

$$G_1(s) = \frac{L(s)}{q_{mf}(s)} = \frac{K}{Ts + 1}$$

控制器设计时,选取标称模型参数 $K = -0.55$, $T = 0.02$。发动机工况变化时,被控对象系数会偏离标称模型 K 值的变化范围(-0.35~-0.78)。

供油装置的模型近似满足:

$$G_2(s) = \frac{1}{0.05s + 1}$$

为此,控制系统线性模型近似为

$$G(s) = G_1(s)G_2(s) = \frac{K}{0.05Ts^2 + (0.05 + T)s + 1}$$

7.3.3 激波串前缘位置估计

根据发动机控制规律设计要求,为实现对发动机燃油流量的闭环调节,需采用压力法,依据隔离段的各测点压力分布实时估算激波串前缘位置,目前隔离段内用于激波串前缘位置估计的压力传感器测点沿程共 12 个,当隔离段 x 位置的压力满足与所处工况下自由来流静压或冷态压力的 k 倍关系时,将此位置定为激波串前缘位置,计算公式如下所示,进而根据临近的两个压力测点进行一维线性插值,估计出激波串前缘位置 L:

$$P_x(t) = kP_{in}$$

式中, $P_x(t)$ 为热流时 x 位置的壁面压力; P_{in} 为进气道第 n 个压力测点的压力,可根据实际传感器布置情况选取; k 为常数,通过分析某型发动机试验数据,选取 k 为 1.0。

7.3.4 鲁棒控制算法设计

采用 H_∞ 混合灵敏度方法进行鲁棒控制器设计,首先需要将对象的模型考虑为具有加性与乘性摄动的不确定模型,将模型参数不确定性产生的误差归结到加性摄动 Δ_1 中,计算及测量误差归结到乘性摄动 Δ_2 中,如图 7-8 所示。

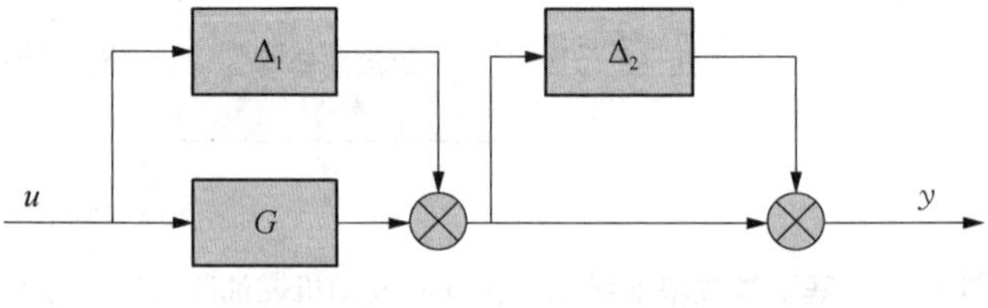

图 7-8 控制对象的不确定结构

考虑不确定性后控制系统框图如图 7-9 所示。其中, d 为外界扰动, η 为传感器扰动。$W_1(s)$ 和 $W_2(s)$ 为加权函数, $Z = [z_1 \quad z_2 \quad z_3]^{\mathrm{T}}$ 为加权输出。$C(s)$ 为需要设计的控制器,控制器输入 e 为发动机激波串前缘位置误差的相对量 ΔL, 控制器输出 u 为燃烧室燃油流量指令偏移量的相对值 Δq_{mf}。

定义: $S = \dfrac{e(s)}{r(s)} = [1 + G(s)C(s)]^{-1}$, $R = \dfrac{\mu(s)}{r(s)} = C(s)[1 + G(s)C(s)]^{-1}$, $T = \dfrac{y(s)}{r(s)} =$

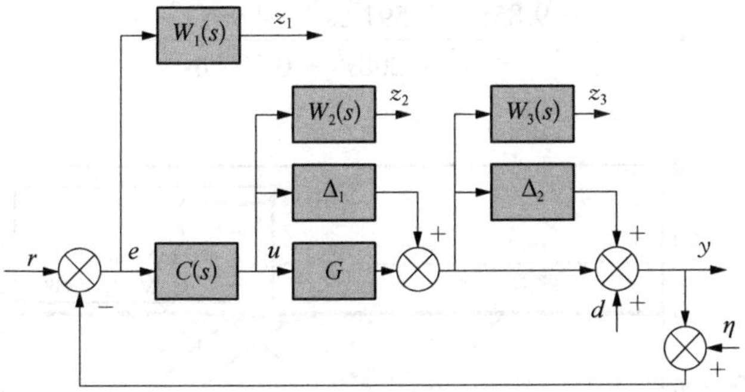

图7-9　带加性与乘性不确定性的控制系统框图

$G(s)C(s)[1+G(s)C(s)]^{-1}$。

闭环鲁棒控制系统稳定的充要条件为

$$\begin{cases}\bar{\sigma}[R(j\omega)\Delta_1(j\omega)] < 1 \ \forall\omega \in [0,\infty) \\ \bar{\sigma}[T(j\omega)\Delta_2(j\omega)] < 1 \ \forall\omega \in [0,\infty)\end{cases}$$

定义 Δ_1 和 Δ_2 的界函数为 $W_2(s)$ 和 $W_3(s)$，那么只要保证：

$$\begin{cases}\bar{\sigma}[R(j\omega)] < \underline{\sigma}[W_2^{-1}(j\omega)] \ \forall\omega \in [0,\infty) \\ \bar{\sigma}[T(j\omega)] < \underline{\sigma}[W_3^{-1}(j\omega)] \ \forall\omega \in [0,\infty)\end{cases}$$

即可保证闭环系统鲁棒稳定。

按标准鲁棒 H_∞ 控制器设计方法设计出的控制器可以保证 $\|Z(s)/r(s)\|_\infty$ 最小，满足：

$$\begin{cases}\bar{\sigma}[S(j\omega)] < \underline{\sigma}[W_1^{-1}(j\omega)] \ \forall\omega \in [0,\infty) \\ \bar{\sigma}[R(j\omega)] < \underline{\sigma}[W_2^{-1}(j\omega)] \ \forall\omega \in [0,\infty) \\ \bar{\sigma}[T(j\omega)] < \underline{\sigma}[W_3^{-1}(j\omega)] \ \forall\omega \in [0,\infty)\end{cases}$$

式中，γ 为 $\|Z(s)/r(s)\|_\infty$ 的下界。因此，只要设计出的控制器满足 $\gamma<1$ 即能保证系统鲁棒稳定。可将原系统鲁棒控制器设计问题转化为图7-10中的标准 H_∞ 架构进行求解。

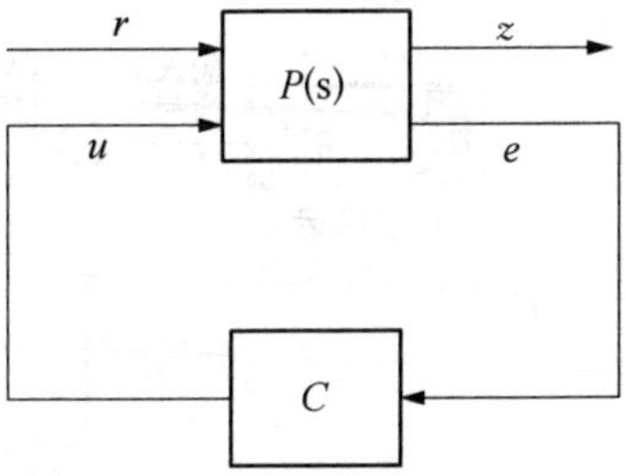

图7-10　鲁棒 H_∞ 控制器设计标准框架

系统增广后的控制对象传递函数矩阵为

$$P(s)=\begin{bmatrix} W_1(s) & -W_1(s)G(s) \\ 0 & W_2(s) \\ 0 & W_3(s) \\ 1 & -G \end{bmatrix}$$

控制器求解结果如下式所示，与所设计控制器的奇异值曲线和权函数约束对比如图7-11所示，表明控制系统满足全范围稳定要求。

$$C(s) = \frac{-9.858s^3 - 591.5s^2 - 4\,931s - 19.71}{s^3 + 208s^2 + 0.332\,6s}$$

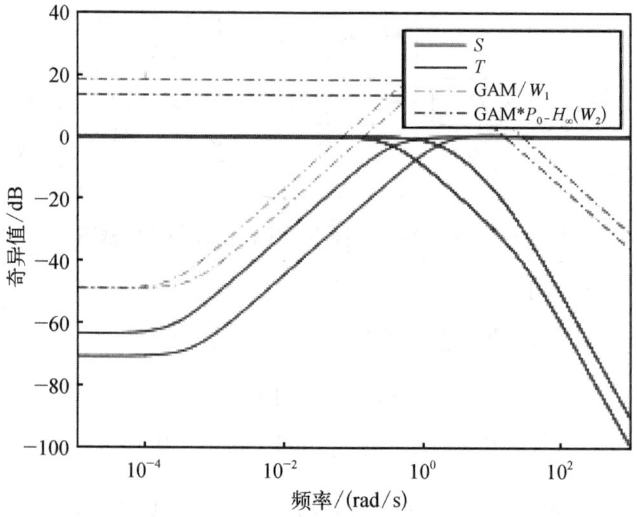

图 7-11　控制器奇异值曲线

由图 7-11 可知,灵敏度函数 S、补灵敏度函数 T 在高频段、低频段均满足设计要求,系统频响也满足设计要求。

7.4　数据判读方法与结果

为考核该测试数据的有效性,在 MATLAB/Simulink 环境下进行时域仿真分析,仿真结构如图 7-12 所示。

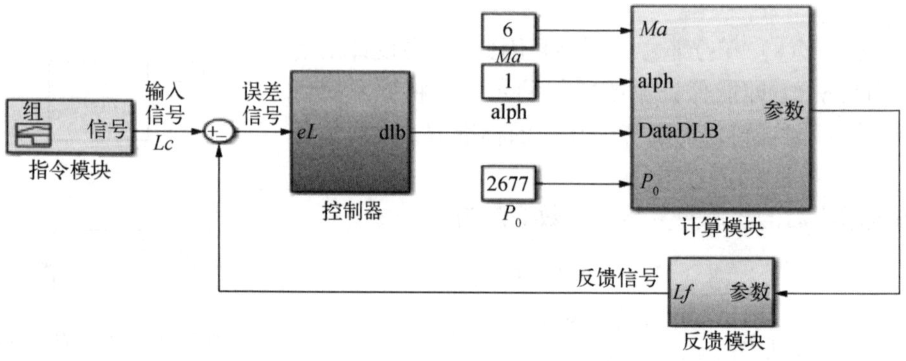

图 7-12　激波串前缘位置闭环控制仿真结构图

测试结果与仿真数据对比如图 7-13,可以看出在该工况下,闭环控制系统能够在 400 ms 左右的时间内达到 95%稳态误差带,超调量在 15%。测试系统采集到的控制压力与流量的关系如图 7-14 所示。各压力测点在 7 s 后正、反向拉偏 0.01 MPa，0.1 s 纯延迟，并叠加 N(0,0.000 005)的白噪声仿真效果如图 7-15 和图 7-16 所示。

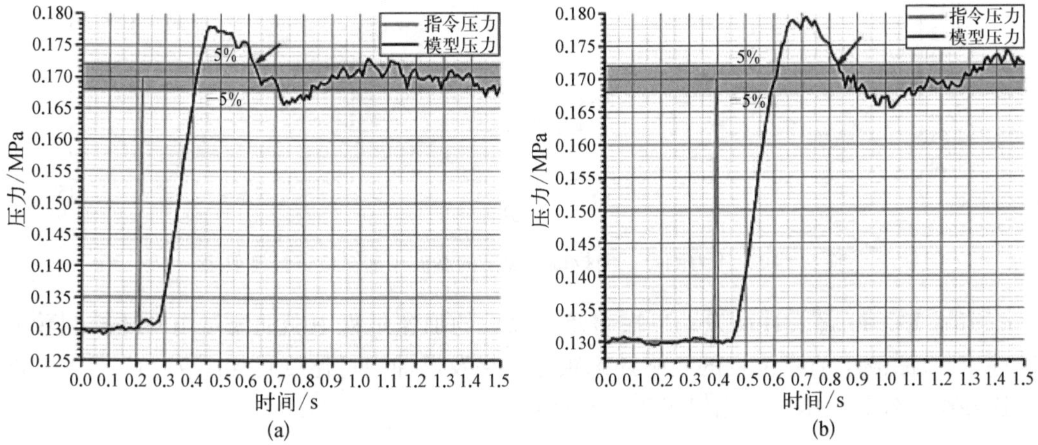

图 7-13　两次实时闭环控制仿真结果

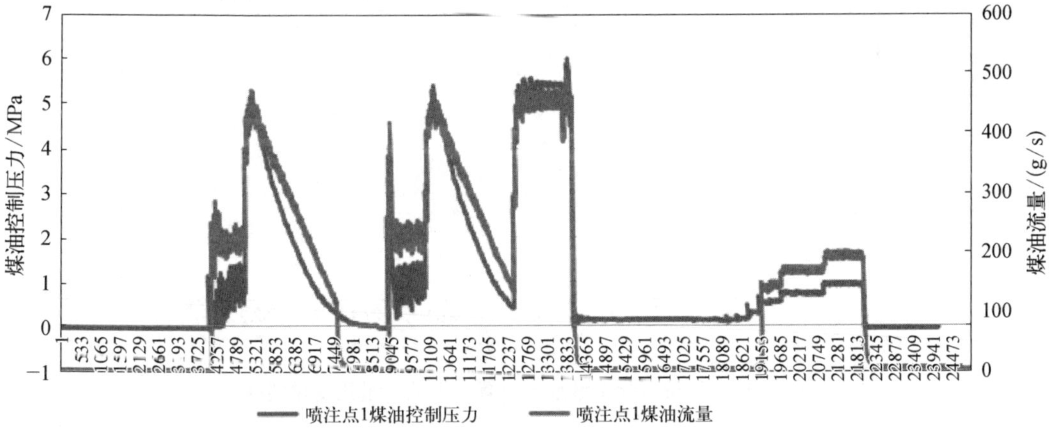

图 7-14　闭环控制压力与流量关系

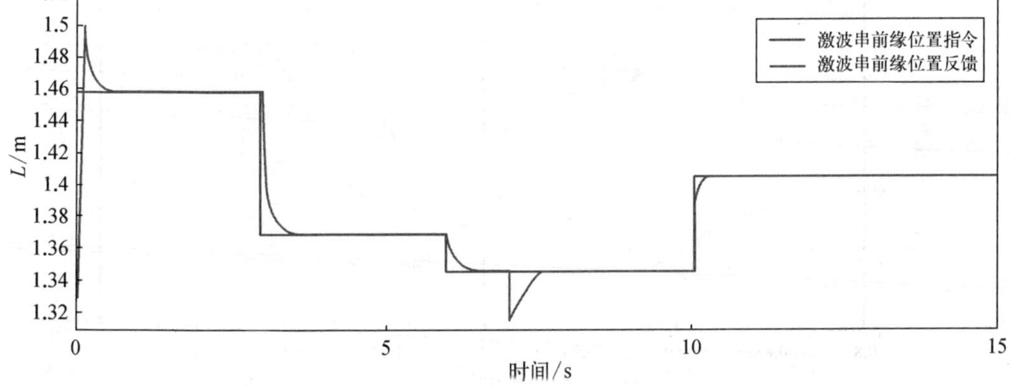

图 7-15　压力测点正向拉偏情况下的激波串前缘位置控制效果

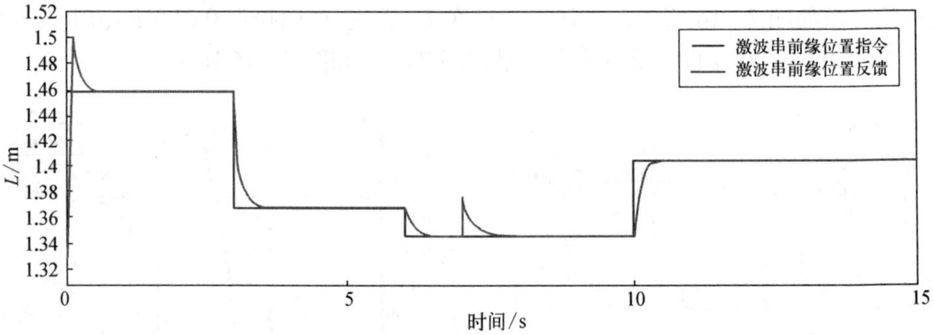

图 7-16 压力测点反向拉偏情况下的激波串前缘位置控制效果

实际飞行中,超燃冲压发动机在 *Ma*5.5 以后的加速过程中燃油流量由开环控制转为闭环控制,激波串前缘位置的实际动态跟踪效果及燃油当量比变化如图 7-17 所示。进气道隔离段各测点压力变化如图 7-18 所示。

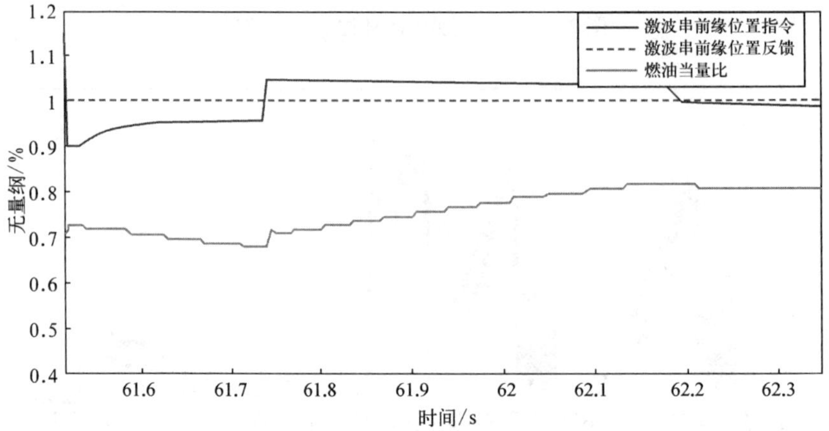

图 7-17 飞行试验中激波串位置及燃油当量比变化曲线

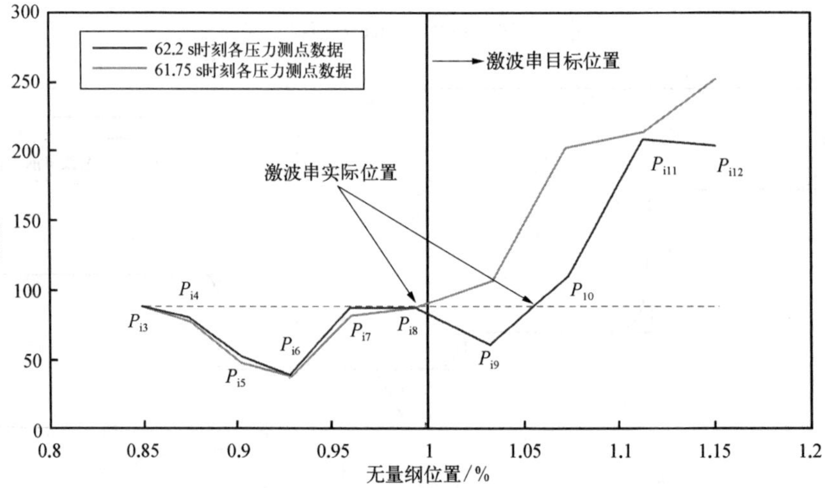

图 7-18 飞行试验中进气道隔离段压力变化曲线

由图 7－15 和图 7－16 的试验结果可得，在稳态条件下，激波串前缘位置响应曲线起调较小、响应较快。存在噪声干扰的情况下，压力插值法作为激波串前缘位置检测方法的抗干扰性较好，因而基于混合灵敏度设计的控制器鲁棒性较好。由图 7－17 和图 7－18 的飞行试验结果可得，在发动机来流条件件变化的情况下，激波串前缘位置的动态跟踪误差不超过 5%，满足控制系统设计要求。

测试结果表明，这种智能测控系统能够有效克服模型参数摄动对系统性能带来的影响，使系统在很宽的范围内保持高精度控制，并具有良好的动态跟踪效果和足够的稳定裕度。进一步通过结合制定的相关控制规律，可实现隔离段激波位置的自主可控调节，避免发动机进气道不起动或燃烧室熄火等问题的发生，扩展发动机的安全工作边界，进而有效提升发动机的工作性能。

习　题

7.1　调研在固体火箭发动机和液体火箭发动机领域的智能测试技术案例。

7.2　在本章的案例中，是如何实现智能测控的？

7.3　调研针栓式固体火箭发动机的相关资料，依照本章案例，设计一个用于实现针栓式固体火箭发动机推力调控的智能测试方案。

参考文献

鲍福廷，黄熙君，2006.固体火箭冲压组合发动机.北京：宇航出版社.

才伟光，2023.基于光谱成像的火焰温度与辐射特性参数同时重建研究.北京：华北电力大学.

曹树谦，张文德，2001.振动结构模态分析——理论、试验与应用.天津：天津大学出版社.

陈汝训，1992.固体火箭发动机设计与研究.北京：宇航出版社.

程锦锋，方贵盛，高惠芳，2023.表面缺陷检测的机器视觉技术研究进展.计算机应用研究，40(4)：967－977.

导弹结构强度计算手册编写组，1978.导弹结构强度计算手册.北京：国防工业出版社.

郭霄峰，1990.液体火箭发动机试验.北京：宇航出版社.

胡松启，李葆萱，李逢春，等，2005.密闭燃烧器法测高压下推进剂燃速研究.含能材料(3)：189－191.

胡仔溪，2000.利用 NASTRAN 和模态试验修正结构有限元分析模型.强度与环境(2)：1－7.

黄克智，1987.板壳理论.北京：清华大学出版社.

金秉宁，王志新，刘佩进，等，2019.同轴数字全息用于铝燃烧颗粒的测量研究.推进技术，40(6)：1399－1408.

金星，洪延姬，2002.工程系统可靠性数值分析方法.北京：国防工业出版社.

李葆萱，肖育民，李逢春，等，1997.密闭燃烧器在固体火箭推进剂燃速测定中的应用研究.弹箭技术(1)：9－14.

李德葆，陆秋海，2001.实验模态分析及其应用.北京：科学出版社.

李久祥，刘春和，2001.导弹贮存可靠性设计应用技术.北京：海潮出版社.

李雪露，杨永辉，储茂祥，2022.基于机器视觉和深度学习的钢板表面缺陷检测研究综述.辽宁科技大学学报，45(3)：193－202.

刘春雨，2022.比色测温法测量碳烟及层流扩散火焰中碳烟特性的研究.天津：天津大学.

苏虎，张家斌，张博豪，等，2023.基于视觉感知的表面缺陷检测综述.计算机集成制造系统，29(1)：169－191.

孙虎儿.基于神经网络的优化设计及应用.北京：国防工业出版社，2009.

万倪，2023.基于光谱法与比色测温技术的火焰温度与碳黑浓度分布检测与数值模拟.北京：华北电力大学.

汪凤泉，1998.电子设备振动与冲击手册.北京：科学出版社.

王峻晔，1995.激光燃速仪用于推进剂非稳态燃速测量.固体火箭技术(2)：44－47.

王明鉴，1989.固体火箭冲压发动机一体化设计研究.西安：西北工业大学.

王铮,胡永强,1993.固体火箭发动机.北京：宇航出版社.
韦自豪,2023.火箭发动机羽流场数据采集及温度场重建系统设计.哈尔滨：哈尔滨理工大学.
魏生道,1988.结构静力试验技术.北京：宇航出版社.
吴凡,2022.基于比色法的高温火焰温度场测量系统研究.重庆：重庆大学.
吴连元,1996.板壳稳定性理论.武汉：华中理工大学出版社.
薛群,徐向东,1994.固体火箭发动机测试与试验技术.北京：宇航出版社.
于海昌,1997.发动机对火箭振动特性的影响.导弹与航天运载技术(4)：30.
张劲民,刘科祥,蒲远远,2003.贫氧推进剂声发射燃速仪的研制.固体火箭技术,26(3)：72－73.
张劲民,王志强,袁华,2006.超声波燃速测试技术在固体推进剂研制中的应用.火炸药学报(3)：9－12.
张希农,张景绘,1991.局部附加黏弹性材料结构的动力特性.强度与环境(3)：1－9.
张贤达,2002.现代信号处理.2 版.北京：清华大学出版社.
周传荣,赵淳生,1989.机械振动参数识别及其应用.北京：科学出版社.
Christodoulou L, Kabiraj L, Saurabh A, et al, 2016. Characterizing the signature of flame flashback precursor through recurrence analysis. Chaos: An Interdisciplinary Journal of Nonlinear Science, 26(1): 013110.
Cohen O, Michaels D, Yavor Y, 2022. Agglomeration in composite propellants containing different nano-aluminum powders. Propellants, Explosives, Pyrotechnics, 47(9): 1－13.
Dauch F, Moser M D, Frederick J R A, et al, 1999. Uncertainty assessment of the pulse-echo ultrasonic burning rate measurement technique. Los Angeles: 35th AIAA/ASME/SAE/ASEE Joint Propulsion Conference Joint Propulsion Conference.
Eppeldauer G P, Hardis J E, 1991. Fourteen decade photocurrent measurements with large area silicon photodiodes at room temperature. NIST, 30(22): 3091.
Gotoda H, Shinoda Y, Kobayashi M, et al, 2014. Detection and control of combustion instability based on the concept of dynamical system theory. Physical Review E, 89(2): 022910.
Meijer G C M, 2008. Interface electronics and measurement techniques for smart sensor systems. New York: Wiley.
Meijer G C M, 2008. Smart temperature sensors and temperature-sensor systems. New York: Wiley.
Nair V, Sujith R. Intermittency as a transition state in combustor dynamics: An explanation for ame dynamics near lean blowout. Combustion Science and Technology, 2015, 187(11): 1821－1835.
Nair V, Thampi G, Sujith R, 2014. Intermittency route to thermoacoustic instability in turbulent combustors. Journal of Fluid Mechanics, 756: 470－487.
Simon P L C, de Vries P H S, Middelhoek S, 1996. Auto-calibration of silicon Hall devices.

Sensors and Actuators A, 52: 203 - 207.
Takahashi K, Oide S, Kuwahara T, 2013. Agglomeration characteristics of aluminum particles in AP/AN composite propellants. Propellants, Explosives, Pyrotechnics, 38(4): 555 - 562.
Wu P, Longworth D, Whitney D, 2003. Development of an ultrasonic burning rate measurement technique. Alabama: 39th AIAA/ASME/SAE/ASEE Joint Propulsion Conference and Exhibit Huntsville.